21世纪高职高专环境类专业新编数字融合系列教材

环境生态学

（第3版）

主　编　王慧娟　黄相玲

副主编　吕　玉

主　审　杨保华

武汉理工大学出版社

·武汉·

内容简介

本书坚持理论与实践相结合，全面阐述了环境生态学的研究对象、内容、方法及发展和趋势，系统介绍了环境保护与环境生态学、个体生态学、种群生态学、群落生态学、生态系统理论、生态规划、自然保护区的建设与管理、生态监测与生态治理、生态工程、生态文明的理论与建设实践。为方便教学，每章设置了教学目标要求，教学重点、难点，讨论，试验、实训建议项目。

本书是环境类专业系列教材之一，可供高职高专和职业本科院校环境类专业以及生命科学类专业的学生使用，也可供其他专业的师生和从事环境保护工作的科技人员参考。

图书在版编目（CIP）数据

环境生态学/王慧娟，黄相玲主编．3 版．－武汉：武汉理工大学出版社，2024.4
ISBN 978-7-5629-7035-4

Ⅰ．①环…　Ⅱ．①王…　②黄…　Ⅲ．①环境生态学-教材　Ⅳ．①X171

中国国家版本馆 CIP 数据核字（2024）第 075284 号

项目负责人：彭佳佳　陈军东　徐　扬
责任编辑：彭佳佳
责任校对：陈　平
排版设计：芳华时代
出版发行：武汉理工大学出版社
社　　址：武汉市洪山区珞狮路 122 号
邮　　编：430070
网　　址：http：//www.wutp.com.cn
经　　销：各地新华书店
印　　刷：武汉市洪林印务有限公司
开　　本：787×1092　1/16
印　　张：15.25
字　　数：380 千字
版　　次：2024 年 4 月第 3 版
印　　次：2024 年 4 月第 1 次印刷
定　　价：49.50 元

凡购本书，如有缺页、倒页、脱页等印装质量问题，请向出版社发行部调换。
本社购书热线：027-87391631　87664138　87523148

21世纪高职高专环境类专业新编数字融合系列教材

编审委员会

出版说明

早在2002年我社就组织了全国十多所院校参与编写本套教材，时任教育部高等学校环境工程专业教学指导委员会秘书长、清华大学张晓健教授担任系列教材编审委员会名誉主任。全套教材各门课程的教学大纲、具体内容均由教学指导委员会审订，并将该系列教材确定为教学指导委员会向全国推荐的重点教材。

该系列教材正式出版后，已被众多学校选用，同时也得到了广大师生的一致好评。其中有6种教材被列为普通高等教育“十一五”国家级规划教材，它们是《大气污染控制工程》《环境工程微生物学》《环境工程基础》《噪声控制工程》《环境监测》《水污染控制工程》；在2014年推出的新1版中，《环境监测》《环境信息技术与统计分析》《环境影响评价》《噪声控制技术》被列为第一批全国环境保护优秀培训教材；还有多种教材荣获教育部全国高等学校优秀教材奖或优秀畅销书奖。这充分说明了教材编审委员会关于教材的定位、内容、结构和编写宗旨是符合专业教学需要和专业建设需要的。

随着时代的发展、科技的进步、教学的改革和知识的更新，该系列教材部分内容也渐渐变得陈旧，亟待再次修订。于是我社自2023年开始重新进行大规模调研，并整合相关资源后，组织相关院校的一些知名教授、教学名师，重新根据当前高等院校的最新教学改革要求，参考国家最新标准进行了一次较大的、全面的修订。

此次修订工作中，我们扎实推动党的二十大精神进教材，发挥课程思政在人才培养过程中的引领作用，注重思政元素在教材中的编排与体现。在技术方面，我们积极引用数字融合出版的各类新技术，使教材在课堂教学活动中以更丰富更生动的方式进行知识内容的迁移与转化。此外，我们还依据最新教学模式和教学方法，突出案例教学，牢牢把握住“理论够用、实践为重”的原则，并吸收近年来国内外环境治理工程的最新技术、最新方法，更加强调依据培养目标培养一线从事生产、服务和管理的应用型、技能型人才。

我们将切实做好为教学服务、为科研事业服务的工作，加强与行业的联系，使系列教材能及时地反映国家环保政策的变化、学术界最新的理论成果、行业应用的新设备及工艺流程，以达到提高专业人才培养质量的目的。

我们诚挚地希望使用该系列教材的师生对教材提出批评和建议，以便我们不断修订、完善、精益求精！

武汉理工大学出版社
2023年5月

第 3 版前言

课程标准

环境生态学作为环境科学与生态学相互交叉、融合而逐步形成的一门新兴学科，其产生的背景是人类赖以生存的地球环境的不断恶化。全球气候变化、酸沉降、生物多样性丧失、生态系统退化、环境污染等生态环境问题越来越严重地威胁到整个地球生命系统。这是一门运用生态学理论，研究人为干扰下生态系统内在的变化机制、规律和对人类的反效应，寻求受损生态系统恢复、重建和保护对策的学科。“环境生态学”课程注重生态学基本原理与实际应用的结合，主要介绍生态学的基本理论，其中重点介绍生态系统生态学，阐述生态系统服务、人为干扰对生态系统的损伤、生态恢复、生态系统管理及可持续发展理论。

本书的指导思想是全面贯彻党的教育方针，落实立德树人的根本任务，满足国家可持续发展战略对人才培养的要求，围绕职业教育对“环境生态学”课程核心素养的培养需求，坚持理论与实践相结合，着力体现实用性和实践性。在编写过程中，吸收国内外先进教材的优点和长处，本着“实用、够用”原则处理理论知识的深度和广度，努力反映新知识、新技术、新方法，并尽量与生产应用实践保持同步。

本书第 0 章、第 1 章由河南水利与环境职业学院王慧娟编写，第 2 章、第 3 章由资阳环境科技职业学院黄相玲编写，第 4 章、第 5 章由云南国土资源职业学院吕玉编写，第 6 章、第 7 章由湖北工业职业技术学院杨洋编写，第 8 章、第 9 章由河南水利与环境职业学院董晓明、郭雪白编写。本书由王慧娟、黄相玲担任主编，并负责统稿。长沙环境保护职业技术学院杨保华教授担任本书的主审，对本书内容进行把关。

鉴于理论水平和实践积累的局限，本书必然存在疏漏和不足之处，真诚希望专家、教师和学生批评指正。

谨向所有注明和未注明的本书所引用资料的作者表示衷心感谢。

编　者

2024 年 1 月

第 2 版前言

生态学是研究生物与环境相互关系的科学。随着人口的增长、经济的发展，全球气候变暖、臭氧层破坏、酸雨、土地荒漠化、水土流失、生物多样性锐减、淡水资源危机、资源能源短缺、环境污染等威胁人类生存的环境问题越来越突出，且这些问题的解决都依赖于生态学理论的指导，因此，生态学的发展非常迅速，并形成了很多分支学科，如森林生态学、海洋生态学、城市生态学、农业生态学、化学生态学、环境生态学、污染生态学、景观生态学等。

本书的指导思想是坚持理论与实践相结合，着力体现实用性和实践性。在编写过程中，吸收国内外先进教材的优点和长处，本着“实用、够用”原则处理理论知识的深度和广度，努力反映新知识、新技术、新方法的科研成果，并尽量与生产应用实践保持同步，力求内容、结构以及相互间的联系、比例更加合理、优化。

本书第 0 章、第 2 章由长沙环境保护职业技术学院杨保华编写，第 1 章、第 3 章、第 4 章由河南水利与环境职业学院董晓明编写，第 5 章、第 8 章由新疆师范高等专科学校杨瑞红编写，第 6 章、第 7 章由长沙环境保护职业技术学院刘辉编写，第 9 章由云南国土资源职业学院吕玉编写。本书由杨保华担任主编，并负责统稿。

鉴于理论水平和实践积累的局限，本书必然存在疏漏和不足之处，真诚希望专家、教师和学生批评指正。

谨向所有注明和未注明的本书所引用资料的作者表示衷心感谢。

编　者

2021 年 6 月

“环境生态学”课程思政元素参考

章	节	思政目标	思政元素	思政案例
4 生态系统理论	4.3.1 生态系统的能量流动	建立“绿色发展”的教学主线，提升学生的生态环保意识和生物多样性科普宣教的能力	物质循环和能量流动	通过案例分析和课题引领，深化学生对党和国家关于维护生态安全、生物安全重大决策部署的理解和认识
	4.3.2 生态系统的物质循环	从全球温室效应及危害入手，引导学生理解“碳达峰、碳中和”的深远意义，立志做践行环保和科技创新的引领者	碳循环	紧紧围绕党的二十大报告内容，对“碳达峰、碳中和”等知识点进行延伸，引导学生积极主动地站在国家和个人的交汇点上思考生态环境问题，激起学生的知识共鸣、情感共鸣、价值共鸣
5 生态规划	5.1.4 生态规划的基本内涵与主要目标	探讨改善系统生态功能，确定资源开发利用与保护的生态适宜度，促进人与环境持续协调发展的可行的调控政策	合理利用资源	通过具体案例分析讨论，如福建省厦门市、广东省深圳市、新加坡、美国西雅图市和英国等地区的生态产业园区建设历程和成果，并结合 LEAP 模型促进学生对产业碳排放的了解，促使其对改革开放、城市化成就、生态文明发展历程和中国“双碳”目标等形成具体认识，领悟社会主义集中力量办大事的优势，培育学生的爱国情怀和责任意识

<table>
<tr><th>章</th><th>节</th><th>思政目标</th><th>思政元素</th><th>思政案例</th></tr>
<tr><td rowspan="2">6.1 自然保护地概述</td><td>6.1.1 自然保护</td><td rowspan="6">1. 培养学生保护自然资源与物种多样性,合理开发与利用自然资源的职业素养。
2. 弘扬中华民族自豪感,激发学生爱国情怀</td><td rowspan="6">合理开发与利用自然资源;物种多样性</td><td rowspan="6">世界自然保护联盟高官:
中国正在赢得自然保护的“世界杯”(新华社)
2022 年 12 月 7 日至 19 日,《生物多样性公约》第十五次缔约方大会(COP15)第二阶段会议在加拿大蒙特利尔成功举办。
“中国是世界上为自然保护做出最大贡献的国家之一,对保护自然的承诺坚定,在这方面,中国正在赢得‘世界杯’。”世界自然保护联盟高级官员詹姆斯·哈德卡斯尔在举行于加拿大蒙特利尔的《生物多样性公约》第十五次缔约方大会(COP15)第二阶段会议期间接受新华社记者专访时说。
世界自然保护联盟 10 日在加拿大蒙特利尔宣布,更新世界自然保护联盟绿色名录,黄果树风景名胜区、神农架国家公园等 11 处中国自然保护地入选。
哈德卡斯尔说:“我已与中国合作伙伴和同事工作超过 20 年。我知道中国多么美丽,中国的生物多样性多么丰富,中国的自然保护对于生态文明建设、可持续发展、人民的健康和福祉等有多重要。中国是个幅员辽阔又多元化的国家,我们必须支持中国的工作,并向中国学习。”
具体到可以从中国学习哪些经验,哈德卡斯尔举了一些例子。比如支持自然保护的技术应用,包括通过声学监测以加强保护极度濒危的海南长臂猿,采用智能防火系统守护中国四川省唐家河国家级自然保护区大熊猫栖息地等重要保护地,通过红外相机网络系统跟踪中国东北虎等。华为公司也正在与世界自然保护联盟合作开展“科技守护自然”项目,通过技术手段有效保护自然,目前已在中国、毛里求斯、墨西哥、西班牙、瑞士落地了旗舰项目,并正在探索和其他地区合作的机会。
还有在自然保护地和周边地区展开科学研究和应用。中国国家林业和草原局、中国科学院和中国林业科学研究院等机构在管理、评估保护地领域具有很高水平和专业知识,在如何将科研成果转化并投入保护地管理等方面具有丰富经验。例如,中国正在与一些非洲国家合作,帮助他们将气候变化纳入自然保护地管理。
“中国为保护自然大量投资,建立许多自然保护区,积累了大量经验,”哈德卡斯尔说,“如果国际社会能够学习、分享、交流这些经验,那么全世界每个人都会受益。”</td></tr>
<tr><td>6.2 自然保护地</td></tr>
<tr><td rowspan="4">6.2 自然保护地建设与管理</td><td>6.2.1 管理体制</td></tr>
<tr><td>6.2.2 自然保护地建设</td></tr>
<tr><td>6.2.3 自然保护地资源使用</td></tr>
<tr><td>6.2.4 自然保护地生态环境监督考核</td></tr>
</table>

<table>
<tr><th>章</th><th>节</th><th>思政目标</th><th>思政元素</th><th>思政案例</th></tr>
<tr><td rowspan="5">7.1 环境污染及污染物在生态系统中的迁移规律</td><td>7.1.1 环境污染</td><td rowspan="5">1. 培养学生保护生态环境的意识。
2. 引导学生养成关注前沿政策文件及法律法规的职业习惯</td><td rowspan="5">《公民生态环境行为规范十条》</td><td rowspan="5">《公民生态环境行为规范十条》发布
为深入贯彻党的二十大精神，进一步引领公民践行生态环境保护义务和责任，做生态文明理念的积极传播者和模范践行者，促进全社会牢固树立“绿水青山就是金山银山”的理念，形成简约适度、绿色低碳、文明健康的生活方式，携手共建人与自然和谐共生的现代化，2023 年 5 月 31 日，生态环境部、中央精神文明建设办公室、教育部、共青团中央、全国妇联修订了《公民生态环境行为规范十条》。
第一条　关爱生态环境。及时了解生态环境政策法规和信息，学习掌握环境污染治理、生物多样性保护、应对气候变化等方面科学知识和技能，提升自身生态文明素养，牢固树立生态价值观。
第二条　节约能源资源。拒绝奢侈浪费，践行光盘行动，节约用水用电用气，选用高能效家电、节水型器具，一水多用，合理设定空调温度，及时关闭电器电源，多走楼梯少乘电梯，纸张双面利用。
第三条　践行绿色消费。理性消费、合理消费，优先选择绿色低碳产品，少购买使用一次性用品，外出自带购物袋、水杯等，闲置物品改造利用或交流捐赠。
第四条　选择低碳出行。优先步行、骑行或公共交通出行，多使用共享交通工具，家庭用车优先选择新能源汽车或节能型汽车。
第五条　分类投放垃圾。学习并掌握垃圾分类和回收利用知识，减少垃圾产生，按标识单独投放有害垃圾，分类投放其他垃圾，不乱扔、乱放。
第六条　减少污染产生。不露天焚烧垃圾，少烧散煤，多用清洁能源，少用化学洗涤剂，不随意倾倒污水，合理使用化肥农药，不用超薄农膜，避免噪声扰邻。
第七条　呵护自然生态。尊重自然、顺应自然、保护自然，像保护眼睛一样保护生态环境，积极参与义务植树，不购买、不使用珍稀野生动植物制品，拒食珍稀野生动植物，不随意引入、丢弃或放生外来物种。
第八条　参加环保实践。积极传播生态文明理念，争做生态环境志愿者，从身边做起，从日常做起，影响带动其他人参加生态环境保护实践。
第九条　参与环境监督。遵守生态环境法律法规，履行生态环境保护义务，积极参与和监督生态环境保护工作，劝阻、制止或曝光、举报污染环境、破坏生态和浪费粮食的行为。
第十条　共建美丽中国。坚持简约适度、绿色低碳、文明健康的生活与工作方式，自觉做生态文明理念的模范践行者，共建人与自然和谐共生的美丽家园</td></tr>
<tr><td>7.1.2 污染物</td></tr>
<tr><td>7.1.3 污染源</td></tr>
<tr><td>7.1.4 污染的生态过程</td></tr>
<tr><td>7.1.5 污染物在生态系统中的迁移转化及其影响因素</td></tr>
</table>

<table>
<tr><th>章</th><th>节</th><th>思政目标</th><th>思政元素</th><th>思政案例</th></tr>
<tr><td rowspan="5">7.2 生态监测概述</td><td>7.2.1 生态监测的概念</td><td rowspan="5">1. 培养学生科学严谨、精益求精的工匠精神。
2. 引导学生建立理论联系实际的工作理念</td><td rowspan="5">《“十四五”生态环境监测规划》</td><td rowspan="5">生态环境部印发《“十四五”生态环境监测规划》
为全面贯彻《中共中央 国务院关于深入打好污染防治攻坚战的意见》要求，深入落实《生态环境监测规划纲要（2020—2035年）》，加快推进生态环境监测现代化，生态环境部印发了《“十四五”生态环境监测规划》（以下简称《规划》），全面强化生态环境质量持续改善和推动减污降碳协同增效的监测支撑。
《规划》以习近平生态文明思想为指导，全面贯彻党的十九大和十九届历次全会精神，立足新发展阶段，完整准确全面贯彻新发展理念，服务和融入新发展格局，面向美丽中国建设目标，落实深入打好污染防治攻坚战和推动减污降碳协同增效要求，坚持精准、科学、依法治污方针，以监测先行、监测灵敏、监测准确为导向，以更高标准保证监测数据“真、准、全、快、新”为根基，以健全科学独立权威高效的生态环境监测体系为主线，巩固环境质量监测、强化污染源监测、拓展生态质量监测，全面推进生态环境监测从数量规模型向质量效能型跨越，提高生态环境监测现代化水平，为生态文明建设实现新进步奠定坚实基础。
《规划》提出两大方面11项重点任务举措和两项重大工程：一是立足支撑管理，紧紧围绕以生态环境高水平保护推动经济高质量发展，着眼统筹支撑污染治理、生态保护、应对气候变化和集中攻克人民群众身边的生态环境问题，全面谋划碳监测和大气、地表水、地下水、土壤、海洋、声、辐射、新污染物等环境质量监测、生态质量监测、污染源监测业务，推进监测网络陆海天空、地上地下、城市农村协同布局和高效发展，充分发挥生态环境监测的支撑、引领、服务作用。二是立足提升能力，紧紧围绕现代生态环境治理体系建设目标，系统谋划生态环境监测体系改革创新，健全监测与评价制度，加快构建政府主导、部门协同、企业履责、社会参与、公众监督的“大监测”格局，完善体制机制，筑牢数据根基，深化评价应用，激发创新活力，增强内生动力，实施监测网络和机构能力建设重大工程，夯实基础能力，锻造铁军先锋，加快实现生态环境监测现代化</td></tr>
<tr><td>7.2.2 生态监测的对象及类型</td></tr>
<tr><td>7.2.3 生态监测的内容</td></tr>
<tr><td>7.2.4 生态监测的特点</td></tr>
<tr><td>7.2.5 生态监测指标体系与优先监测指标体系</td></tr>
</table>

章	节	思政目标	思政元素	思政案例
7.3 水体污染的生态监测及生态治理	7.3.1 水体与水体污染 7.3.2 富营养化 7.3.3 水体污染的生态监测 7.3.4 水体污染的生态治理	1. 培养学生生态文明理念，树立长江流域生态保护与高质量发展战略的理念。 2. 引导学生形成爱护水环境、节约用水的好习惯	《长江流域水生态考核指标评分细则（试行）》	**维护水生态系统健康 营造“清水绿岸，鱼翔浅底”的良好生态环境（水生态环境司）** “清水绿岸，鱼翔浅底”是老百姓记忆中河湖的美好景象，也是对未来美好生活的期盼。为深入贯彻习近平生态文明思想和习近平总书记关于推动长江经济带发展系列重要讲话和指示批示精神，落实党中央、国务院决策部署和长江保护法有关规定，探索建立长江流域水生态考核机制，推动水生态保护修复，再现百姓“记忆中的河湖”，生态环境部、国家发展改革委、水利部、农业农村部制定了《长江流域水生态考核指标评分细则（试行）》（以下简称《评分细则》）。 《评分细则》聚焦生态保护短板，构建了以水生态系统健康为核心，以水生境保护、水环境保护、水资源保障为支撑的考核指标体系。为表征流域水生生物多样性和生态系统健康状态，选取鱼类、重点保护水生生物、水华、大型底栖动物、浮游动物、水生植被等水生生物指标开展水生态系统健康评价。 一、充分认识水生态系统健康评价的核心地位 党的十八大以来，党中央以前所未有的力度抓生态文明建设，我国生态环境保护发生历史性、转折性、全局性的变化。当前，长江流域水环境质量持续改善，长江干流连续三年全线达到Ⅱ类水质。但水生态系统不平衡、不协调问题还十分突出，部分河湖水生态系统严重失衡，蓝藻水华居高不下，生物多样性显著下降。党的二十大报告指出，中国式现代化是人与自然和谐共生的现代化，在水生态环境保护领域具体体现就是由污染防治为主向水资源、水环境、水生态等流域要素系统治理、统筹推进转变。在水生态方面，就需要逐步恢复生物多样性，力争在“有鱼有草”上实现突破。 以水生生物为主体的水生生态系统是维系自然界物质循环、净化水域生态环境的重要有机组成部分，水生生物不仅是充满生机“一汪活水”的体现，还能够综合反映水生境、水环境、水资源及水生态状况。水生态考核评分细则聚焦水生生物这一关键，“执本、秉纲”，建立起了一套以水生态系统健康评价为核心的评价指标体系，有利于引导地方关注水生态状况，指导地方注重水生态保护修复，树立起生态优先的治理理念，促进形成“三水统筹”系统治理格局，高标准建设美丽河湖。 二、深刻理解水生态系统健康评价指标的科学内涵 水生态系统健康评价指标坚持以人民为中心，倡导直观亲民。水生生物不仅对水生态环境状况具有

章	节	思政目标	思政元素	思政案例
				重要的指示作用，同时也是老百姓最关心、最直接的直观感受。从冷冰冰的理化分析数据到活脱脱的生物数量变化，能够让指标体系更加亲民。为将“鱼翔浅底”的景象落实到具体可操作层面，长江流域水生态系统健康评价聚焦长江流域突出生态环境问题，兼顾长江源头及上、中、下游特点，从国内外已有应用基础的指标中，筛选出有成熟监测方法，受百姓喜爱和期待的，如长江“微笑天使”江豚等“直观亲民”的水生生物指标。 水生态系统健康评价指标立足科学实际，选取的水生生物指标充分考虑水生态系统食物网能量传递和物质循环等生态功能。根据不同营养级之间的能量传递过程，选择水生态系统生物群落中不同生态功能的生产者和消费者作为考核指标。其中，生产者包括水生植被和引起水华发生的藻类，消费者包括浮游动物、大型底栖动物、鱼类和重点保护水生生物。同时，指标筛选过程中，衔接深入打好污染防治攻坚战、长江十年禁渔等重大工作部署，确保各项工作协同推进，画出推动水生态系统保护的最大同心圆。 三、准确把握水生态系统健康评价的应用导向 开展长江流域水生态系统健康评价，有利于调动地方党委政府积极性，针对水资源、水环境和水生态突出问题，构建综合治理、系统治理、源头治理的水生态环境保护新格局，加快转变生产生活方式，恢复长江水生生物多样性，推动长江经济带坚定不移走生态优先、绿色发展之路，以高水平保护推动长江经济带高质量发展。以太湖为例，针对鱼类多样性下降、水华频发、大型底栖动物物种多样性低、水生植被退化较严重等问题，充分发挥水生态系统健康评价“指挥棒”作用，通过准确识别和科学量化太湖水生态问题及其变化趋势，引导地方开展系统治理，注重生态系统结构完整性恢复，加强土著鱼类保护、生境保护修复、水污染防治等工作，不断提升太湖水生态质量，唱响新时代“太湖美”。 在长江流域开展水生态考核试点，是以习近平同志为核心的党中央高瞻远瞩、审时度势，为突破生态保护短板作出的重大工作部署，对推动长江经济带高质量发展、建设美丽中国具有重要意义。各地各部门要强化协同发力，加强信息共享，因地制宜制定水生态修复治理对策，提高水生态修复成效，维护水生态系统健康，营造“清水绿岸，鱼翔浅底”的良好生态环境，回应老百姓所思、所想、所急、所盼，全面推进人与自然和谐共生的现代化建设

<table>
<tr><th>章</th><th>节</th><th>思政目标</th><th>思政元素</th><th>思政案例</th></tr>
<tr><td rowspan="6">7.5 土壤污染的生态监测及生态治理</td><td>7.5.1 土壤的组成</td><td rowspan="6">1. 培养学生社会责任感和担当意识。
2. 引导学生关注民生，养成节约粮食的好习惯</td><td rowspan="6">粮食战略安全</td><td rowspan="6">切实加强耕地保护 全力提升耕地质量
稳步拓展农业生产空间
2023 年 7 月 20 日，中央财经委员会第二次会议召开，研究加强耕地保护和盐碱地综合改造利用等问题。习近平总书记在会上发表重要讲话，强调粮食安全是“国之大者”，耕地是粮食生产的命根子，要落实藏粮于地、藏粮于技战略，切实加强耕地保护，全力提升耕地质量，充分挖掘盐碱地综合利用潜力，稳步拓展农业生产空间，提高农业综合生产能力。
会议听取了自然资源部、农业农村部、中央财办(中央农办)、国家发展改革委关于加强耕地保护和盐碱地综合改造利用的汇报。
会议指出，我们党始终高度重视耕地保护问题，党的十八大以来，党中央先后实施一系列硬措施，守住了耕地红线，初步遏制了耕地总量持续下滑趋势。同时要清醒认识到，我国人多地少的国情没有变，耕地“非粮化”“非农化”问题依然突出，守住耕地红线的基础尚不稳固，农田水利方面欠账还很多。新时代新征程上，耕地保护任务没有减轻，而是更加艰巨。必须坚持问题导向、目标导向，尊重规律、因势利导、因地制宜、久久为功，进一步加强耕地保护。
会议强调，耕地保护是一个系统工程，要突出把握好量质并重、严格执法、系统推进、永续利用等重大要求，进一步采取过硬实招。要压实耕地保护责任，落实新一轮国土空间规划明确的耕地和永久基本农田保护任务，确保 18 亿亩耕地红线决不突破。要全力提升耕地质量，真正把耕地特别是永久基本农田建成适宜耕作、旱涝保收、高产稳产的现代化良田。要改革完善耕地占补平衡制度，将各类对耕地的占用统一纳入占补平衡管理，坚持“以补定占”，健全补充耕地质量验收制度。要调动农民和地方政府保护耕地、种粮抓粮积极性，建立种粮农民收益保障机制，发展多种形式的适度规模经营，建立粮食主产区利益补偿机制，形成粮食主产区、主销区、产销平衡区耕地保护合力。加强撂荒地治理，摸清底数，分类推进，因地制宜把撂荒地种好用好。要积极开发各类非传统耕地资源，加强科技研发和生产投资，探索有效发展模式，突破我国传统耕地稀缺的自然条件限制。对违规占用耕地进行整改复耕要实事求是，尊重规律，保护农民利益，加强宣传解读，适当留出过渡期，循序渐进推动。
会议指出，盐碱地综合改造利用是耕地保护和改良的重要方面，我国盐碱地多，部分地区耕地盐碱化趋势加剧，开展盐碱地综合改造利用意义重大。要充分挖掘盐碱地综合利用潜力，加强现有盐碱耕地改造提升，有效遏制耕地盐碱化趋势，做好盐碱地特色农业大文章。要全面摸清盐碱地资源状况，研究编制盐碱地综合利用总体规划和专项实施方案，分区分类开展盐碱耕地治理改良，因地制宜利用盐碱地，向各类盐碱地资源要食物，“以种适地”同“以地适种”相结合，加快选育耐盐碱特色品种，大力推广盐碱地治理改良的有效做法，强化水源、资金等要素保障</td></tr>
<tr><td>7.5.2 土壤污染的特点</td></tr>
<tr><td>7.5.3 土壤污染物及其来源</td></tr>
<tr><td>7.5.4 土壤污染的类型</td></tr>
<tr><td>7.5.5 土壤污染的生态监测</td></tr>
<tr><td>7.5.6 土壤污染的生态治理</td></tr>
</table>

目　录

0 环境保护与环境生态学

本章提要

【教学目标要求】

1. 掌握环境的定义，了解环境的概念；
2. 掌握环境问题的定义，了解环境问题的现状；
3. 熟悉环境科学的内涵，了解环境保护的历史，了解环境保护工作的职责；
4. 掌握生态学、环境生态学的定义，了解生态学的发展。

【教学重点、难点】

1. 掌握环境、环境问题、环境科学、生态学、环境生态学的定义；
2. 理解生态学在环境科学中的地位。

0.1 环 境

0.1.1 环境的概念与定义

0.1.1.1 环境的概念

11 世纪，成书于北宋的《新唐书》中使用了“环境”一词，其意为“周围”。14 世纪，明朝的《元史》里有“环境筑堡寨”的记述。19 世纪，苏格兰人托马斯・卡莱尔（Thomas Carlyle，1881—1975）创造了与中文“环境”意思相近的英文单词“environment”。演变至今，“环境”的概念已臻定型。《新华字典》中对“环境（environment）”的解释为：周围的一切事物或遇到的情况。《牛津高阶英汉双解词典》（第 7 版）中对“环境”的解释为：影响某人或某事的行为和发展的条件（The conditions that affect the behaviour and development of sb. /sth.）；某人或某事存于其中的客观条件（The physical conditions that sb. / sth. exists in）。

上述通过使用抽象化的方式从一群事物中提取出来的环境概念，用高度概括而简练的哲学语言表述就是“相对于主体的客体”，或“相对于中心事物而言的背景”，即环境总是相对某一主体或中心事物而言的，是主体之外的客体或中心事物之外的周围事物。通俗地讲，环境是围绕着某一中心事物并对该事物产生影响的所有周围事物。显而易见，环境是相对的，环境因中心事物的不同而不同，随中心事物的变化而变化。

0.1.1.2 环境的定义

在不同的领域、学科或实际工作中，对环境概念的内涵和外延所作的表述是不同的，即环境的定义不同。

(1)环境科学领域中环境的定义

环境科学领域对环境的定义是不断完善的。早期的定义是：人类为主体的外部世界，主要是地球表面与人类发生相互作用的自然要素及其总体(《环境科学大辞典》编委会.环境科学大辞典[M].北京：中国环境科学出版社，2008)。该定义仅聚焦自然因素。随着认识的深入，现在普遍认同的定义是：人群周围的境况及其中可以直接、间接影响人类生活和发展的各种自然因素和社会因素的总体，包括自然因素的各种物质、现象和过程及人类历史中的社会、经济成分(《中国大百科全书》编辑部.中国大百科全书·环境科学[M].北京：中国大百科全书出版社，2002)。该定义同时关注自然因素和社会因素。

(2)生态学中环境的定义

生态学中环境的定义是：生物有机体周围的空间以及其中一切可以直接或间接影响生物有机体生活和发展的各种因素的总和。当生物有机体限定为人群时，生态学中环境的定义就与环境科学领域中环境的定义相同。

(3)环境保护法的环境界定

法规对环境的界定旨在规定法律的使用对象或适用范围以保证法律的准确实施，不需要也不可能包括环境的全部含义。《中华人民共和国环境保护法》(2014 年 4 月 24 日修订通过)界定的环境是指：影响人类生存和发展的各种天然的和经过人工改造的自然因素的总体，包括大气、水、海洋、土地、矿藏、森林、草原、湿地、野生生物、自然遗迹、人文遗迹、自然保护区、风景名胜区、城市和乡村等。

0.1.2 环境的分类

所谓分类，是指按相关特征、指标等划分事物的类别，因此，分类所依据的特征、指标等的多少、详略决定了分类体系的繁简、精粗。就环境而言，目前一般是根据研究或工作的目的、综合条件等，通过单独或同时界定主体、范围、要素和功能(包括人类对环境的利用)等对环境进行定义，进而建立较为复杂的环境分类体系。

0.1.2.1 按主体分类

(1)以人或人类为主体

即环境就是指人类的环境，其构成包括自然因素和社会因素，而自然因素包括非生命物质和除人类以外的生命。在环境科学中，多数人采用这种分类法。

(2)以生命体(界)为主体

即环境就是指生命体(界)的环境，其构成仅包括非生命的自然因素，而社会因素随同人或人类成为主体。在生态学中，往往采用这种分类法。

0.1.2.2 按范围大小分类

根据环境范围大小分类是比较简单的分类方法。在明确环境主体的前提下，通常可将环境划分为宇宙环境、地球环境、区域环境、生活环境、小环境和内环境。

(1)宇宙环境

宇宙环境(space environment)，又称星际环境，指地球大气圈以外的广阔空间和存在于其中的天体及物质等，其主体是被大气圈包裹着的地球。宇宙环境对地球产生了并将继续产生深刻的影响。其中，太阳是地球的主要光源和能源，维持着地球生物圈的运转。人类活动越来越多地延伸到大气层以外的空间，如发射人造卫星、各种运载火箭、空间探测工具等，影响近地和深空宇宙环境的问题已被人们所关注，并成为环境科学的一个新兴的研究领域。

(2)地球环境

地球环境(global environment)，又称全球环境，指地球上有生命存在的空间和存在于其中的客观条件，其主体是地球生物界。地球环境的范围是从海平面以下约 12km 的深度到海平面以上约 10km 的高度，包括岩石圈(土壤圈)、水圈和大气圈下层。地球环境是所有地球生物的资源库，并为所有地球生物提供栖息地，通常把大气圈底部、水圈全部和岩石圈上部及其中栖息生活的所有地球生物的总体称为生物圈。所有地球生物都对地球环境有或多或少的影响，特别是人类不当的发展模式和生产生活方式，对地球环境的影响巨大且深远。例如，过度碳排放导致地球气候变暖，加剧了地球环境恶化，日益威胁人类自身的生存。

(3)区域环境

区域环境(regional environment)，又称地区环境，指具有某种相对稳定的自然地貌、气候等特征的空间和存在于其中的客观条件，其主体是与其相适应的植物、动物和微生物的集合。区域环境是地球环境的特征性局部，如湖泊、江、河、海洋、沙漠、高山、丘陵和平原；热带、亚热带、温带和寒带等。区域环境孕育着独特组合的生物类群，区域环境与其中的生物一起构成不同类型的生态系统，生态系统是生物圈的特征性局部，如湖泊生态系统、河流生态系统、海洋生态系统、热带雨林生态系统、沙漠生态系统等。区域环境的稳定性是地球环境健康的基础，遏制地球环境恶化必须做好区域环境的保护工作。

(4)生活环境

生活环境(habitat)，又称栖息地，指适合于特定物种生存、繁衍的空间和存在于其中的客观条件，其主体是特定生物。一般来说，每一个种群只能在一定限度的客观条件中生存、繁衍，并在某段最适幅度内发育最好，如客观条件超出了最适幅度，向最大和最小限度两个方向发展，则种群规模会逐渐缩小，乃至全部消逝。区域环境覆盖多种物种的生活环境，保护好区域环境较之刻意单独保护某一物种的生活环境会有事半功倍的效果。

(5)小环境

小环境(micro-environment)，又称微环境，是指接近生物个体表面，或个体表面不同部位的空间和存在于其中的客观条件，其主体是生物个体或其局部。一般来说，小环境直接影响生物的生活质量和生命状态。例如，植物根系附近的土壤环境，叶片附近的大气环境，都直接影响植物的生存、生长。

(6)内环境

内环境(inner environment)是指生物体内系统、器官、组织、细胞甚至细胞器周围的空间和存在于其中的客观条件，其主体是系统、器官、组织、细胞甚至细胞器。内环境是生物新陈代谢、分化和进化的结果。内环境比外环境具有更高的独特性和稳定性。内环境是外环境所不能替代的，自然状态下，生物的生命活动都只能在内环境中进行。

0.1.3 环境要素

构成环境的各种因素，称为环境要素，也称环境基质。环境要素是环境的结构与功能单元。环境要素具有一些十分重要的特点。

0.1.3.1 环境要素可按特征区分

如果以是否受人类活动影响、控制为条件，环境要素可分为自然环境要素和社会环境要素。自然环境要素又可根据其物理、化学等特征，进一步分为气象要素、岩石土壤要素和生物要素。

0.1.3.2 环境要素互相联系、互相依赖

环境诸要素间的联系和依赖，主要基于以下几个方面：首先，从演化角度看，某些要素孕育着其他要素。例如，在地球发展史上，岩石圈的形成为大气的出现提供了条件，岩石圈和大气圈的存在为水的产生提供了条件，上述三者的存在又为生物的产生与发展提供了条件。每一个新要素的产生，都使环境要素之间的互相联系、互相依赖更加复杂。其次，能量流在各个要素之间的传递，或各个要素对能量形式的转换控制着环境诸要素间的相互联系、相互作用和相互制约。例如，太阳辐射能输送到地表面，地表面则以其显热的变化，影响和控制气温。能量的传递与转换是环境要素间联系的本质。第三，物质流在各个要素之间的流通，即各个要素对物质的贮存、释放、运转等调控着环境诸要素间的相互联系、相互作用和相互制约。例如，强烈的水土流失会使地力下降，造成植物减产，进而引发各种动物的衰退，导致生态系统的崩溃。化学物质的流通是环境要素间联系的基本表现形式。

环境要素互相联系、互相依赖具体表现在以下几个方面：

(1)综合性与主导性

综合性是指中心事物的变化源自各环境要素的综合作用。任何生物的生长、发育、繁衍都依赖于环境中的气象条件、营养物质甚至地形地貌的综合作用。主导性是指在一定条件下，综合作用于中心事物的所有环境要素中，总有一个或几个起决定性作用的要素(称为主导因子)。对春化作物而言，温度为主导因子，如果环境不能提供有效的春化温度，无论其他环境要素多么适宜，春化作物都不可能完成其生活史。

(2)直接作用和间接作用

直接作用是指中心事物在任何时空中都必须依赖的环境要素的作用。对植物而言，光照、温度、水分等要素为其必须依赖的环境要素，则它们的作用均为直接作用。间接作

用是指可以影响中心事物必须依赖要素的环境要素的作用。对植物而言，地形因素不是中心事物在任何时空中都必须依赖的环境要素，但其能够影响光照、温度、水分等因素，那么它的作用就是间接作用。

(3)不可替代性和互补性

不可替代性是指，如环境要素具有中心事物不可或缺的功能，则其为不可替代要素。对所有生物而言，水是不可替代的；对人类而言，食物中的维生素是不可替代的。互补性是指一定条件下，环境要素可以互相弥补以实现或维持中心事物的功能。对植物光合作用而言，如光照不足，可以通过增加环境二氧化碳的量来防止因光照不足造成的光合作用强度的下降；对软体动物成壳而言，如环境中钙不足，环境中的锶可以补足钙的缺口，帮助软体动物成壳。

0.1.3.3 环境要素的集体功能大于环境要素的个体功能之和

从单一功能来看，太阳光照射强度的变化可以使岩石因热胀冷缩而裂崩，水的涨消可以使岩石因浸溶冲刷而疏脆，而热、水两者结合作用，则会使岩石风化，此时，岩石外貌、结构、成分的变化比热或水单独作用时更加迅速、剧烈、丰富。环境要素相互联系作用所产生的集体效应，是在个体效应基础上的质的飞跃。研究环境要素作用，不但要研究单要素的作用，更要探讨多要素甚至是全要素的作用，以分析、归纳、阐明整体效应。

0.1.3.4 环境要素的测量及数值

任何环境要素都是可测量的。通常，根据环境要素的特征和性质采用不同的测量方法得到环境要素的计量数值、计数数值及等级数值。这些数值表征了环境要素的强度或状态。

(1)计量数值

计量数值是指用度量衡器具测量环境要素所得的数据。计量数值是无限个数的连续数据，既可有整数，又可有小数，连续不断。计量数值一般有度量衡单位，如自然环境要素的大气中二氧化碳浓度(mg/L)，社会环境要素的单位 GDP 能源消耗量(吨标煤/万元)等。

(2)计数数值

计数数值是指用计数方法对环境要素进行清点得到的数值。计数数值是有限个数或可列个数的不连续数据，只可有整数，不可能出现非整数。如自然环境要素的生物物种数和某种生物的个数，社会环境要素的风景游览区和自然保护区个数等。

(3)等级数值

等级数值是指对照预设的等级、类别标准，依计量数值或计数数值确定的环境要素等级、类别。如自然环境要素方面，拉恩基尔(C. Raunkiaer，丹麦)按叶面积大小把植物叶片划分为 6 个等级，则每种植物都可根据其叶面积大小被归入某一叶级；又如社会环境要素方面，经济统计按年主营业务收入 2000 万元或年商品销售额 500 万元标准将企业划分为规模以上和规模以下，则每个企业都可根据其年主营业务收入或年商品销售额被归入规模以上或规模以下。

0.1.3.5 环境要素的价值

环境研究的重点之一是环境对于中心事物来说所具有的价值。20 世纪 80 年代以后，随着可持续发展思想的广泛传播，越来越多的环境经济学家从环境资源的经济价值角度对环境要素的价值进行了深入探讨，提出了许多新概念。其中，英国环境经济学家皮尔斯(D. W. Pearce)提出的概念较具代表性。他认为，环境资源的总经济价值(total economic value)由使用价值(use value)和非使用价值(non-use value)组成，分为直接使用价值(direct use value)、间接使用价值(indirect use value)、选择价值(option value)和存在价值(existence value)4 个构成要素。直接使用价值指环境资源直接满足人们生产和消费需要的价值，如森林具有的直接满足人们生产和消费需要的木材、药品、休闲娱乐、植物基因、教育等价值。间接使用价值指人们从环境资源中获得的间接效益，可概括为生态服务功能，如森林具有的水源涵养、水土保持、净化空气、气候调节等功能，它们虽然不直接进入生产和消费过程，却是生产和消费正常进行的必要条件。选择价值是指某一环境资源用于各种用途的潜力，如森林可开发利用为城市、工矿用地或留作其他用途。存在价值指与现在的使用价值或可预见的未来的使用价值无关的环境伦理价值或环境道德评判，如大量现在不使用或在可预见的未来也不使用的物种、独特的生态系统、传统文化等，均具有环境伦理价值。目前，对环境价值的研究，主要集中在直接使用价值和间接使用价值。

毫无疑问，环境的整体价值源自各环境要素。各环境要素对环境整体价值的影响遵循以下规律。

(1)最差限制律

1840 年，李比希(J. V. Liebig)发现，“植物的生长取决于处在最小量状态的营养要素”，即作物的产量并非经常受存在和需求量大的水和二氧化碳的限制，而是经常受存在和需求量很少的硼等微量元素的限制。与此相对应的是，热量、水分、光照等环境要素存在量或强度过大时，也会限制植物的生长。这表明，中心事物对环境要素的需求或耐受量存在最大值和最小值，其间的幅度称为耐性限度。换言之，环境要素的价值取决于其处于耐性限度的位置。1913 年，谢尔福德(V. E. Shelford)针对生物与环境因子的关系提出了耐性定律。如将该定律提高到中心事物与环境要素的关系层面，可表述为：任何环境要素都存在相对于中心事物的耐性限度；中心事物在耐性限度中的某处机能最佳；当环境要素趋向耐性限度两端时，中心事物机能减弱甚至丧失。将耐性定律用于环境质量的评判，不难得出，环境质量受环境要素中那个与最优状态差距最大的要素所控制，也就是说，环境质量的高低，取决于诸要素中处于“最差状态”的那个要素，而不论其他环境要素多么优良。因此，在改造自然和改进环境质量、提升环境价值时，必须对环境诸要素的优劣状态进行数值分类，循着由差到优的顺序，依次改造每个要素，最终使环境达到最佳状态。

(2)等值性

各个环境要素无论在规模上或数量上存在什么差异，只要它们是独立的要素，那么，它们对于环境质量的作用没有本质的区别。

0.2 环境问题

0.2.1 环境问题的概念

环境是相对的,环境的变化是绝对的。环境的变化对中心事物的影响不外乎有利和不利。通俗地讲,不利影响就是有问题。因此,在环境科学领域,环境问题的定义是:任何不利于人类生存和发展的环境结构和状态的变化(《环境科学大辞典》)。鉴于该定义外延极其广泛,目前,被广泛接受的外延相对具体的环境问题的表述是:自然环境的破坏和污染及其产生的危害生物资源、危害人类生存的各种效应。同样达成共识的是,环境问题按成因的不同,可分为自然的环境问题和人为的环境问题两类。前者是指自然灾害,如火山爆发、地震、台风、海啸、洪水、旱灾、沙尘暴等所造成的环境破坏和污染带来的危害生物资源、危害人类生存的各种效应,又称为原生环境问题(original environmental problem)或第一环境问题(primal environmental problem)。后者是指由于人类不恰当的生产活动所造成的环境破坏和污染带来的危害生物资源、危害人类生存的各种效应,又称为次生环境问题(secondary environmental problem)或第二环境问题。环境科学中着重研究的是人为的环境问题,即次生环境问题。

0.2.2 环境问题的历史回顾

自有人类以来就产生和存在着环境问题。

新石器时代以前的远古时期,人类的采集和狩猎就曾对许多物种的数量和生存造成了一定程度的破坏和影响,迫使人类必须不断迁徙,以寻找和追逐食物。新石器时代开始的原始农业、牧业,进一步加速了对森林、草原等植被的破坏,使人类的生产和聚居环境日趋恶化。

18 世纪后半叶,由于蒸汽机的广泛应用,发生了第一次工业革命,人类进入蒸汽机时代,纺织、化工、铸造等行业飞速兴起,煤炭成为工业和交通的主要能源。大量开采煤炭,使矿区环境严重恶化,而大量燃烧煤则严重污染了工业区的大气环境。蒸汽机的故乡伦敦市,在 1873 年到 1892 年间,先后多次发生了严重的煤烟污染事件,夺去了上千人的生命。与工业化过程伴生的早期"城市化",对城市周边的水环境也造成了惊人的污染,"把一切水都变成了臭气冲天的污水"。由于当时的环境破坏和污染是局部或区域性的,加上有些环境破坏和污染的时滞效应,当时的环境破坏和污染危害并没有引起全球大多数人的高度注意和重视。

19 世纪 30 年代以后,由于电机的广泛应用,发生了第二次工业革命,人类进入电气时代,传统工业继续发展的同时,出现了新的交通工具,如汽车和飞机,交通运输业有了迅猛发展。人类利用和开发自然资源的需求与能力与日俱增。在第一次工业革命造成的环境破坏和污染的基础上,有机化学工业迅速发展造成的大量合成化学物质对环境的破坏和污染及其对人类及生物资源的危害,成为主要的环境问题之一。从 20 世纪 30 年代比利时马斯河谷事件开始,震惊全世界的污染公害事件相继发生。全球广泛存在且日趋严重的农药、噪声和核辐射等污染,使人类真正感受到自身的生存安全受到了挑战。

0.2.3 全球环境问题现状

对照环境危机的定义——生态环境的严重污染和破坏,日益加剧的人口压力以及资源能源面临枯竭等一系列问题对人类生存和发展所造成的威胁和危险(《中国大百科全书·环境科学》)——可知,环境问题是环境危机的三大问题之一。而在世界环境与发展委员会(WCED)发表的《我们的共同未来》报告中列出的世界面临的 16 个涉及人口、资源和环境的问题中,与现代人类活动造成的环境破坏和污染相关的环境问题至少有 10 个。这些环境问题又被称为"当代环境问题"。

0.2.3.1 土地退化和荒漠化

不合理的土地利用,如森林、草场、耕地的过度开发,山地植被的破坏等是土地退化、土地荒漠化的主要原因。土地的裸露导致了土壤流失量迅速增加,有些地方达到了 $100t/(km^2 \cdot a)$。目前已有 100 多个国家的可耕地的肥沃程度在降低。此外,化肥和农药的过度使用、大气毒尘的降落、泥浆的喷洒、危险废料的抛弃等对土地造成的污染是土地退化、土地荒漠化的另一重要原因。

0.2.3.2 温室效应增强,全球气候发生变化

人类活动产生大量二氧化碳、甲烷等温室气体,使大气层温室效应(greenhouse effect)增强,导致全球气候发生变化,严重威胁着人类。有人预测,到 21 世纪中叶,大气中的二氧化碳含量将增加 0.056%,是工业革命前的 2 倍,全球气温将上升 1.5~4.5℃,届时,海平面将升高 0.3~0.5m,许多海拔低的地区(如孟加拉国、太平洋和印度洋上的许多岛屿)将被海水淹没,同时,气温的升高也将对地球生态系统和农业、林业、牧业产生很大的影响。

0.2.3.3 臭氧层损耗,生物安全状况恶化

人类活动产生的臭氧消耗物的排放,造成了臭氧层损耗。大量观测和研究结果表明,南北半球中高纬度高层大气中臭氧损耗逾 10%,南极的臭氧层(ozonosphere)最高时损失 50%以上,在地球两个极地的上空还形成了臭氧层空洞。臭氧损耗使到达地面的紫外线辐射 UV-B 的辐射强度增强,致使人类皮肤癌和白内障发病率增高,同时使植物的光合作用受到抑制,使海洋中的浮游生物减少,进而影响水生物的生物链乃至整个生态系统。

0.2.3.4 淡水资源短缺,水质遭到污染

全球水资源总量虽然丰富,但可方便获得的淡水资源却不足,人均淡水资源量不到 $2000m^3$ 的国家有 40 个。根据专家估计,从 21 世纪开始,世界上有 1/4 的地方长期缺水。

另一方面，工业废水、城乡生活污水、农业面源污染、畜禽养殖污染等，使河流、湖泊、地下水受到污染，加剧了水资源短缺程度。在发展中国家，有80%～90%的疾病和1/3以上的死亡都与使用遭到细菌或化学污染的水有关，每天有2.5万人死于水污染造成的疾病。

0.2.3.5 森林面积急剧减少

在过去数百年中，温带地区的国家失去了大部分森林；最近几十年，热带地区的国家森林面积减少的情况更加严重。1980—1990年，世界上有$1.5\times10^8 hm^2$的森林（占森林总面积的12%）消失了。对森林的过度砍伐，导致了物种减少、水土流失、土地退化、生态环境恶化、温室气体浓度增加、旱涝灾害发生频率增加等一系列环境问题的发生。

0.2.3.6 生物多样性减少

由于城市化、农业、畜牧业的发展，森林、湿地和草原自然区域越来越小，生物的栖息地面积减少，加上生物物种被过度使用或人为抑制，以及环境污染，导致数以万计的物种灭绝。目前每天约有50个物种消失。照此速度，今后50年内，世界上现存的1/4的物种可能会灭绝。生物物种的大量灭绝，意味着生态系统的进一步破坏、可被利用的原料和基因消失。由于自然的抑制机制缺失，造成的后果之一是，人类将不断面临“新瘟疫”的威胁。

0.2.3.7 海洋资源超采和海洋污染

海洋的财富并不是取之不尽的，相反，它比人们想象的要脆弱得多。由于过度捕捞，海洋的渔业资源正在以可怕的速度减少，而被污染了的海产品经济价值和安全性每况愈下，这严重威胁着生活在离海岸线100km左右的陆地，依赖捕捞海产品生存和发展的全世界约60%的人口的未来。

0.2.3.8 化学品污染

数百万种人工合成化合物对生物和人类构成双重威胁，一方面直接进入机体，损害健康、危及生命；另一方面污染土壤、水体、空气环境，危及生态系统、生物群落功能。后者的危害不易察觉但影响深远。农药、农膜、化肥等对土壤质地、肥力的破坏，使农业维持高产出的成本越来越高，已是一些农业区难以逾越的问题。而远离人类活动的，号称地球上最后的天然生态系统的极地冰盖已被证实受到了化学物质的污染，这意味着，地球上已经没有了理想中的安全的生产空间。

0.2.3.9 大气污染的越界传输

工业生产和火力发电等排放的大量大气污染物，已不再仅仅只是污染局部地区，还经高烟囱排放后，在大气环流影响下远距离传送，造成邻近地区（邻国甚至其他大洲）的环境问题。一些本身没有大量二氧化硫、氮氧化物等酸性气体污染物排放的地区，也面临着酸雨问题，出现了土壤、湖泊酸化，建筑物、古迹文物被腐蚀等现象。

0.2.3.10 城市无序扩张

城市的无序扩张带来了一系列必须引起高度关注的环境和社会问题。首先，其必然会造成自然环境的破坏；其次，会使因人口高度聚集而产生的生活污染集中管控问题突出；第三，会使噪声、废热等生产污染对市民的群体性威胁加大。

综上所述，人类所面临的相互联系和相互制约的各种环境问题已构成了一个复杂的环境问题群(groups of environmental problems)。特别需要指出的是,臭氧层损耗、温室效应增强和大气污染越界传输三个问题在整个环境问题群中占有极其重要的位置,被认为是三大全球性环境问题。

0.3 环境科学与环境保护

环境是人类生存和发展的基本条件,是经济社会发展的基础。要维持人类的生存和发展,以及经济社会的发展,就必须保护好环境。伴随着保护和改善环境这一人类共同关心的重大社会经济工作的开展,作为科学技术领域的新兴方向的环境科学应运而生并迅速发展。环境科学是研究人类社会发展活动与环境演化规律之间的相互作用关系,寻求人类社会与环境协同演化、可持续发展的途径与方法的科学,是由自然科学、社会科学相互交叉、渗透、兼容所形成的综合性学科,也是科学技术领域最年轻、最活跃、最具影响的学科之一。

0.3.1 环境科学的形成与发展

0.3.1.1 探索时期

人类在寻求自身发展的过程中,逐渐积累了防治环境污染、保护自然的知识和技术。

公元前 5000 年,在中国,人们在烧制陶器的柴窑中应用热烟上升原理用烟囱排烟;公元前 2300 年,同样在中国,人们开始使用陶质排水管道;公元前 2000 年,古印度城市中就建有专门的地下排水道;公元前 3 世纪,中国的荀子在《王制》一文中阐述了保护自然的思想:“草木荣华滋硕之时,则斧斤不入山林,不夭其生,不绝其长也;鼋鼍、鱼鳖、鳅鳣孕别之时,罔罟、毒药不入泽,不夭其生,不绝其长也。”

19 世纪下半叶,随着经济社会的发展,环境问题开始受到人们的重视,地学、生物学、物理学、医学和一些工程技术等学科的学者分别从本学科角度开始对环境问题进行探索和研究,这些在基础学科和工程技术学科领域的探索与研究,为现代环境科学的形成与发展奠定了基础。1775 年,英国外科医生波特发现,扫烟囱工人患阴囊癌的较多,并认为这种疾病同接触煤烟有关;1847 年,德国植物学家弗腊斯所著的《各个时代的气候和植物界,二者的历史》论述了人类活动会影响植物和气候的变化;1850 年,人们开始用化学消毒法杀灭饮水中的病菌,防止以水为媒介的传染病流行;1864 年,美国学者马什所著的《人与自然:人类活动所改变了的自然地理》从全球观点出发论述了人类活动对地理环境的影响,特别是对森林、水、土壤和野生动植物的影响,呼吁开展保护运动;1869 年,德国学者海克尔提出“生态学”的概念;1897 年,英国建立了污水处理厂;1915 年,日本学者山极胜三郎用实验证明,煤焦油可诱发皮肤癌,从此,环境因素的致癌作用成为引人注目的研究课题,促使公共卫生学从 20 世纪 20 年代开始由注意传染病进而转为注意环境污染对人群健康的危害。1935 年,英国学者 A. G. 坦斯利提出了“生态系统”这一概念。

0.3.1.2 形成时期

20 世纪 50 年代以来，随着环境问题日益突出，人们开始认识到应该通过深入的科学研究来了解环境问题、解决环境问题。许多科学家，包括生物学家、化学家、地理学家、医学家、工程学家、物理学家和社会学家等纷纷运用原有学科的理论和方法对环境问题进行了大量调查和研究。通过这些研究，逐渐发展形成环境地学、环境生物学、环境化学、环境物理学、环境医学、环境工程学、环境经济学、环境法学、环境管理学等新学科。这些分支学科孕育产生了环境科学。

最早提出“环境科学”这一名词的是美国学者，当时环境科学是研究宇宙飞船中的人工环境问题。1962 年蕾切尔·卡逊发表《寂静的春天》，推动了全球性的环境保护运动，唤起了民众对环境的关注，促进了环境科学的发展；1964 年，国际科学联合会理事会设立国际生物圈计划，研究全球各类生态系统生产力和人类福利的生物基础，呼吁科学家注意生物圈所面临的威胁、危险及其后果；1965—1974 年的《国际水文发展十年计划》和 1965—1979 年的《全球大气研究计划》的实施，促使人们开始重视水的问题和气候变化问题；1968 年，国际科学联合会理事会设立了环境问题科学委员会，标志着环境科学成为一门独立的学科。

0.3.1.3 发展时期

20 世纪 70 年代以来，随着对环境问题的研究和认识的逐步深入，人们开始对传统的发展观、伦理道德观、价值观提出质疑。

1972 年，英国经济学家沃德和美国微生物学家杜博斯受联合国人类环境会议秘书长的委托，主编出版了《只有一个地球——对一个小小行星的关怀和维护》一书，从整个地球的前途出发，从社会、经济和政治的角度来探讨环境问题，呼吁人类明智地管理地球。

20 世纪 70 年代，人们不仅研究排放污染物所引起的危害人类健康的问题，更着重研究自然保护、生态平衡以及维持人类生存发展的资源问题，开始出现环境科学的综合性专著。1972 年，受罗马俱乐部的委托，美国麻省理工学院利用数学模型和系统分析方法研究社会经济增长，发表了《增长的极限》一书，提出被称为悲观论的“零增长论”观点；而在同一时期，美国未来研究所发表了《世界经济发展——令人兴奋的 1978—2000 年》，认为人类总会有办法对付未来出现的问题，对世界前景持乐观论点。这种世界范围的大争论，使环境科学得到前所未有的发展和普及。

1980 年，联合国东京会议向全世界发出呼吁，希望各类科学家“研究自然、社会、生态、经济以及利用自然资源过程中的基本关系，确保全球的可持续发展”；1983 年，联合国成立世界环境与发展委员会；1987 年，该委员会向联合国提交的报告《我们共同的未来》，明确提出了可持续发展的理论与模式，标志着环境科学从以污染治理与环境管理为基础转向以为人类可持续发展提供理论与方法为基础，从研究控制污染物排放量与末端治理技术转向研究改变人类生活方式、生产方式和价值观的理论与方法，促使环境科学的传统分支进一步成熟，新的面向可持续发展的环境科学分支学科成为发展热点；1992 年，联合国召开世界环境与发展大会，通过了《21 世纪议程》，“可持续发展”成为与会各国的共识，各国相继制定和实施了适合本国情况的 21 世纪议程、行动计划和国际合作方案。

0.3.1.4 环境科学形成与发展时期的污染控制和环境管理发展

(1)注重污染控制阶段

20 世纪 60 年代中期,鉴于面临着严重的环境污染,许多国家的政府颁布了一系列政策、法令,采取法律的和经济的手段,开展了以污染源治理为主的环保工程,污染治理技术有了很大的发展。

(2)防治结合、以防为主的综合防治阶段

20 世纪 60 年代末期开始,在已有污染源治理取得成效的基础上,以美国于 1970 年开始实行环境影响评价制度为标志,许多国家进入了主要针对污染源的防治结合、以防为主的综合防治阶段。

(3)注重环境管理阶段

20 世纪 70 年代中期以后,各国更加注重环境管理,强调环境管理以防为主,注重全面规划、合理布局和资源的综合利用。

(4)可持续发展战略指导下的综合防治与管理阶段

20 世纪 90 年代以来,各国普遍实施可持续发展战略,实行经济、社会与环境综合决策,从源头开始合理开发利用资源和控制污染的发生,通过实施公众参与强化环境监督机制,通过实施科技进步和创新来开发清洁能源、发展生态产业、壮大环境保护产业,使经济、社会、资源与环境协调发展。尤其是 20 世纪 90 年代末以后,以强调“通过物质资源的利用关系控制产品生产过程的环境影响”的生态学原理为基础的产业生态学的发展,促进了工业生产过程和产品消费过程中的资源全代谢过程与充分利用,开创了环境科学与产业革命的新阶段。

0.3.1.5 中国的环境保护与环境科学研究

20 世纪 70 年代以前,中国的一些基础学科、医学、工程技术等方面已进行了一些有关环境科学的研究工作,但当时都是从各自的学科和系统出发,零星地进行研究的。1973 年,中国在总结过去经验的基础上,提出了“全面规划,合理布局,综合利用,化害为利,依靠群众,大家动手,保护环境,造福人民”的环境保护方针;同年,中国科学院联合全国许多部门对官厅水系的污染和水源保护进行的多学科、大规模的调查研究,标志着中国环境科学开始了全面发展。1983 年,中国把环境保护确立为国家的一项基本国策,提出了经济建设、城乡建设和环境建设要同步规划、同步实施、同步发展,实现经济效益、社会效益和环境效益统一的战略方针。1986 年,国家颁布了《环境保护技术政策要点》,提出了“加强管理,以防为主,综合防治,保护并合理开发利用自然资源;采取符合中国国情的不同地区特点的先进适用技术,依靠技术进步和科学管理,维护生态良性循环”的原则。1989 年,国家颁布了《中华人民共和国环境保护法》。1992 年世界环境和发展大会后,中国在协调环境与发展关系上提出了“十大对策”,强调解决环境与发展矛盾的根本出路在于依靠科技进步,并在国际上第一个参照《21 世纪议程》制定了国家级的《中国 21 世纪议程》,确定了中国实施可持续发展的战略、政策和行动框架。2012 年,中国确定了“把生态文明建设放在突出地位,融入经济建设、政治建设、文化建设、社会建设各方面和全过程,努力建设美丽中国,实现中华民族永续发展”的目标,明确了优化国土空间开发格局、全面促进资源节约、加大自然生态系统和环境保护力度、加强生态文明制度建设四大任务。50多年来,中国的环境科学研究紧密联系中国环境与资源现实,努力深化环境科学基础理论,研究和开发先进适用的污染防治和资源合理利用技术,积极开展和参与全球性环境问题的国际合作研究,探索综合运用经济、管理、法律手段保护环境的途径与方法,为人口、资源、环境与经济协调发展提供了科学的方案和依据,环境科学的各个分支学科得到了蓬勃发展,初步建立起门类比较齐全的环境科学研究体系。

(1)基础和应用研究方面

从自然科学、工程技术等范畴扩展到经济、管理、法学、哲学、社会学等社会科学范畴;从污染防治研究扩展到生态系统和自然资源保护以及全球性环境问题研究。开展了环境背景值、环境容量、环境标准、环境质量评价、环境与人体健康、生物多样性保护、全球气候变化、环境立法、环境战略、环境经济综合决策、全球气候变化与中国气候变化趋势的预测、温室气体排放和温室效应机理、海洋对全球气候的影响、气候变化对社会经济与自然资源的影响、臭氧层破坏后紫外线对人体健康的影响及大气中臭氧层演变对气候环境的影响、典型地区酸沉降形成与分布规律及其生态影响等方面的理论、机制与方法的研究,取得了大量资料与成果。

(2)污染防治技术方面

由工业"三废"治理技术扩展到综合治理技术,由点污染源的治理技术扩展到区域性综合防治技术,并研究开发出清洁原料、清洁能源、清洁生产工艺和产品以及废物资源化技术等。这些技术已在生产上得到应用,取得了明显的经济效益与环境效益。

(3)自然生态保护方面

多次组织区域性生物资源的大规模、多学科综合考察,在典型生态区生态破坏现状和恢复利用、荒漠化综合防治、草原改良、黄土高原大面积造林、中国综合农业区划的制定、生态农业的示范与推广、农村沼气的利用、自然保护区建设以及野生濒危动物的驯化和濒危植物的引种栽培等方面都取得了一定的成果。

(4)环境管理方面

密切结合中国的实际并借鉴国际经验,开展了环境战略、环境政策、环境法律法规体系、环境经济手段、环境管理体制、环境生态纳入国家经济社会发展计划和国民经济核算体系等研究并取得可喜的进展。

环境科学成为一门学科仅有半个世纪,然而发展异常迅速。环境科学的出现,对科学的发展具有重要意义。一是推动了自然科学各个学科的发展。自然科学是研究自然现象及其变化规律的学问,从传统的角度来看,各个学科从物理学、化学、生物学方面去探索自然界的发展规律。20世纪以来日益严重的环境问题,促使许多自然科学学科不仅关注自然界本身的因素,也关注对自然界影响越来越大的人类活动,把人类活动对自然界本身的影响作为一个重要研究内容,从而开拓了这些学科的研究领域,推动了它们的发展,并促进了这些学科之间的相互渗透。二是推动了科学整体化研究。过去,自然科学的各个学科都是从本学科角度探讨自然环境中的各种现象。而环境科学以生态学和地球化学的理论、方法作为主要依据,运用化学、生物学、地学、物理学、数学、医学、工程学以及社会学、经济学、法学、哲学、管理学等多种学科的知识,对人类活动引起的环境变化,这种变化对人类自身的影响及其控制途径进行系统的综合研究,引领和推动了自然科学各个学科进入了全面考虑、跨部门、跨学科的整体化研究阶段。

0.3.2 环境科学的主要研究任务

通常认为环境科学应回答三个问题：一是人类赖以生存与发展的环境是如何发展演变的；二是人类活动，如资源的开发、污染物的排放以及人们的生活、生产方式是如何影响环境的；三是人类应如何与自然协同进化，人类在自身的不断发展中如何建立新的价值观、发展模式，发展新的与自然和谐的技术，以保证人类文明不断持续发展及生物圈、大气圈等圈层的可持续性。

为回答这三个问题，环境科学主要要完成以下任务：

第一，探索全球范围内环境演化的规律。解析自然环境的结构、功能、演变过程与演变规律。

第二，揭示人类活动对自然生态系统的作用。解析人类生产和消费活动对资源的压力、对环境质量的损害、对自然过程的干扰。

第三，探索环境变化对地球生命支持系统的影响。解析人类活动对大气二氧化碳浓度、平流层臭氧、生物多样性等地球生命支持系统与生物圈的影响及其后果。

第四，揭示环境污染物在环境中的变迁及其对人体健康与生物的影响。解析人类生产、生活活动向环境排放的污染物（尤其是有毒难降解污染物）在环境中的形态变迁与转化及其对生物的毒理作用，包括进入人体的途径、致畸作用、致突变作用、致癌作用及其他生理效应。

第五，研究环境污染治理技术与资源循环利用技术。研究和发展并实现生产和消费过程资源循环利用和污染物排放最小化技术、新的环境污染治理技术、受损害环境的恢复技术。

第六，探索人类与环境和谐共处的途径。发展环境伦理，普及环境知识，提高全民的环境意识，引导全社会形成有利于环境保护、符合可持续发展要求的生产关系、生活方式、消费行为等生态文明观，研究环境经济、环境与资源管理的政策法规，创新城乡可持续发展模式。

0.3.3 环境科学的学科体系

环境科学是跨自然科学、技术与工程科学、社会科学的综合性学科。在运用自然科学和社会科学有关学科的理论、技术和方法研究环境问题的过程中，环境科学形成了有关学科相互渗透、交叉的庞大的学科体系。属于自然科学的环境基础学科有环境地学、环境生物学、环境生态学、环境化学、环境物理学等；属于技术和工程科学的环境应用学科有环境医学、环境工程学等；属于社会科学的环境管理学科有环境管理学、环境经济学、环境法学、环境哲学、环境社会学等（图 0.1）。环境科学的学科体系体现了当代科学技术综合、集成的发展趋势。

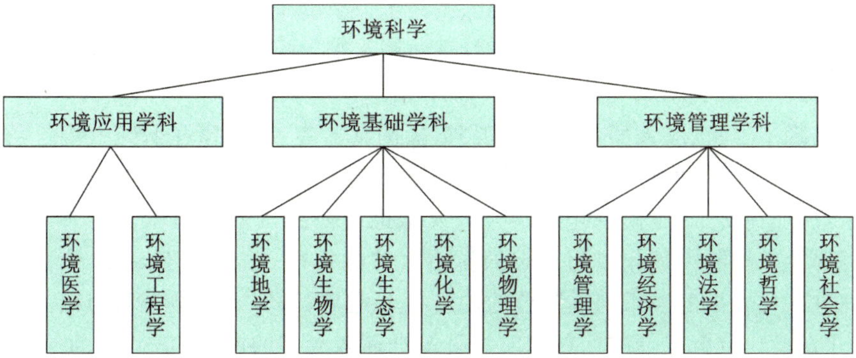

图 0.1 环境科学的学科体系图

0.3.4 环境科学的发展展望

20 世纪末，以信息科学和生命科学为代表的现代科技的突飞猛进，展示了 21 世纪社会生产力发展的新的广阔前景。人类开始由工业经济时代转向以知识经济为主导地位的新的经济时代，人们在重视科技竞争能力及经济效益的同时，更加重视科技造成的生态和环境影响。组织好对有限资源的循环利用，解决好气候变化、臭氧层破坏、酸雨、生物多样性丧失、持久性有毒化合物的环境污染等全球性环境问题，探索新的可持续的发展模式，实现从工业文明向生态文明的跨越，是 21 世纪环境科学技术的发展方向。

0.3.4.1 “数字地球”使人们更便捷地掌握地球环境变化

信息科学、宇航科学及遥感技术带来的自动化、智能化、数字化、网络化，使“数字地球”成为可能，为环境科学技术提供了新的研究方式、工作平台、数据库和数值建模与处理方法，使人们得以在更高层次上系统地进行环境变化的监控、人类活动对生态环境影响与变化的模拟、生态环境的评价。

0.3.4.2 生命科学的发展为生态环境保护科研开辟新的领域

从发现 DNA 分子双螺旋结构到完成人体基因组图谱绘制，标志着生命自身的奥秘逐步被解开。日臻成熟的克隆技术、转基因技术、干细胞技术等，不仅深刻改变了世界的农业、牧业、食品、医药卫生的状况，为治疗人类疾病展现了美好的前景，也为环境科学与技术的发展开辟了新的领域。利用基因工程技术开发高效、特异性强的降解有毒化合物的生物体或生物制剂，已是生物修复领域发展最快的一个方向，环境基因组研究也方兴未艾。但是，生物技术的发展也潜藏着被误用、破坏生态环境的风险，如转基因作物和克隆动物的遗传多样性所具有的新特性会严重破坏生态平衡，威胁生物多样性，甚至影响人类自身的安全。因此，正确引导生命科学和生物工程的发展，并对其进行生态评价，提出防止负面影响的技术，将是环境科学技术研究的新领域。

0.3.4.3 纳米技术将引起物质科学的革命性变化

纳米技术是指在纳米级别上操纵物质，以创造出具有全新分子组织形式、结构的改性材料的技术。随着纳米技术的发展，人类将不断地创造与生产出超强度、智能化和具有自适应、自补偿、自组织能力的材料，以及可循环再生、可自然降解的多样化的结构与功能材料，这将对材料、能源、信息及环境治理与监测技术带来革命性的影响。目前，纳米技术改性建筑色浆、改性高耐候性建筑涂料以及改性建筑防水密封胶粘带等已初步产业化。

0.3.4.4　气候变化及臭氧层保护研究仍是环境科学热点

由于实现了卫星、航天器对太空的观察、探测与监控，科学家在研究人类排放的二氧化碳、甲烷等温室气体所形成的温室效应，排放的氯氟烃对臭氧层的耗损等方面取得了重大成果，从而促使了《气候变化框架公约》《维也纳公约》《蒙特利尔议定书》《京都议定书》等关于减少、控制二氧化碳为重点的温室气体的排放，关于逐步淘汰、禁止使用氯氟烃等破坏臭氧层物质的一系列国际公约的产生。但是，如何有效地控制与减少温室气体的排放，开发替代氯氟烃等破坏臭氧层物质的对环境无害的产品，仍是 21 世纪环境科学关注的热点领域。同时，气候变暖造成的极地冰雪融化、气象灾害、对生物圈功能的影响，以及与此相关的对森林、草原、农作物、生物多样性及人体健康的危害等，在科学上仍有许多的不确定性，有待取得突破性进展。

0.3.4.5　环境污染与人类健康研究仍是环境科学重点课题

新近研究表明，环境中的许多化学物质，包括天然的和合成的，都具有干扰内分泌系统的能力，从而影响人类与野生生物的生殖健康，导致生殖力的衰退。持久性有毒化合物对人类健康的影响尚需深入地研究，凡此种种，仍将是环境科学的重点课题。

0.3.4.6　助力产业生态革命，推进生态文明

(1)支撑生态农业

20 世纪，以化肥、农药、除草剂、生长素等化学品为代表的石油农业是工业革命的产物，是工业文明在农业中的体现。石油农业在满足世界人口增长对农业产品增长的需求，使人类免于饥饿方面起了重要作用。但是，这些化学品对环境的污染及对农作物品质的影响日趋严重，可持续生态农业已成为 21 世纪农业的必然选择。可持续生态农业是以保护农业资源和农村环境，建立可持续发展的耕作体系为基础，通过生物技术的应用，减少农业对化学品的依赖，提高农业废弃物综合和循环利用，提高农业生产效率，以达到农业生态环境良好可持续发展，农产品充足安全的目的。为生态农业的构建提供理论、方法和技术支撑，是环境科学义不容辞的责任。

(2)推动工业产业生态化

1991 年，联合国提出了“可持续生态产业”的概念，许多国家，特别是发达国家的工业在“生态产业”的框架下开始了工业产业生态化进程。工业产业生态化是 21 世纪环境科学研究的重点领域。未来，环境科学将在强化环境审计和公开报告制度等方面以实现工业企业的环保责任，寻找和开发无污染的产品以替代须淘汰的污染产品，发展环境友好的绿色工艺以控制污染和提高废物资源化与循环利用，研发对既有和新型污染物高效处理的技术等环节发挥重要作用，推进全新的无污染和环境友好的生态化工业发展。

(3)指导生态城市建设

城市是一个典型的人工生态系统。随着城市化的发展，城市中面临的环境问题越来越严重，如城市布局混乱、住宅紧张、交通拥挤、市政基础设施短缺、环境污染加剧。环境科学将指导和承担城市生态系统研究，人群活动(社会的、经济的和文化的)与城市生态环境之间的运动变化规律研究，城市生态设计，以维护城市生态系统结构与功能的协调，

保育城市生态系统服务功能，从根本上改善城市的环境质量，建设与自然和谐的、舒适的人居环境，开启城市可持续发展的新阶段。

总而言之，不断发展的环境科学将促使人们从人与自然的关系上重新审视过去和现在的处境，规划未来的前景，丰富理论、方法和技术，切实治理、恢复、保护和改善环境，为人类的繁荣进步做出更大的贡献。

0.3.5 环境保护

0.3.5.1 环境保护的概念

发展到今天，曾经分散、随机、被动的环境保护活动，已变成了全面、系统、自觉的环境保护行动。概括地讲，环境保护是指，人类为解决现实的或潜在的环境问题，维持自身存在和发展而进行的各种具体实践活动的总称。目前，普遍认同的环境保护定义是：从战略级、政策级、技术级等不同层面，在全球、区域、国家、地区、单位范围内，采取法律、行政、经济、技术措施，合理利用资源、防治环境污染和破坏、保持生态平衡，以保障人类社会可持续发展的全部工作。

0.3.5.2 环境保护部门的职责

从环境保护的定义不难看出，环境保护是全人类的共同责任。各国的环境保护工作构架不同。中国的环境保护部门主要承担防治环境污染和破坏、保持生态平衡的监督管理工作。

(1)负责建立健全环境保护基本制度。拟订并组织实施环境保护政策、规划，起草法律法规草案，制定部门规章。组织编制环境功能区划，组织制定环境保护标准、基准和技术规范，组织拟订并监督实施重点区域、流域污染防治规划和饮用水水源地环境保护规划，会同拟订海域污染防治规划，参与制订主体功能区划。

(2)负责环境问题的统筹协调和监督管理。牵头协调环境污染事故和生态破坏事件的调查处理，指导、协调突发环境事件的应急、预警工作，协调解决跨区域环境污染纠纷，统筹协调流域、区域、海域污染防治工作，指导、协调和监督海洋环境保护工作。

(3)承担落实减排目标的责任。组织制定主要污染物排放总量控制和排污许可证制度并监督实施，提出实施总量控制的污染物名称和控制指标，督查、督办、核查污染物减排任务完成情况，实施环境保护目标责任制，实行总量减排考核并公布考核结果。

(4)负责提出环境保护领域固定资产投资规模和方向、财政性资金安排的意见，按权限审批、核准规划内和年度计划规模内固定资产投资项目，并配合做好组织实施和监督工作。参与指导和推动循环经济和环保产业发展，参与应对气候变化工作。

(5)承担从源头上预防、控制环境污染和环境破坏的责任。受托对经济和技术政策、发展规划以及经济开发计划进行环境影响评价，对涉及环境保护的法律法规草案提出有关环境影响方面的意见，按规定审批开发建设区域、项目的环境影响评价文件。

(6)负责环境污染防治的监督管理。制定水体、大气、土壤、噪声、光、恶臭、固体废物、化学品、机动车等的污染防治管理制度并组织实施，会同监督管理饮用水水源地环境保护工作，组织指导城镇和农村的环境综合整治工作。

(7)指导、协调、监督生态保护工作。拟订生态保护规划，组织评估生态环境质量状况，监督对生态环境有影响的自然资源开发利用、生态环境建设和生态破坏恢复工作。指导、协调、监督各种类型的自然保护区、风景名胜区、森林公园的环境保护工作，协调和监督野生动植物保护、湿地环境保护、荒漠化防治工作。指导、协调农村生态环境保护工作，监督生物技术环境安全，组织、协调生物多样性保护工作。

(8)负责核安全和辐射安全的监督管理。拟订有关政策、规划、标准，参与核事故应急处理，负责辐射环境事故应急处理工作。监督管理核设施安全、放射源安全，监督管理核设施、核技术应用、电磁辐射、伴有放射性矿产资源开发利用中的污染防治。对核材料的管制和民用核安全设备的设计、制造、安装和无损检验活动实施监督管理。

(9)负责环境监测和信息发布。制定环境监测制度和规范，组织实施环境质量监测和污染源监督性监测。组织对环境质量状况进行调查评估、预测预警，组织建设和管理环境监测网和环境信息网，建立和实行环境质量公告制度，统一发布环境综合性报告和环境信息。

0.4 生 态 学

环境问题的核心是危害生物资源、危害人类生存，环境科学是解决环境问题的学科体系，而探究生物和人类生存发展的自然过程是这一体系的基本工作，因此，大量的涉及生物研究的学科参与进来并不断发展演化，生态学也是如此。

0.4.1 生态学的概念

1866年，德国生物学家赫克尔(Haeckel)首次提出了生态学的英文名称 ecology。ecology来源于希腊文 oikos+logos，oikos 的意思是“住所”或者“生活所在地”，logos 意为“研究”，因此，生态学的最初意思是“生物生活所在地的研究”。

赫克尔对生态学的定义是：生态学是研究动物与有机及无机环境相互关系的科学；我国生态学家马世骏根据系统科学的思想将生态学定义为：生态学是研究生命系统和环境系统相互关系的科学；奥得姆(E. P. Odum)在其著作《生态学基础》中，将生态学简单通俗地定义为：生态学是环境的生物学。综上所述，在生态学这个名词提出以来，生态学“研究生物及其环境关系”的内涵始终未变。因此，可以综合赫克尔和马世骏的观点，对生态学做出如下定义：生态学是研究生命系统与环境系统相互作用的规律及其机理的学科。

0.4.2 生态学的发展

虽然生态学作为一门学科建立的时间并不长，但其具有多元起源的漫长历史。概括地讲，大致可分为萌芽研究时期、学科建立时期、学科成熟时期和学科现代化时期，前三个时期截止于20世纪60年代，统称为经典生态学时期。

0.4.2.1 萌芽研究时期(公元16世纪以前)

在人类文明的早期，为了生存，人类就对其赖以生存的动植物及周围世界的各种自然现象进行观察，这实际上就已开始了生态学研究，只是当时的研究是零散的，也没有归纳出统一的研究名称。公元前1200年，中国的《尔雅》一书中的木、草两章，记载了176种木本植物和50多种草本植物的形态与生态环境；公元前350年前后，古希腊学者亚里士多德(Aristotle)按栖息地把动物分为陆栖、水栖等6类，按食性把动物分为肉食、草食、杂食及特殊食性4类；公元前300年前后，古希腊学者泰奥弗拉斯托斯(Theophrastus)在其著作中根据植物与环境的关系来区分不同树木类型，并提出动物色泽变化是对环境的适应；公元前200年，《管子·地员篇》专门论述了水土和植物，记述了植物沿水分梯度的带状分布以及土地的合理利用；公元前100年前后，中国农历已确立了反映作物、昆虫等生物与气候现象之间关系的二十四节气，同期的《禽经》记述了不少鸟类的生态行为。

0.4.2.2 学科建立时期(公元17世纪至19世纪)

进入17世纪之后，生态学作为一门学科迅速成型。1670年，鲍尔(Boyle)进行了大气对动物影响效应的试验，是研究动物生理生态学的开端；1735年，雷米尔(Reaumur)发表了6卷昆虫学著作，其中包含了许多昆虫生态学的资料；1803年，马尔萨斯(Malthus)发表了《人口论》，阐明了人口的增长与食物的关系；1840年，李比希(Liebig)发现了植物营养的最小因子定律；1859年，达尔文(Darwin)发表了《物种起源》，证明了物种的演化是通过自然选择的方式实现的；1866年，赫克尔(Haeckel)提出了生态学的定义；1877年，摩比乌斯(Mobius)提出了生物群落的概念；1896年，斯洛德(Schroter)提出了个体生态学和群体生态学的概念，为“人口统计学”及“种群生态学”的发展奠定了基础；1898年，席姆佩尔(A. F. W. Schimper)出版了《以生理为基础的植物地理学》，全面总结了19世纪中叶之前生态学的研究成就，该书被公认为是生态学的经典著作，标志着生态学作为生物学的一门分支学科的诞生。

0.4.2.3 学科成熟时期(20世纪初至20世纪50年代)

20世纪初开始，生态学蓬勃发展，趋于成熟，成熟的标志之一是生态学已从描述、解释走向对机制的研究；成熟的标志之二是生态学已构建了自己独特的学科范围系统；成熟的标志之三是生态学广泛引进数学方法建立了大量生态模型。1913年，亚当斯(Adams)出版了《动物生态学研究指南》，该书被认为是第一本动物生态学教科书；1915年，约丹和凯洛(Jordan & Kellogg)出版了《动物的生活和进化》；1918年，华尔得和威伯尔(Ward & Whipple)出版了《淡水生物学》；1924年，汤普森(Thompson)建立了昆虫拟寄生模型；1925年，斯特瑞特和菲尔普斯(Streter & Phelps)建立了河流系统水质模型；1926年，洛特卡(Lotka)和沃尔泰(Volterra)建立了竞争、捕食模型；1927年，柯麦科和麦肯德里克(Kermack & Mckendrick)建立了传染病模型；1931年，查普曼(Chapman)出版了以昆虫为重点的《动物生态学》；20世纪30年代，湖泊生物学家伯奇(Birge)和朱岱(Juday)通过对湖泊能量收支的测定，提出了初级生产的概念；1935年，坦斯黎(A. G. Tansley)提出了生态系统的概念，开启了对生物与环境关系的系统学研究时代；1937年，费鸿年出版了《动物生态学纲要》；1942年，林德曼(R. Lindeman)提出了著名的“百分之十定律”，开创了生态学的营养动态研究；1945 年，卡什卡洛夫（Kamkapol）出版了《动物生态学基础》；1949 年，阿利和伊麦生（Allee & Emerson）出版了《动物生态学原理》。

0.4.2.4　学科现代化时期（20 世纪 60 年代起）

（1）学科现代化的背景

20 世纪 60 年代，基于自身的学科积累形成了独有的理论体系和方法论，高精度的分析测定技术、电子计算机技术、高分辨率的遥感技术和地理信息系统技术提供了良好的技术条件，为解决经济发展所带来的一系列环境、人口、资源等问题，生态学迅速完成了现代化进程。

（2）现代生态学较经典生态学在研究层次、研究手段和研究范围上有重大突破

①研究层次向微观与宏观两极扩展。经典生态学主要以动植物个体、种群、群落、生态系统与环境的关系为研究对象，发展了生理生态学、动物行为学、种群生态学、群落生态学、生态系统生态学、动物生态学、植物生态学、微生物生态学、森林生态学、草地生态学、淡水生态学、海洋生态学等。而 1992 年《分子生态学》杂志的创刊，标志着现代生态学已进入分子水平，1995 年佛曼（R. J. T. Forman）出版的《土地镶嵌体——景观与区域生态学》和 1996 年叟斯维克（C. H. Southwick）出版的《人类前景中的全球生态学》，使现代生态学的研究范畴从分子、个体、种群、群落、生态系统、景观、生物圈扩展为全球，形成了分子生态学（molecular ecology）、进化生态学（evolutionary ecology）、个体生态学（autecology）、种群生态学（population ecology）、群落生态学（community ecology，synecology）、生态系统学（ecosystem ecology）、景观生态学（landscape ecology）和全球生态学（global ecology）体系。

②研究手段向精准定量与模型模拟发展。经典生态学通常使用简单的仪器、方法完成初步的描述、解释和机制研究，而现代生态学则将野外调查与试验工作相结合，广泛使用野外自计电子仪器（测定光合、呼吸、蒸腾、水分状况、叶面积、生物量及微环境等），同位素示踪法（测定物质转移与物质循环等），稳定同位素技术（研究生物进化、物质循环等），卫星遥感技术（RS）、全球定位系统（GPS）、地理信息系统（GIS）（用于失控现象的定量、定位与监测），实验室精密分析技术等进行微观和宏观的精准定量，并在大型高速计算机技术的支撑下，开展对各级系统的行为和特点的模拟与预测，以指导优化的生态系统的建立。

③研究范围向自然—经济—社会复合系统扩展。经典生态学以研究自然现象为主，很少涉及人类社会，现代生态学除了关注自然生态系统的稳定性和生产力外，更注重研究分析人类活动对生态过程的影响，关注解决资源、环境、可持续发展等重大问题，从纯自然现象研究扩展到自然—经济—社会复合系统的研究，一些新兴的生态学分支及交叉学科，如行为生态学、化学生态学、环境生态学、城市生态学、恢复生态学、生态毒理学、生态工程学、生态伦理学等应运而生。

0.4.3　环境生态学及其主要分支

0.4.3.1　环境生态学

（1）环境生态学的概念

环境生态学（environmental ecology）是研究在受到人类干扰的条件下，生态系统内

在的变化机理、规律和对人类的反效应，寻求受损生态系统的恢复、重建及保护的生态对策的学科。即运用生态学的原理，阐明人类对环境造成的影响及解决环境问题的生态途径的学科。

(2)环境生态学的诞生和发展

自18世纪后半叶开始，西方主要发达国家的工业加速发展，在生产力迅速提高的同时，也给环境带来了空前的压力。此外，世界人口急剧增加，人类活动的范围不断扩大，对环境的干扰日趋严重。由人类活动而引发的一系列环境问题直接威胁到人类的生存。因此一些科学家开始从不同角度去研究环境问题，以使人类和环境协调发展，由此促成了环境生态学的形成。

1962年，美国海洋生态学家R.卡逊出版了著名的环境保护科普著作《寂静的春天》。该书以杀虫剂大量使用造成的污染危害为基本素材，以大量事实阐明了环境问题产生的根源，揭示了人类与大气、海洋、河流、土壤及生物之间的密切关系，深刻地论述了本应生机勃勃的春天"寂静"的主要原因。该书的出版，标志着环境生态学的诞生。此后，相继出版了一系列著作，如L.怀特的《我们生态危机的历史根源》、B.艾利奇的《人口炸弹》等。

20世纪70年代以后，有关受干扰或受害生态系统的恢复和重建的理论与应用研究受到重视。1972年，B.沃德出版了《只有一个地球》，从世界人口增长过快、滥用资源、工业技术影响、发展不平衡、城市化等多方面探讨了环境问题的产生，揭示了人类环境遭到污染和破坏以及全球生态系统受损害的原因；1975年，在美国召开了"受害生态系统的恢复"国际学术研讨会；1980年，卡林斯等出版了《受害生态系统的恢复过程》一书。

20世纪80年代是环境生态学快速发展的一个时期，一些新的理论逐渐形成。1987年，B.福尔德曼在多年教学研究的基础上出版了第一部内容详细的教科书《环境生态学》，主要内容包括大气污染、有毒元素、酸化、森林减少、油污染、水体富营养化和杀虫剂污染等各种环境压力对生态系统结构和功能的影响。该书的出版标志着环境生态学的理论框架已基本形成。1989年，在中国北京召开了"生态工程"国际学术研讨会，研究了受损生态系统的重建问题。

20世纪90年代以来，随着全球气候变化和生物多样性保护成为国际科学研究的热点，作为环境生态学的重要分支之一的保护生态学逐渐形成。与此同时，绿色产品、有机食品、生物安全、生态旅游、生态伦理等新的概念不断出现。1995年，福尔德曼出版了《环境生态学》的第二版，在原有的基础上增加了生物资源的利用、生态经济学以及环境影响评价、生态监测、环境教育、可持续经济系统设计等方面的内容。

(3)环境生态学的研究内容

在环境科学的学科体系中，环境生态学属于自然科学的范畴。环境生态学是由环境科学与生态学相互渗透而形成的交叉学科，其理论基础是生态学。与环境生态学相关的学科众多，涉及自然科学、社会科学、经济学等诸领域，与人类学、资源生态学、环境监测与评价、环境工程学以及环境规划与管理的关系尤为密切。

维护生物圈的正常功能，改善人类生存环境，并使两者间得到协调发展，是环境生态学的根本目的。运用生态学理论，保护和合理利用自然资源，治理被污染和破坏的生态环境，恢复和重建生态系统，以满足人类生存发展需要，是环境生态学的主要任务。除涉及经典生态学的基本理论外，学科主要内容还包括：人为干扰下生态系统内在变化机理和规律；生态系统受损程度的判断；各类生态系统的功能和保护措施的研究；解决环境问题的生态对策。

根据研究的内容，环境生态学可进一步细分为：污染生态学、环境生物学、人类生态学、保护生态学和经济生态学等多个分支学科。

(4)环境生态学的研究方法

在应用生物学和生态学等学科研究方法的基础上，环境生态学已经形成了一套独特的研究方法，主要有以下三类：

①野外调查。通过对指示生物、生物群落和生态系统的现场调查和试验以及对生物指数、污染指数和生物多样性指数等参数的分析，从宏观上研究环境污染物和人为干扰对各种生物或生态系统产生影响的基本规律。

②室内试验。通过各种试验手段，如植物人工熏气、静水式生物测试、流水式生物测试、水生生物急性毒性试验、水生生物亚急性毒性试验、水生生物慢性毒性试验和回避反应试验等，从微观上研究污染物和人为干扰对生物产生的毒害作用及其机理。

③生态模拟。利用计算机和近代数学方法通过数学模型来模拟生态系统的行为和特点，预测人类活动对生态系统可能造成的影响或危害。

(5)环境生态学展望

作为生态学的分支，环境生态学今后也将沿着宏观和微观两个方向继续发展。在宏观方面，进一步查明人类干扰对生物种群及各类生态系统结构和功能的影响；采用生物模拟(包括受控生态系统的试验)和数学模型研究方法，预测和预报污染及人为活动对生态系统稳定性、群落结构、物质循环和能量流动的影响，为制定最优化环境规划和开展受损生态系统的恢复提供依据。在微观方面，深入研究污染物对生物生理、生化、形态以及细胞、分子的效应机理，提出效应预测预报的原理与方法。

未来一段时期环境生态学研究的重点包括：进一步调查各个生态系统(如森林、草原、湿地、农场、城市)内部和相互之间的调节、控制及平衡关系；了解由于人为扰动而引起的区域性或全球性变化对生物圈内生物资源的影响；加强生态城镇、生态农业、生态监测及生物资源保护的理论与应用研究；探究建立生态功能保护区、自然保护区、生态示范区和可持续发展实验示范区在改善自然环境和保护生物多样性方面的作用；建立和完善生物降解、生物转化、水体污染的综合防治等关键性生物技术；加强毒物对生物(包括人类)的致毒机理以及环境因素所引起的畸变、突变、癌变的生物学基础的研究。

随着人类可持续发展观的树立和加强，环境生态学将更深入地介入到环境与经济的统筹兼顾，人与自然的共同和谐，自然、社会、经济的协调发展等方面的研究，当前在丰富和完善学科理论的基础上，更加注重解决迫在眉睫的环境问题。

0.4.3.2 污染生态学

(1)污染生态学的概念

污染生态学(pollution ecology)是研究生物系统与环境污染之间相互作用及其调控机理的学科，是环境生态学的一个分支。

(2)污染生态学的诞生和发展

19世纪中叶已经有人注意到水污染与水生生物的关系，并将水中微型生物进行分组、分类。20世纪初期，人们开始研究水质污染的生物监测、生活污水和工业废水的生物处理等问题。1935年，A. G. 坦斯莱提出了生态系统这一概念，为污染生态学的发展奠定了理论基础。20世纪中期，随着大工业、集约农业、大城市的兴起和发展，人类面临着日益尖锐的环境问题。生态平衡遭到破坏，很多物种从地球上消失或濒临灭绝，为了解决环境污染带来的生态破坏问题，污染生态学逐渐发展起来。

污染生态学是从环境科学和生物学分化出来的一个边缘学科。它同毒理学、生理学、生物化学、土壤学、湖沼学和海洋学等相互渗透，从而产生了生态毒理学、环境微生物学、污染土壤学和生物监测等分支学科或研究领域。

(3)污染生态学的研究内容

污染生态学的任务是通过揭示污染物在生态系统中运动和作用的规律，防治或减轻环境污染物对生物和人的不利影响。从宏观上研究环境中污染物对生态系统产生影响的基本规律，从微观上研究污染物在生态系统中迁移、转化的规律及对生物产生的毒害作用及其机理。主要研究内容包括：

①生物效应。了解污染物对生态系统中各种生物的直接或间接的有害影响，尤其是毒物的慢性作用和小剂量长时间接触的作用，以及各种因素的综合作用，特别是污染物对人和生物的致畸、致癌、致突变作用，进而研究污染物质在生态系统中的评价标准。

②放射性物质污染对生态系统的影响。了解生物种群对放射性污染物的接受程度，生物种群和个体对放射性元素的吸收，放射性元素在生态系统食物链(网)中的循环。

③生物净化。研究如何利用绿色植物净化环境空气，利用土壤、土壤生物系统以及植物治理土壤污染，利用水生物系统、土地处理系统处理工业废水和生活污水。

④生物监测。研究如何利用敏感植物监测空气污染，利用指示生物、水生生物群落、生物测试和生物残毒监测水体污染。

(4)污染生态学展望

污染生态学今后的主要任务是：进一步研究污染对各类生态系统结构和功能及各级生物的影响；进行生态系统的生物模拟(包括受控生态系统的实验)和数学模型研究，制作污染生态模型，预测预报污染对生态系统稳定性、群落结构、物质循环和能量交换的影响，为制定优化的环境区划和规划提供依据；进一步研究各个生态系统(如工矿、农田、森林、草原和水生生态系统)内部和相互之间的调节、控制和平衡，以及由于污染而引起的区域性或全球性变化对生物圈生物资源的影响；进一步加强污染物生物净化和生物降解的基础理论研究，建立和完善污染物生物效应数据库和生物品库；加强毒物对生物(包括人类)的致毒机理以及环境因素引起癌变、畸变、突变的生物学基础的研究。

0.4.3.3 保护生态学

(1)保护生态学的概念

保护生态学(conservation ecology)是研究自然资源的保护和持续利用及其与环境相互关系的学科。

(2)保护生态学的形成与发展

在古代,人口不多、农业尚未出现时,人类基本上是生活在未受干扰或干扰较轻的生态环境中,随意利用丰富的自然资源,也不会对环境造成严重的损害;在轮歇农业的刀耕火种时期,由于开发利用范围非常局限,且主要依靠强度不大的人力操作,也没有对景观和资源造成严重不利的影响,反而因被轮耕的植被发生多种演替而使得区域生物多样性更加丰富,生物链(网)更为完整。

随着人口增加和生产力的发展,人类利用自然资源的强度不断增大,在科学技术水平低和缺乏全面考虑的规划的背景下,森林的大面积采伐、草地的过度放牧、围垦湿地使许多生态系统遭受破坏而退化甚至消失。目前,地球上未受人为干扰的地区即使存在也是寥寥无几,大多数地区都是由被不同程度利用的地段与未经破坏或破坏较小的地段所组成的镶嵌体。如何保护越来越少的自然资源成为人类必须面对的艰巨任务。为了寻找合理利用自然资源的途径,特别是实现可更新资源的持续利用,维护地球生态系统的活力,保护生态学逐渐形成和发展起来。保护生态学是生态学与社会科学的交叉学科,是阐明各地生态特点、变化趋势、资源优势,制定区域生态系统类型发展规划和处理生态危机的学科。

(3)保护生态学的任务

①研究自然资源的种类、数量、质量、分布等基本问题。如:生态系统的物种成员类型、关键种、物种受威胁类型的划分和标准等。

②研究人类活动对自然资源的影响的基本规律。如:次生生态系统演替、水土流失、生境破碎化对物种生存和发展的影响、经济全球化和保护地方化的矛盾对资源环境的影响、生态保护的经济价值、生物入侵的生态威胁等。

③研究自然资源的保护与利用。如:制定生态保护战略、政策和技术标准,生物多样性的保护与持续利用,保护区和自然与文化遗产地的分类、建立和管理,受损生态系统的恢复与重建,栽培区域综合农业系统的建立和可持续发展,区域或流域生态规划,资源计价以及绿色核算系统的建立。

0.4.3.4 人类生态学

(1)人类生态学的概念

人类生态学(human ecology)是研究人类与其环境的关系的学科。由于人类与环境的关系涉及的方面众多,要认识这种复杂的关系,必须有多学科作为基础,所以人类生态学是从生物学、地理学、社会学、人类学和心理学等学科发展起来的一门综合性学科。

(2)人类生态学的形成与发展

1920 年,美国的 R. F. 帕克及其学生们开创了人类生态学派,着重进行城市背景下的空间格局的社会学分析;1970 年开始,瑞典的哥德堡大学、英国的爱丁堡大学相继建立了人类生态学研究中心;1987 年,联合国环境与发展委员会(WCED)出版的《我们的共同未来》,对推动人类生态学的发展起了很大作用;目前,加利福尼亚大学戴维斯分校、拉特杰斯大学建立了人类生态学的教学和研究机构,瑞士日内瓦建立了国际人类生态学中心,德国建立了人类生态协会,欧洲成立了人类生态学联合会。

(3)人类生态学的研究领域

目前,人类生态学研究的问题是多方面的,包括人口、城市化、土地开垦、农村工业化、旅游、休闲以及生态可持续发展等。

上述研究均围绕以人类为主体的生态系统,即人类生态系统及其运动变化而进行,因此,生态系统理论是人类生态学的基本框架。显而易见,由于与局限于少数生境以及较为狭窄的生态位的大多数物种不同,人类占据广阔的生态位并生活在极其宽广范围的生境中,且人类拥有文化、掌握工具和技术,能对环境造成比自然进程更深刻的改变,上述研究必然能促进生态系统理论的丰富和拓展。

【讨论】

1. 试论述环境、环境问题、环境科学、生态学、环境生态学的定义。
2. 试论述目前全球环境问题的现状及发展趋势。
3. 试论述现代生态学的特点及发展趋势。
4. 试论述生态学在环境科学中的地位。

1 个体生态学

本章提要

【教学目标要求】

1. 掌握生态因子的概念，熟悉生态因子基本类型；

2. 掌握温度、光、水及土壤因子的生态作用，熟悉生物对各生态因子的适应情况。

【教学重点、难点】

1. 生态因子的基本类型，主要生态因子对生物的生态作用；

2. 生物的适应机制。

1.1 生态因子

1.1.1 生态因子的概念

生态因子(ecological factors)是指对生物的生长、发育、生殖、行为、数量和分布有直接或间接影响的环境要素。如光照、温度、湿度、氧气、二氧化碳、食物和其他生物等均为生态因子。其中，凡是生物生存所不可缺少的生态因子，称为生物的生存因子。如二氧化碳和水是植物的生存因子，食物、水和氧气则是动物的生存因子。所有生态因子构成生物的生态环境(ecological environment)。特定生物体或者群体的栖息地的生态环境称为生境(habitat)。

1.1.2 生态因子的类型

通常把生态因子广义地分成两类，即非生物因子和生物因子。非生物因子包括气候因子、土壤因子和地形因子 3 个类型；生物因子包括人为因子和其他生物(包括动物、植物和微生物)因子 2 个类型。这 5 个基本类型又包括若干因子。

1.1.2.1 气候因子

气候因子通常指光、温度、湿度、降水、风、空气和雷电等。根据各因子的特点和性质不同,还可以将上述因子细分为若干因子,如光因子可分为光强度、光质和光周期性变化等。

1.1.2.2 土壤因子

土壤因子主要指土壤的各种特性,包括土壤质地、土壤结构、土壤物理性质、土壤化学性质和土壤生物等。

1.1.2.3 地形因子

地形因子是指对动植物的生长和分布有影响的地表特征,如地面的起伏、海拔高度、坡度和坡向等。地形因子是间接因子,它们往往是通过影响气温、水、光照而间接影响生物的生长和分布的。

1.1.2.4 其他生物因子

其他生物因子是指各种动物、植物和微生物及其之间的各种相互关系,如各种生物种群、群落及各种食物链等。

1.1.2.5 人为因子

人为因子是指人类对自然界改造利用的各种活动及其影响。把人为因子从生物因子中分离出来,是为了强调人类作用的特殊性和重要性。目前,人类活动对自然界和其他生物的影响越来越大,越来越具有全球性,是任何其他生物所无法比拟的,分布在地球各地的生物都直接或间接受到人类活动的巨大影响。

除上述广义分类外,还有一些不同研究角度的分类体系。

史密斯(Smith)从生态因子对生物种群数量变动的作用出发,将其分为密度制约因子(density dependent factor)和非密度制约因子(density independent factor)。前者如食物、天敌等生物因子,它们对生物的影响大小随种群密度而变化,有调节种群数量的作用;后者如温度、降水等气候因子,它们对生物的影响大小不随种群密度而改变。这种分类方式对研究种群数量变动原因有一定的启发。

苏联学者蒙恰斯基根据生态因子的稳定性程度及作用特点,把生态因子分为稳定因子和变动因子。前者包括地心引力、地磁、太阳辐射常数等终年恒定的因子,这些因子决定了生物的栖息和分布;后者包括周期变动因子和非周期变动因子,其中地球绕太阳转动引起的季节变化、潮汐涨落等周期变动因子主要影响生物的分布,风、降雨、捕食等非周期变动因子主要影响生物的数量。

1.2 主要生态因子的作用及生物的适应

1.2.1 光的生态作用与生物的适应

生态学中的光指太阳光,是一个复杂而重要的生态因子。太阳光的波长、强度及其周期性变化会对生物的生长发育、数量和地理分布产生深刻的影响，而生物对其也有着多种多样的适应表现。

1.2.1.1 光的波长的生态作用及生物的适应

太阳光包括各种波长的电磁波，主要波长范围为150～4000nm。波长小于380nm的是紫外光，波长介于380～760nm的是可见光，波长大于760nm的是红外光。

(1)光的波长对植物的影响

①光的波长与光合作用。植物的光合作用不能利用光谱中所有波长的光，只有可见光区(380～760nm)范围内的光对光合作用有贡献。其中，红、橙光对叶绿素的形成有促进作用，并主要被叶绿素吸收，蓝、紫光也能被叶绿素和类胡萝卜素吸收，而绿光很少被植物吸收。因此红、橙光被称为光合作用生理有效光，绿光被称为光合作用生理无效光。

②光的波长与生长发育及形态建成。长波光有促进生长和延长生长期的作用。实验表明，红光有利于植物糖的合成；蓝光有利于植物蛋白质的合成；短波光有利于花青素的形成，并抑制茎的生长。

(2)光的波长对动物的影响

①光的波长刺激动物视觉。大多数脊椎动物的可见光波范围与人接近，但昆虫可见光波范围则在250～700nm之间，也就是说，它们看不见红外光，却能看到人类看不见的紫外光，因此，不同的光质会刺激动物视觉，影响动物的活动、迁徙。

②光的波长影响动物的生长发育。研究表明，不同波长的光对动物的器官分化、生殖活动、体色变化、毛羽更换等都有影响。如许多夜行性动物的眼睛都比昼行性动物大，鱼类的背部多为深色，腹部多为白色。

(3)生物对光的波长的适应

①陆生植物对光的波长的适应表现。后述阳性植物、阴性植物和中性植物(耐阴植物)的分类也包含植物对光的波长的适应，而高山植物特有的茎节短、花色艳更主要是对环境中光的波长适应的结果。

②动物对光的波长的适应表现。动物的体色变化、毛羽更换主要是对环境中光的波长适应的结果，对增加其生存机会有重要作用。

1.2.1.2 光照强度的生态作用及生物的适应

光照强度指太阳辐射通过大气层到达地球表面的强度，用$J/(cm^2 \cdot a)$表示。光照强度随昼夜、季节、纬度、高度等因素的变化而变化。夏季的光照强度比冬季强，低纬度地区的光照强度比高纬度强。例如，在低纬度的热带荒漠地区，光照强度在$8.37\times10^5 J/(cm^2 \cdot a)$以上；位于中纬度地区的我国华南地区，光照强度大约为$5.02\times10^5 J/(cm^2 \cdot a)$；而在高纬度的北极地区，光照强度不会超过$2.93\times10^5 J/(cm^2 \cdot a)$；在海拔1000m可获得全部入射太阳辐射的70%，而在海平面只能获得入射太阳辐射的50%。

(1)光照强度对植物的影响

①光照强度影响植物细胞和细胞器的分化，从而制约植物的生长发育和形态建成。足够的光照强度才能刺激植物的光合器官叶绿素的形成，在黑暗条件下，叶绿素形成受阻，植物叶子发黄，呈“黄化现象”；光照强度增加有利于植物的物质转化，增加果实的含糖量且着色好，而遮光后，花芽形成减少，且植物的物质转化量减少，会造成挂果少、果实

发育不良甚至落果。

②足够的光照强度是有效光合作用的基本条件，也是植物物质积累的基础。植物的呼吸作用是始终在进行的，假定呼吸作用为一定值，如果影响植物光合作用和呼吸作用的其他生态因子都保持恒定，那么光照强度就决定着光合作用与呼吸作用这两个过程的平衡，即随着光照强度的增加，植物的光合作用增强，当光照强度达到某一水平时，光合作用的合成量与呼吸作用的消耗量相等，此光照强度即为光补偿点；此后，光照强度继续增加，光合作用的合成量超过呼吸作用的消耗量，植物具有了净生产力，表现为物质；当光照强度达到一定水平后，光合作用的效率不再增加，此光照强度称为光饱和点。不同植物的光补偿点和光饱和点不同，如图 1.1 所示。

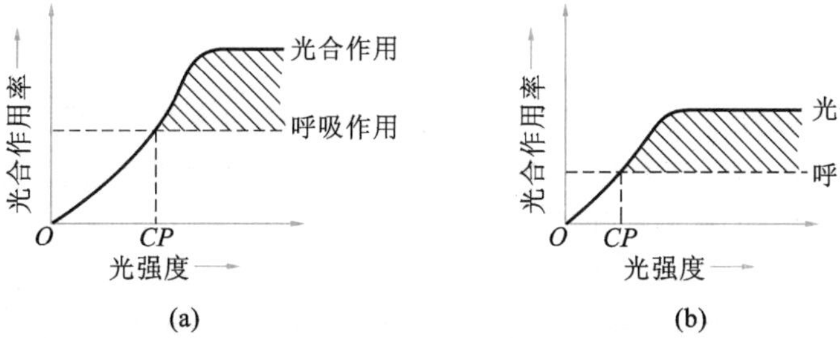

图1.1 两种植物的光补偿点位置示意图(CP为光补偿点，▭为净生产力)

③光照强度影响水生植物分布。由于水本身能反射和吸收光线，加上水中内含物(溶解物质、悬浮物、有机碎屑等)的吸收和散射，光照强度在水中衰减剧烈。光照强度维持光合作用的合成量与呼吸作用的消耗量平衡的水深，即是水生植物生存的极限深度，也称光补偿深度。在清澈的海水和湖水中(特别是在热带海洋)，光补偿深度可达数十米；在浮游植物密度很大或者含大量泥沙颗粒的水体中，透光带可能只限于水面下 1m 处；而在一些受到污染的河流中，水面下几厘米处就很难有光线透入了。水生植物只能在光补偿深度以上生存，如果水生植物沉降到补偿深度以下又不能很快回升到其上，便会死亡。

(2)光照强度影响动物的生长发育

一般而言，光照对动物的生长发育有加速作用，但过强的光照又会使其发育迟缓甚至停止。光照强度还会影响动物的体色，如光亮条件下蛱蝶(Vanessa)体色变淡，黑暗环境中蛱蝶体色变暗。光照强度还会影响动物的行为，只有当光照强度达到一定水平或下降到一定水平时，动物们才会开始活动，因此，大部分动物往往随着每天日出日落时间的变化而变化着它们开始活动的时间。

(3)生物对光照强度的适应

①陆生植物对光照强度的适应表现。根据植物适应光照强度的情形，将植物分为阳性植物、阴性植物和中性植物(耐阴植物)。阳性植物光补偿点较高[图 1.1(a)]，能适应强光照条件，较常见的有蒲公英、杨树、柳树、白桦、松、国槐等，药材中的甘草、黄芪、白术、芍药等也属于这一类植物；阴性植物的光合速率和呼吸速率都比较低，光补偿点较低[图 1.1(b)]，适应在光照强度弱的条件下生活，常见的种类有铁杉、鹿蹄草、观音坐莲、红豆杉、紫果云杉、冷杉等，还包括药材中的人参、三七、黄连、半夏等；中性植物对光照条件

的要求介于阳性植物和阴性植物之间，对光照强度有较广的适应能力。了解植物对光照强度的适应情况，在作物的合理栽培、间作套种、引种驯化等方面都是非常重要的。

②动物对光照强度的适应表现。很多动物的活动行为都与光照强度有关，根据动物适应光照强度的行为情形，可将动物分为昼行性动物、夜行性动物和广光性动物。昼行性动物适应于在白天的强光下活动，如大多数鸟类，哺乳动物中的灵长类、有蹄类、松鼠，爬行动物中的蜥蜴和昆虫中的蝶类等；夜行性动物则适应于在黄昏、夜晚或早晨的弱光下活动，如蝙蝠、家鼠、壁虎、夜鹰和蛾类等，这些动物又被称为晨昏性动物，或狭光性动物；广光性动物既能适应弱光，也能适应强光，它们白天黑夜都能活动，其活动与休息表现为不分昼夜地不断交替，如田鼠。

1.2.1.3 日照长度的生态作用及生物的适应

(1)日照长度的生态作用

由于地球公转和自转，带来了地球上日照长度的周期性变化，日照长短的变化是地球上最严格和最稳定的周期变化之一，这种变化深刻影响着光质、光强、温度等生态因子，对生物产生极为复杂的生态作用。

(2)生物对日照长度的适应

长期生活在这种昼夜变化环境中的生物，借助于自然选择和进化形成了各类生物所特有的对日照长度变化的适应方式。生物对日照长度规律性变化的反应，称为生物的光周期现象(photoperiodism)。

①植物的光周期。根据植物开花对日照长度的要求，可把植物分为长日照植物、短日照植物、中日照植物和日中性植物四大类。长日照植物指日照时间长于一定数值(14h)才能开花的植物，在此数值之上，日照时间越长，开花越早，如牛蒡、凤仙花和农作物中的冬小麦、大麦、油菜、甜菜、甘蓝和菠菜等，如果人为延长光照时间，可促使这类植物提前开花；短日照植物指日照时间短于一定数值(10h，或黑暗时间长于 14h 以上)才能开花的植物，如水稻、棉花、大豆、烟草、向日葵等，如果人为延长黑暗时间，可促使这类植物提前开花；中日照植物指在昼夜长短接近相等时开花的植物，如甘蔗只在每天 12.5h 日照条件下才开花；日中性植物指在不限定日照长度时开花的植物，这类植物开花不受日照长度的影响，如番茄、黄瓜、辣椒、四季豆、蒲公英等。

长日照植物大多起源和分布于温带和寒带，因为那里的夏季有较长的昼间光照时间，短日照植物大多起源和分布于热带、亚热带，因为那里少有较长的昼间光照时间。如果把长日照植物栽培在热带，由于光照时间不足，就不会开花结果；同样，如果把短日照植物栽培在温带和寒带，也会因光照时间过长而不开花。这对植物的引种、育种工作有极为重要的意义。

②动物的光周期。日照长度的周期性变化是许多动物进行迁移、繁殖、换毛换羽等生命活动最可靠的信号系统。在脊椎动物中，鸟类的光周期现象最为明显。鸟类在不同年份迁离某地和到达某地的时间变化很小，如此严格的迁飞节律是任何其他因素(如温度的变化、食物的缺乏等)都不能解释的，只能归结于对日照长度的适应；同样，鸟类每年开始生殖的时间也是由日照长度的变化决定的，鸟类生殖腺的发育与日照长度的周期变化是完全吻合的，在鸟类繁殖期间，人为地增加光照时间可以提高鸟类的产卵量。鱼类

的洄游活动也与日照长度的变化相适应，特别是生活在光照充足的表层水的鱼类，如三刺鱼春季从海洋迁移到淡水，秋季又从淡水洄游到海洋，就是由于适应光周期变化的内分泌系统改变所致。实验证明，鸟兽的换毛与换羽也是适应日照长度变化的结果，分布在温带和寒带地区的大部分动物是春秋两季换毛，许多鸟类每年换羽一次，它使得动物能够更好地适应环境温度的变化。哺乳动物的生殖活动表现出其对日照长度的变化的高度适应，很多野生哺乳动物（特别是高纬度地区的种类）都是随着春天日照长度的逐渐增长而开始生殖的，如雪豹、野兔和刺猬等，这些种类可称为长日照动物（long day animal）。还有一些哺乳动物总是随着秋天短日照的到来而进入生殖期，如绵羊、山羊和鹿，这些种类属于短日照动物（short day animal），它们在秋季交配，当它们的幼崽在春天出生，日照长度逐步增加时，它们的生殖活动渐趋终止。昆虫的冬眠和滞育也主要源于对光周期的适应，但温度、湿度和食物对其也有一定的影响，例如，秋季的短日照是诱发马铃薯甲虫在土壤中冬眠的主要因素，而玉米螟（老熟幼虫）和梨剑纹夜蛾（蛹）的滞育率则取决于每日的日照时数，同时也与温度有一定关系。

1.2.2　温度的生态作用与生物的适应

1.2.2.1　温度的生态作用

温度对生物的影响可以是直接的，也可能是间接的。生物体内的所有生物化学过程必须在一定的温度范围才能正常进行，温度的变化直接影响到生物的生长发育；同时，温度的变化又通过影响气流、降雨而间接影响动植物的生存条件。

(1)温度与生物的生长

①生物生长的三基点温度。生物的生长是一系列生理生化过程的结果，而这些生理生化过程都只能在一定的温度范围内进行，即有其最低温度、最适温度和最高温度，所有生理生化过程的最低温度、最适温度和最高温度决定了生物生长的最低温度、最适温度和最高温度，即生物生长的三基点温度。当温度在最低温度和最适温度之间时，生物的生长速度会随着温度的升高而加快，当温度在最适温度和最高温度之间时，生物的生长速度会随着温度的升高而减缓。如果温度低于最低温度或高于最高温度，生物就会停止生长，甚至死亡。多年生木本植物茎的横断面的年轮宽窄，鱼类的鳞片大小，动物的耳石多少，都可以显示生物生长速度与温度高低的关系。

不同生物的三基点温度是不一样的，一般来讲，生长在低纬度地区的生物高温阈值较高，生长在高纬度地区的生物低温阈值较低。例如，雪球藻和雪衣藻只能在低于 4℃的温度范围内生长；罗非鱼的最适生长温度为 28～32℃，温度低于 15℃就停止生长，10℃以下就会死亡；史氏鲟最适生长温度为 18～22℃，高于 28℃就停止生长，甚至死亡。

②变温有利于生物生长。生物生长是物质合成积累转化过程与呼吸消耗过程的综合结果，利于合成积累转化而不利于呼吸消耗的温度变化比恒温更能促进生物生长。对植物而言，白天的温度越接近光合作用最适温度，晚间的温度越远离呼吸作用的最适温度，植物的生长越好，产量越高，品质也越好。1943 年，G. Bonnier 就通过试验证实，波斯菊在白天 26.4℃、夜间 19℃的变温条件下的产量比在昼夜均为 26.4℃或 19℃的恒温条

件下的产量增加1倍;银胶草(Parthenium hysterophorus)在26.5℃或7℃的恒温下均不形成橡胶,而在昼温26.5℃、夜温7℃时则产生大量橡胶;小麦在变温剧烈的青藏高原的产量比在变温温和的中原地区高5%~30%;高纬度地带出产的水果、坚果通常比低纬度地带出产的更甜、更香。

(2)温度与生物的发育

①一定的温度是生物发育的前提。只有当温度达到或高于某一温度界限值时,生物的特定发育过程才能进行,这一温度界限称为特定发育的发育起点温度或生物学零度(biological zero)。发育起点温度和发育的温度上限之间的温度区间,称为有效温度区。除春化现象外,一般而言,在有效温度区内,温度升高可以加快生物的发育速度。

②足够的温度积累是生物完成发育的必要条件。只有积累足够的温度,生物才能完成特定的发育过程。雷米尔(Reaumur)从变温动物的生长发育过程中总结出了温度与生物发育关系的普遍规律:有效积温法则,即生物在生长发育过程中,必须从环境中摄取一定的热量才能完成某一阶段的发育。有效积温法则可用下式表示:

$$K = N(\overline{T} - T_0)$$

式中 K——特定生物的特定发育所需要的有效积温,为常数,d·℃;

N——特定生物的特定发育所经历的天数,d;

$\overline{T}$——特定生物生长发育时期的平均气温,℃;

T_0——特定生物特定发育的发育起点温度或生物学零度,℃。

如图1.2所示,一种昆虫的发育历程与温度的关系是一条发育历程与温度乘积为定值的双曲线,发育速度随着环境温度的升高而加快。从图中可知,该昆虫在温度为26℃时,发育需要20d,在温度为20℃时,发育需要35d,由此可以计算出K值为280d·℃、T_0值为12℃。

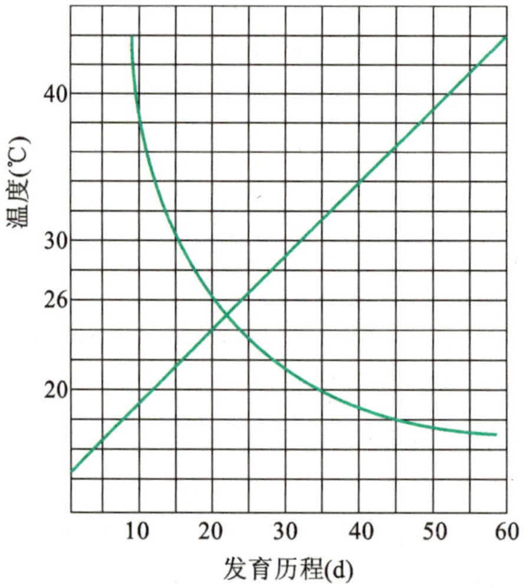

图1.2 一种昆虫的发育历程、发育速度与温度的关系

目前,有效积温法已经广泛应用到农业生产中,一方面可根据当地的平均气温和农作物所需的总有效积温合理安排农作物的种植时间,以确保土地资源的充分利用和农作

物的稳产、高产；另一方面可以根据当地的平均温度和病虫害的总有效积温对病虫害进行预测预报。

(3)温度与生物的地理分布

①温度对生物生长发育的影响，最终决定了生物的分布，即每个温度带内只生长繁衍适应于其温度特点的生物。地区的年平均温度，最冷月、最热月平均温度值是影响生物分布的重要指标。对植物和变温动物来说，影响其垂直分布和水平分布的主要因素之一就是温度。热带地区不能栽培苹果、梨、桃等，因为不能满足其开花所需要的低温条件；温带、寒带地区不能种植橡胶、椰子、可可等，因为它们受低温的限制；由于受高温的限制，华北平原没有白桦、云杉，长江流域和福建海拔 1000m 以下没有黄山松；在夏季温度超过 26℃的地区没有菜粉蝶；而在气温高于 15℃的天数少于 70d 的区域，玉米螟难以为害。

温度对恒温动物分布的直接限制作用较小，主要是通过影响其他生态因素(如食物)而间接影响恒温动物分布的。如通过影响昆虫的分布而间接影响食虫蝙蝠和鸟类的分布等。很多鸟类秋冬季节不能在高纬度地区生活，不是因为温度太低，而是因为食物不足。

②一般地说，温暖地区生物种类较多，寒冷地区生物种类较少。以两栖类动物为例，广西有 57 种，福建有 41 种，浙江有 40 种，江苏有 21 种，山东、河北各有 9 种，内蒙古只有 8 种；爬行动物也有类似的情况，广东、广西分别有 121 种和 110 种，海南有 104 种，福建有 101 种，浙江有 78 种，江苏有 47 种，山东、河北都不到 20 种，内蒙古只有 6 种。高等植物的情况也不例外。

1.2.2.2 极端温度对生物的影响

①当环境温度低于一定的数值时，生物便会因低温而受害，这个使生物受害的温度称为临界温度。在临界温度以下，温度越低，生物受到的损害越严重。低温对生物的伤害可分为冷害、霜害和冻害 3 种。冷害是指 0℃(冰点)以上的低温条件对生物的伤害，冷害是喜温生物向北方引种和扩张分布的主要障碍；霜害是指温度为 0℃时对生物的伤害；冻害是指 0℃以下的低温条件对生物的伤害。通常霜害和冻害会使生物体内(细胞内和细胞间隙)形成冰晶，而冰晶会使原生质膜发生破裂、使蛋白质失活与变性，该过程不可逆。

高温限制生物分布的原因是会破坏生物体内的代谢过程和光合呼吸平衡，或因缺乏低温刺激不能完成发育阶段。

②温度超过生物适应温区的上限后也会对生物产生有害影响，温度越高，对生物的伤害作用越大。高温可减弱光合作用、增强呼吸作用，使植物的这两个重要生理过程失调，如马铃薯在温度达到 40℃时，光合作用基本停止；高温还会破坏植物的水分平衡，促使蛋白质凝固、脂类溶解，积累有害代谢产物。高温对动物的有害影响主要表现为破坏酶的活性、蛋白质凝固变性，造成机体缺氧、排泄功能失调和神经系统麻痹等。

1.2.2.3 生物对温度的适应

生物为了在特定的温度环境中长期生活，通过进化、变异和驯化，在形态、生理和行为方面形成了很多明显的适应表现。

(1)生物对低温环境的适应

①形态适应。北极和高山植物的芽和叶片常受到油脂类物质的保护，芽具有鳞片，

植物体表面生有蜡粉和密毛，植物矮小并常呈匍匐状、垫状或莲座状等，这种形态有利于保持较高的温度，减轻由于严寒所造成的损害；生活在高纬度地区的恒温动物，其个体往往比生活在低纬度地区的同类动物的个体大（表 1.1），因为个体大的动物，其单位体重散热量相对较少，这就是贝格曼（Bergman）规律；生活在高纬度地区的恒温动物，身体的突出部分如四肢、尾巴和外耳等有变小变短的趋势（图 1.3），这也是减少散热的一种形态适应，这一适应常被称为阿伦规律；恒温动物在寒冷地区和寒冷季节还能通过增加毛、羽的量（数量、长度）和质（隔热性能）或增加皮下脂肪的厚度来适应低温的环境。

表 1.1　中国南北方几种兽类颅骨长度的比较

种类（北方）	颅骨长度（mm）	种类（南方）	颅骨长度（mm）
东北虎	331～345	华南虎	273～313
华北赤狐	148～160	华南赤狐	127～140
东北野猪	400～472	华南野猪	295～354
雪兔	95～97	华南兔	75～86
东北草兔	85～89		

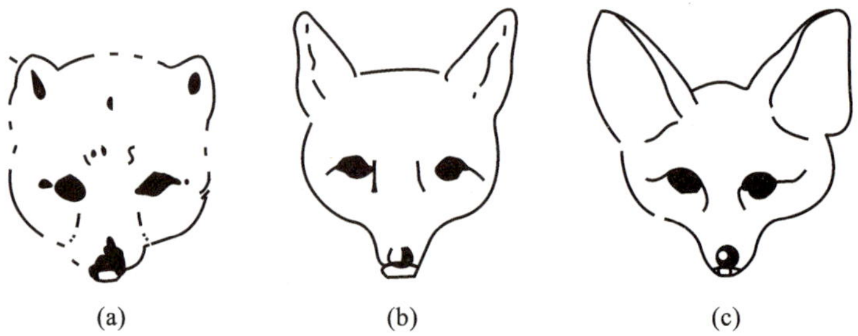

图 1.3　不同温度带狐狸的耳郭大小比较（仿 Hesse 等，1951）
（a）北极狐（Vulpes lagopus）；（b）赤狐（Vulpes vulpes）；（c）非洲大耳狐（Vulpes zerda）

②生理适应。生活在低温环境中的植物常通过减少细胞中的水分和增加细胞中的糖类、脂肪和色素等物质来降低物质的冰点，增加抗寒能力。例如，鹿蹄草就是在叶细胞中储存大量的五碳糖、黏液等物质来降低冰点，可使其结冰温度下降到－31℃。动物则靠增加体内产热量来增加御寒能力和保持恒定的体温。

③行为适应。主要表现为休眠和迁移，前者通常发生在狭小和通透性低的空间中，有利于减少能量消耗而抵御寒冷，后者则是主动躲避低温环境。

（2）生物对高温环境的适应

①形态适应。有些植物生有密绒毛和鳞片，能过滤一部分阳光，有些植物体呈白色、银白色，叶片革质发亮，能反射大部分阳光，使植物体免受热伤害；有些植物叶片垂直排列使叶缘向光或在高温条件下叶片折叠，减少光的吸收面积；还有些植物的树干和根茎生有很厚的木栓层，具有绝热和保护作用。

②生理适应。植物对高温的生理适应主要是降低细胞含水量，增加糖或盐的浓度，这有利于减缓代谢速率和增加原生质的抗凝结力；其次是靠旺盛的蒸腾作用使植物体避

免因过热而受害；还有一些植物具有反射红外线的能力，夏季反射的红外线比冬季多，也是使植物体免于受到高温伤害的一种适应反应；而动物对高温环境的一个重要适应反应就是适当放松恒温性，使体温有较大的变幅，这样在高温炎热时身体能暂时吸收和贮存大量的热并使体温升高，当环境条件改善或躲到阴凉处时再把体内的热量释放出去，体温也会随之下降。

③行为适应。沙漠中的啮齿动物对高温环境常常采取行为上的适应对策，即夏眠、穴居或昼伏夜出。如黄鼠(Citellus)，既会在冬天寒冷季节里冬眠，也会在炎热干旱的夏季进行夏眠。

(3)生物对温度周期性变化的适应——物候

物候是指生物长期适应温度的节律性变化所形成的与此相适应的生物发育节律。例如，大多数植物春天发芽，夏天开花，秋天结实，冬天休眠；动物对不同季节食物条件的变化以及对热能、水分和气体代谢的适应，形成活动与休眠、繁殖期与性腺发育静止期、定居与迁移等生活方式与行为的周期性变化。这种周期性现象以复杂的生理机制为基础，而温度的周期变化可能是动物体内生理机能调整的外来信号。

在不同区域、不同气候条件下，生物的物候状况是不同的。美国昆虫学家 A. D. Hopkins 从 19 世纪末起，花了 20 多年时间研究物候，确定了美国境内生物物候与纬度、经度和海拔高度的关系。他指出，在北美温带地区，纬度向北移动 1°，或经度向东移动 5°，或海拔上升 120m，生物的春天和夏天物候期各延迟 4d，而秋天物候期则提早 4d。在我国，物候变化与北美大陆有所不同，从纬度上看，广东湛江沿海比福州、赣州一线纬度低 5°，春季桃花开花期早 50d，即纬度北移 1°，春天物候期延迟 10d；南京比北京纬度低 6℃，桃花开花期早 19d，即纬度北移 1°，春天物候期延迟 3d。可见影响物候期的因素是比较复杂的。

掌握物候，可用来推知未来气候的变迁，为天气预报提供物候学方面的依据，并可应用于确定农时、确定牧场利用时间、了解群落的动态等，对确定不同植物的适宜区域及指导植物引种驯化工作也具有重要价值。

1.2.3 水的生态作用与生物的适应

1.2.3.1 水的生态作用

(1)水是生物生存的重要条件

水是生物生存的重要条件之一，表现为以下几个方面：

①水是生物体的组成成分。植物体含水量达 60%～80%，动物体含水量总体比植物高，鸟类和兽类达 70%～75%，鱼类达 80%～85%，软体动物达 80%～92%，水母含水量高达 95%。

②水是生物新陈代谢的直接参与者。水是植物光合作用的原料，水也是各种水解反应的底物。

③水是生物新陈代谢的优良媒介。水是生物新陈代谢反应的基本溶剂，生物体生命的一切代谢活动几乎都必须在水溶液中才能进行。此外，水有较大的比热，当温度剧烈

变动时，它可以发挥缓和调节体温的作用；而水的表面张力还能维持细胞和组织的紧张度，使生物保持一定的状态，维持正常的生活。

(2)水对动植物生长发育的影响

①水量三基点。对植物而言，水量有最高、最适和最低三个基点。较长时间内低于最低点，植物就会萎蔫、生长停止，长期高于最高点，植物会缺氧、窒息，只有当水量处于最适范围内，才能维持植物的水分平衡，确保植物有最优的生长条件。

②水对种子萌发的作用。水能软化种皮，增强透性，使呼吸加强，同时使种子内凝胶状态的原生质转变为溶胶状态，使生理活性增强，促使种子萌发。水分还会影响植物的其他生理活动。

③水对植物生长的影响。实验证明，缺水会导致植物萎蔫，而在植物萎蔫前蒸腾量就会减少，当蒸腾量减少到正常水平的65%时，植物的同化产物会减少到正常水平的55%，呼吸却增加到正常水平的62%，从而导致生长基本停止。

④水对植物繁殖的作用。水的流动是许多水生植物传粉与授粉的重要途径。

⑤水对动物发育的影响。水分不足可以引起动物的滞育或休眠。例如，降雨季节草原上形成的暂时性水潭中生活的高密度水生昆虫，在雨季过后，会迅速进入滞育期；在地衣和苔藓上栖息的线虫、蜗牛等，在旱季可以多次进入麻痹状态。

(3)水对动植物数量和分布的影响

水在环境中的表现如地表水、湿度和降水都直接影响植被的生长和分布，并直接或间接地对动物产生影响。水分与动植物的种类和数量存在着密切的关系。在降水量最大的赤道热带雨林中植物达52种/hm^2，而在降水量较少的大兴安岭红松林群落中，植物仅有10种/hm^2，在荒漠地区，单位面积物种数更少。我国从东南至西北，可以分为三个等雨量区，因而植被类型也分成三个区，即湿润森林区、干旱草原区和荒漠区。即使在同一山体的迎风坡和背风坡，也因降水的差异，各自生长着不同的植物，伴随分布着不同的动物。

1.2.3.2 植物对水的适应

根据植物对水分的需求量和依赖程度，可以把植物划分为水生植物和陆生植物两大类。不同类型的植物面临着不同的对水因子的适应问题，水生植物需面对如何解决缺氧和缺二氧化碳问题，而陆生植物则需面对如何解决失水问题。

(1)水生植物对水因子的适应

水生植物(aquatic plant)是指生活在水中的植物。水体的主要特点是：光线弱、缺氧、密度大、黏性高、温度变化平缓和无机盐类丰富。与这些特点相适应，水生植物具有一些显著的特点：

①以发达的通气组织保证各器官组织对氧的摄取。如荷花，从叶片气孔进入的空气，通过叶柄、茎进入地下茎和根部的气室，形成了一个完整的通气组织，以保证植物体各部分对氧气的需要。

②以不发达或退化的机械组织预防折断。水生植物机械组织一般均不发达或退化，从而增强植物的弹性和抗扭曲能力，以应对比空气强得多的水流冲击。

③以巨大的比表面积增加对养分的吸收。水生植物在水下的叶片多分裂成带状、线

状，而且很薄，这既有提高弹性和抗扭曲能力的作用，又有利于水生植物吸收阳光、无机盐和二氧化碳。

④根据水生植物在水环境中分布的深浅不同，水生植物分为漂浮植物、浮叶植物、沉水植物和挺水植物。漂浮植物的叶漂浮在水面，根悬垂在水里，无固定的生长地点，随水流漂泊，如浮萍、凤眼莲、满江红等；浮叶植物的叶浮在水面，根系扎在土壤里，如荷花、睡莲等；沉水植物的花序伸出水面，其他部分全部沉没在水中，如枯草、黑藻等；挺水植物的茎叶上半部分露出在空气中，下半部分沉没在水中，如芦苇、香蒲等。

(2)陆生植物对水因子的适应

陆生植物是指生长在陆地上的植物。根据陆生植物生活环境中水的多少，把陆生植物分为湿生植物、中生植物和旱生植物。

①湿生植物(hygrophyte)指生长在潮湿环境中的植物，其抗旱能力弱，不能忍受较长时间的水分不足。根据其环境特点，又分为阴性湿生植物和阳性湿生植物两个亚类。

②中生植物(mesophyte)指生长在水分条件适中的环境中的植物。该类植物根系和输导组织均比湿生植物发达，并有一套较完整的保持水分平衡的结构和功能。

③旱生植物(xerophyte)指生长在干旱环境中的植物，其能在长期干旱环境里维持水分平衡和正常的生长发育。这类植物在形态、生理上有多种多样的适应干旱环境的特征。首先，旱生植物具有发达的根系，根是其增加水分吸收的主要途径，生长在沙漠地区的骆驼刺地上部分只有几厘米，而地下部分则可深达 15m，扩展的范围达 $623m^2$；其次，一些旱生植物具有发达的贮水组织，以应对长期的缺水环境，例如，美洲沙漠中的仙人掌，高达 15～20m，可贮水 2t 左右，南美的瓶子树、西非的猴面包树可贮水 4t 以上；再次，旱生植物多具有退化或特化的叶片，这些叶片是其减少水分丢失的形态基础，仙人掌科的许多植物，叶片特化成刺状，松柏类植物叶片呈针状或鳞片状，气孔深陷在植物叶内，夹竹桃叶表面有很厚的角质层或白色的绒毛，能调节叶面温度。除以上形态适应外，旱生植物还有一些生理上适应干旱的机制，如原生质保持较高的渗透压，能使根系从干旱的土壤中吸收水分，同时不至于发生反渗透现象而使植物失去水分；许多单子叶植物，具有扇状的运动细胞，在缺水的情况下，叶子可以收缩，叶面卷曲，以便尽可能减少水分的散失；肉质旱生型植物特有的苹果酸循环，使植物能利用夜间吸收的二氧化碳维持光合作用，避免了在干热的白天打开气孔吸收二氧化碳时的水分丢失。

另外，一些常年生活在沼泽、较浅水体中的乔木，并非水生植物，而是陆生植物，其根系往往水平延伸到无水覆盖的土壤里以获得氧气，如贵州荔波小七孔景区的水上森林和鸳鸯湖中的鸳鸯树。

1.2.3.3 动物对水因子的适应

按照动物栖息地水的多少，可将动物分为水生动物和陆生动物两大类。水生动物主要通过调节体内的渗透压来维持体内水分平衡，而陆生动物则是通过形态结构适应、行为适应和生理适应等方面来适应不同环境的水分条件。

(1)水生动物对水因子的适应

水生动物的分布、种群形成和数量变动都必须与水体中含盐量和动态特点相适应。不同类群的水生动物，有着不同的适应调节机制，但其核心是维持机体的渗透压。

①淡水硬骨鱼类体液的浓度相对其生活的淡水水域环境是高渗透压的，它们所面临的生理问题一个是水不断渗入体内，一个是盐分不断排出体外，它们要保持体内水、盐代谢平衡，就要不断地排出多余的水和补偿丢失的盐分。所以，淡水鱼类具有发达的肾小球，能形成大量的低渗压原尿，并经肾小管吸盐细胞重新吸收低渗压原尿中的大部分盐分后，排出大量渗透压极低的终尿；此外，有些淡水鱼鱼鳃上有特化的吸盐细胞，可以从水中吸收盐分。

②与海洋渗压环境相比，生活在海洋中的动物大致分为两类：一种类型是动物的血液或体液的渗透浓度与海水的总渗透浓度相等或接近，另一种类型是动物血液或体液的渗透浓度明显低于海水的渗透浓度。海水软骨鱼类属于前者，它们之所以能维持与海洋渗压环境相当的渗压，主要是由于其血液中含有大量的尿素(大约2%～2.5%)和氧化三甲胺；值得一提的是，尿素本来应该是被排出的含氮废物，但软骨鱼反而将其作为有用的物质利用起来了，软骨鱼中的板鳃鱼类原尿中70%～90%的尿素被重新吸收。海洋硬骨鱼类属于后者，它们所面临的生理问题与淡水鱼类相反，一个是水不断经鳃和体表流失，一个是海水中的盐分不断进入体内，所以，海水硬骨鱼类通过吞饮海水和少排尿(如鮟鱇鱼，其肾小球几乎完全退化)来保持体内水分，并通过鳃上的排盐细胞将多余的盐分排出体外。

③洄游鱼类，如溯河性的鲑鱼和降河性的鳗鲡，在生活中的不同时期分别在淡水和海水中生活，为适应环境的变化，它们能改变尿量，在淡水中排尿量大，在海水中排尿量小，同时，它们的鳃在淡水中吸盐，在海水中排盐。

(2)陆生动物对水因子的适应

对于陆生动物来说，对水因子的适应主要是防止机体过分失水而被“干死”。陆生动物失水的主要途径是皮肤蒸发、呼吸失水和排泄失水，丢失水分后主要是从饮水、食物、体表吸收或代谢水几个方面得到弥补。陆生动物在这些方面有着多种多样的适应性特征。

①形态结构上的适应。不论是低等的无脊椎动物还是高等的脊椎动物，它们各自以不同的形态结构来适应环境湿度，保持机体的水分平衡。昆虫具有几丁质的体壁，可防止水分的过量蒸发；两栖类动物体表分泌黏液以保持湿润；爬行动物皮肤干燥、具有很厚的角质层；鸟类具有羽毛和尾脂腺；哺乳动物有皮脂腺和毛，都能防止体内水分过分蒸发，以保持体内水分平衡。

②行为的适应。陆生动物可以通过各种行为适应干旱的环境。一些沙漠动物，如昆虫、爬行类、啮齿类等白天躲在洞内，夜里出来活动，以减少白天高温造成的身体水分蒸发；哺乳动物，如地鼠和松鼠等在夏季高温、干燥的情况下进入夏眠状态；非洲肺鱼在池水干涸时，在污泥中打洞夏眠，肺鱼在这种休眠状态下可以生存三年；泥鳅和乌鳢也能以休眠状态度过干旱季节；在干旱地区的许多鸟类和兽类，在干旱季节来临之前就迁移到别处去，以避开不良的环境条件，例如，在非洲大草原旱季到来时，那里的大型有蹄类动物就进行大规模的迁徙，到水草较丰富的地方去。

③生理适应。许多陆生动物具有生理上适应干旱的机制。如“沙漠之舟”骆驼可以17d不喝水，身体脱水达体重的27%时，仍然可以照常行走，原因在于，它不仅具有贮水的胃，驼峰中还储藏有丰富的脂肪，在消耗过程中产生大量水分，并且其血液中还具有不

易脱水的特殊脂肪和蛋白质；爬行类、鸟类和陆生蜗牛，用排泄尿酸的形式向外排泄含氮废物，以达到节水的目的。此外，许多动物的繁殖周期与降水季节密切相关，例如，澳洲鹦鹉遇到干旱年份就停止繁殖，羚羊则将幼兽的出生时间安排在降水和植被茂盛的时期。

1.2.4 土壤的生态作用与生物的适应

土壤是岩石圈表面能够生长动植物的疏松表层，是陆生动植物生长的基质，是生态系统中物质和能量交换的重要场所，是多种多样生物栖息和活动的地方，是人类重要的自然资源。

1.2.4.1 土壤的生态作用概述

土壤是陆生植物生长的基质，植物的根系与土壤有着很大的接触面，植物和土壤之间进行着频繁的物质交换，彼此有着强烈的相互影响。对动物来说，土壤是比大气环境更为稳定的生活环境，其温度和湿度的变化幅度要小得多，因此，土壤常常成为动物极好的隐蔽所，动物在土壤中可以躲避高温、干燥、大风和阳光直射。土壤也是细菌、真菌、放线菌等土壤微生物以及轮虫、线虫、软体动物和节肢动物等许多低等生物栖居的场所。这些生物有机地集合，对土壤中有机物质的分解与转化，以及多种元素的生物循环具有重要作用，并能影响、改变土壤的化学性质和物理结构，形成了各类土壤特有的土壤生物作用。土壤中的各组分以及它们之间的相互关系，影响着土壤的性质和肥力，从而影响生物生长。

生态系统中的许多基本功能过程都是在土壤中进行的。如分解过程，即通过生物的和非生物的、物理的和化学的作用，把动植物的遗体转变成腐殖质，矿化成植物所能重新吸收的营养物质。硝化作用、固氮作用等也是物质在生物圈中良性循环不可或缺的过程。土壤还是污染物质转化和净化的主要场所，土壤中的微生物和土壤动物能对外来的各种污染物质进行分解和转化，从而在环境保护中起重要作用。

土壤是由固体(有机物和无机物)、液体(土壤水分)和气体(土壤空气)组成的三相复合系统。土壤中的这些组分相互联系、相互制约，构成一个统一体，使土壤具有特定的物理性质、化学性质和生物特性。

1.2.4.2 土壤物理性质的生态作用

生态学关注的土壤物理性质主要是通透性、温度，而通透性和温度是土壤质地、结构、水分、空气等的综合体现。

(1)土壤质地、结构、水分、空气等对土壤物理性质的影响

①土壤质地(soil texture)指不同粒径的土壤固体颗粒的比例。土粒按直径大小分为粗砂(0.2～2.0mm)、细砂(0.02～0.2mm)、粉砂(0.002～0.02mm)和黏砂(0.002mm 以下)。按这些不同大小的固体颗粒的组合百分比，土壤分为砂土、黏土和壤土三大类。砂土以粗砂和细砂为主，含量在50%以上，这类土壤孔隙大，通透性高，保水性差，热容量小，温度变化快；黏土以粉砂和黏砂为主，含量在60%以上，甚至可超过85%，这类土壤孔隙小，通透性低，保水性好，热容量大，温度变化慢；壤土中，各种粒径的固体颗粒较均匀，其通透性、热容量、温度稳定性介于砂土和黏土之间。

②土壤结构(soil structure)指土壤固体颗粒的排序方式、孔隙度以及团聚体的大小和数量。土壤结构可分为微团粒结构(直径小于0.25mm)、团粒结构(直径为0.25～10mm)、块状结构、核状结构、柱状结构和片状结构。比较而言,以团粒结构为主的土壤孔隙适中,透气保水性能好,热容量较大,调节温度能力强。

③土壤水分指土壤孔隙和组成物质中存在的水分。其对土壤物理性质的影响,一是调节土壤通气,即作为填塞土壤孔隙的主要物质,土壤水分对土壤孔隙中空气的量及其流通起关键作用,对任何土壤而言,水多则气少,水少则气多;二是调节土壤热容量和土壤温度,水本身的高热容量对土壤的总热容量影响巨大,而其汽化吸热的能力和在土壤孔隙中的溢流,则是土壤降温的主要机制,较高的土壤含水量,是土壤温度稳定的重要条件。

④土壤空气指土壤孔隙中存在的空气。其对土壤物理性质的影响主要是与土壤水分互补充盈土壤孔隙,并调节土壤热容量和土壤温度,但其调节能力远低于土壤水分。

(2)土壤物理性质的生态作用

土壤通透性和土壤温度可影响植物的根系扩展、土壤动物的运动、土壤微生物的分布,以及土壤水分、土壤空气、营养物质的流通、吸收和利用。一般而言,通透性适当的土壤,有较强的水气温调节能力,较易形成并保持相对稳定的生物生活条件,对植物、土壤动物、土壤微生物的综合生态作用最好。以团粒结构为主的土壤是生态作用最好的土壤,即是基于其通透性适宜。

1.2.4.3 土壤化学性质的生态作用

生态学关注的土壤化学性质主要是土壤酸碱度、土壤的化学组成,这些性质是土壤质地、结构、水分、空气、生物等的综合体现。

(1)土壤酸碱度的生态作用

①土壤酸碱度。土壤酸碱度是土壤最重要的化学性质之一,是土壤各种化学性质的综合反映。

②土壤酸碱度的生态作用。土壤酸碱度既可直接影响植物的生存,又可影响土壤肥力、土壤微生物的活动、土壤有机质的合成和分解、氮与磷等营养元素的转化和释放、微量元素的有效性以及动物在土壤中的生长与分布。大多数维管束植物生活在pH＝3.5～8.5的环境中,当pH＜3或＞9时,大多数维管束植物不能生存;pH＝6～7的微酸条件,能使大多数土壤养分处于有效性最高的状态,对植物生长最有利。酸性土壤容易发生钾、钙、镁、磷等元素的短缺,土壤坚实、通气不良、缺水、土温较低;碱性土壤容易发生铁、硼、铜、锰和锌等元素的短缺,也不利于植物生长。酸性土壤不利于细菌的分解作用,也不利于根瘤菌、褐色固氮菌、氨化细菌和硝化细菌的生存,从而会削弱土壤有机质的合成和分解、氮与磷等营养元素的转化和释放,以及微量元素的有效性。

(2)土壤有机质的生态作用

①土壤有机质(organic matter)是土壤化学成分的重要组成部分,是土壤肥力的重要标志。土壤有机质包括非腐殖质和腐殖质两大类,前者是死亡的动植物组织和部分分解的组织,主要是糖和含氮化合物;后者是微生物分解有机质时,重新合成的具有相对稳定性的多聚体化合物,主要是胡敏酸和富里酸,占土壤有机质的85%～90%。

②土壤有机质的生态作用。腐殖质是植物营养的重要碳源和氮源，土壤中99%以上的氮素是以腐殖质的形式存在的；腐殖质也是植物所需各种矿质营养的重要来源，并能与各种微量元素形成络合物，从而增加微量元素的有效性；土壤腐殖质还是异养微生物的重要养料和能源，能活化土壤微生物；土壤有机质含量越多，土壤动物的食物越充足，土壤动物的种类和数量也就越多，在富含腐殖质的草原黑钙土中，土壤动物的种类和数量极为丰富，而在有机质含量很少的荒漠地区，土壤动物的种类和数量则非常贫乏；土壤有机质还能促进土壤团粒结构的形成，改善土壤的物理结构和化学性质。

(3)土壤矿质元素的生态作用

①土壤矿质元素。动植物在生长发育过程中，需要不断地吸取无机元素，包括植物生长所必需的大量元素（氮、磷、钾、钙、硫、镁和铁）与微量元素（锰、锌、铜、钼、硼和氯）等13种元素。植物所需的无机元素全部来自土壤矿物质和有机质的矿化分解，动物所需的元素则主要来自植物。在土壤中，这些元素的98%呈束缚态，存在于矿物质中或结合于有机碎屑、腐殖质或较难溶解的无机物中，构成了养分的储备源。

②土壤矿质元素的生态作用。土壤束缚态矿质元素通过各种物理过程、化学过程变成可用态供给植物吸收利用，土壤矿质元素比例适当能使植物生长发育良好，比例不适当则会限制植物的生长发育，因此，在农业生产上，通过合理施肥改善土壤的营养状况，可达到使植物增产的目的。土壤中的矿质元素可直接被动物摄食，更多的是通过水、食物向动物输送，因此，对动物的分布和数量有一定影响。例如，在土壤中钴离子的含量低于2×10^{-6} mg/kg的地区，鲜有牛羊等反刍动物分布；钙是蜗牛壳的重要组成成分，所以石灰岩地区的蜗牛数量一般高于其他地区；草食有蹄动物的生理需要促使其必须摄入大量的盐，所以土壤含氯化钠丰富的地区往往分布着大量的草食有蹄动物；土壤含盐量对飞蝗影响也很大，一般而言，含盐量低于0.5%的地区是飞蝗灾害常年发生的场所，含盐量达0.7%～1.2%的地区是飞蝗扩散和轮生的地方，土壤含盐量达1.2%～1.5%的地区不会出现飞蝗。

1.2.4.4 土壤生物特性的生态作用

土壤的生物特性指土壤生长植物、土壤微生物和土壤动物及其活动产生的生物化学和生物物理学特性。

(1)土壤生长植物的生态作用

土壤生长植物的生态作用主要表现为物质生产、土壤环境改造。在土壤环境改造方面，活的土壤生长植物可疏松土壤、涵养水分、调节土壤矿质元素分布，而死亡的土壤生长植物的残体，则是土壤有机质的重要来源。

(2)土壤微生物的生态作用

土壤微生物指生活在土壤中的细菌、真菌、放线菌、藻类和原生动物。土壤微生物的生态作用是多方面的，形成、保持和提高土壤肥力是其作用之一。土壤微生物是土壤中重要的分解者或还原者，它们直接参与土壤中的物质转化，分解动植物残体，使土壤中的有机质腐殖质化和矿化，促进土壤形成和改良；土壤中的根瘤菌和固氮菌，能利用空气中的氮，增加了土壤中氮素的来源；土壤中某些真菌能与某些高等植物根系形成共同体，称为菌根，帮助根系吸收水分和养分，促进植物生长。我国主要土类的微生物调查结果表明，黑龙江地区的黑土、草甸土或其他植被茂盛的土壤中微生物的数量较多，有机质含量相对丰富；盐碱土，西北干旱区和华南、华中地区的红壤土中微生物的数量较少，土壤相对贫瘠。土壤微生物也有有害的一面，如很多动植物病害是由土壤中的病原菌引起的，有些土壤微生物的分泌物及某些土壤微生物分解有机物时产生的中间产物对生物有毒害作用。

（3）土壤动物的生态作用

土壤动物指生活在土壤中的线虫、环节动物、软体动物、节肢动物和脊椎动物。通过爬行、蠕动、钻孔，土壤动物能使土壤疏松，改善土壤孔隙和通气性，同时使动植物残体与土壤混合，加快残体的腐殖化；土壤动物是最重要的土壤消费者，其排泄物和土壤中有机、无机的微粒结合形成团粒，从而改善土壤的结构；土壤动物残体本身是土壤有机质的重要来源。

1.2.4.5 生物对土壤的适应

长期生活在不同类型土壤中的生物，会对该种土壤产生一定的适应特性，从而形成了各种以土壤为主导因素的生物生态类型。

（1）生物对土壤酸碱性的适应

植物、土壤微生物、土壤动物都有对土壤酸碱性的适应分类。

①根据对土壤酸碱性的适应表现，可以把植物分为酸性土植物、中性土植物和碱性土植物。顾名思义，酸性土植物指适应酸性土壤的植物，如杜鹃、山茶、马尾松等都属于这类植物，这类植物对 pH 值变化的耐受力较差。大多数植物适应中性土壤。

②根据对土壤酸碱性的适应范围，土壤动物可分为嗜酸性动物和嗜碱性动物。如，金针虫是嗜酸性动物，其在 $pH=2.7$ 的强酸性土壤中能生存，在 $pH=4.0\sim5.2$ 的土壤中数量最多；小麦吸浆虫是嗜碱性动物，当 $pH<6$ 时难以生存，而在 $pH=7\sim11$ 的碱性土壤中可大量分布。需要指出的是，蚯蚓和大多数土壤昆虫喜欢生活在微碱性土壤中，通常，在 $pH=8$ 的土壤中数量最丰富。

（2）生物对土壤矿质元素的适应

①根据对某种土壤矿质元素的适应表现，可以把生物分成“喜某生物”和“嫌某生物”，如，某些植物只在石灰性含钙丰富的土壤中生长，称为喜钙植物。刺柏、南天竺、西伯利亚落叶松、铁线蕨、蜈蚣草、黄连木等都是典型的钙质土植物。

②根据对土壤含盐量的适应表现，可以把生物分成盐（碱）土生物和非盐（碱）土生物，前者指能在可溶性盐量达干土质量的 1%的土壤中生活的生物。形态上，盐土植物植株矮小，枝干而坚硬，表皮厚，常具有灰白色绒毛，叶面积小，气孔下陷而蒸腾弱；内部结构上，盐土植物细胞间隙小，栅栏组织发达，有的具有肉质性叶，有特殊的贮水细胞，能使同化细胞不受高浓度盐分的伤害；生理上，盐土植物通常具有聚盐、泌盐和不透盐三种机制中的一种，其中，聚盐机制指生物吸收、储存高浓度盐分而不受伤害，泌盐机制指生物在吸收高浓度盐分后能有效排泌而避免伤害，不透盐机制指生物不从高浓度盐环境中吸收盐分。

③根据对不同性质的土壤中盐的适应表现，可以把生物分为盐土植物和碱土植物，前者指适应中式盐土壤的植物，后者指适应碱式盐土壤的植物。

(3)植物对土壤质地与结构的适应

根据对土壤质地和结构的适应表现,可将植物分成沙生植物和非沙生植物。沙生植物是适应沙土(沙漠、沙丘)环境的植物;非沙生植物指适应非沙土环境的植物。沙生植物的旱生特征明显,如根系发达,主根上的侧根分布广,水平根和根状茎有的可达几米,部分可达十几米甚至更长;沙生植物根细胞的渗透压高,使根系吸水能力加强;许多沙生植物的根有一层很厚的皮层,当根露出地面时,能起保护作用,并减少蒸腾失水;沙生植物的叶子小,有的甚至没有叶子,而利用枝条进行光合、蒸腾作用;有的沙生植物在表皮下有一层没有叶绿素的细胞,可以积累脂类物质,提高植物的抗热性;当沙生植物被沙埋没时,主干上会长出不定根,而暴露的根系上也能长出不定芽。

【讨论】

1. 简述生态因子、气候因子、土壤因子、地形因子、生物因子、生物学零度、有效积温法则、阳生植物、阴生植物、物候、光补偿点、光周期现象、长日照植物、短日照植物、漂浮植物、浮叶植物、湿生植物、中生植物、旱生植物、土壤结构、土壤质地、酸性土植物、盐土植物、沙生植物等概念。

2. 极端温度对生物有哪些影响? 举例说明生物对极端温度的适应表现。
3. 研究有效积温有什么现实意义?
4. 光因子的生态作用有哪些?
5. 试论述生物对光强度和光周期的适应。
6. 水生植物是如何适应水因子的?
7. 旱生植物是如何适应干旱环境的?
8. 陆生动物是如何适应干旱环境的?
9. 水生动物是如何调节体内渗透压以适应环境条件的?
10. 土壤的物理性质有哪些? 土壤的化学性质有哪些?
11. 以土壤为主导因素的植物生态类型有哪些?
12. 案例讨论:西南某火电厂周围是橘产区,常年与果农有赔偿纠纷。某年4月,电厂周围橘树大面积死亡,引发诉讼。请:

(1)拟定调查取证思路;

(2)判断电厂周围橘树大面积死亡的原因并阐述理由。

练习

【试验、实训建议项目】

一、光强度的测定

地球上的所有生物均依靠来自太阳的辐射能维持生命。

到达生物圈的太阳辐射波长在290～3000nm之间,绿色植物能吸收的太阳辐射波长为380～740nm,其中380～720nm波长的太阳辐射为可见光,其能量约占全部辐射的40%～45%。不同植物对太阳辐射的吸收、反射、透射能力不同,因而不同植物内、不同群落内的太阳辐射变化不同。

测定太阳辐射有两种方法：

第一种方法是测定太阳辐射的总能量，常用仪器为辐射仪、日射计，其工作原理是光热转换；

第二种方法是测定太阳辐射的可见光能量，常用仪器为照度计，其工作原理是光电转换。

由于可见光与植物的生理辐射大致吻合，所以常用各种照度计测定可见光以进行植物生理生态研究。

(一)目的及要求

①了解测定光强度的几种方法，掌握照度计的工作原理及操作规程。

②测定不同树冠中、不同群落中的光强度，认识植物与光的变化的相关性。

(二)仪器工具

①照度计；

②钢卷尺、皮卷尺；

③记录纸。

(三)实验步骤

①不同树冠中光的分布：在校园内选树冠大小相当但疏密不同的树木组对，同时测定组对树的树冠外、树冠表层(10cm)、树冠中间层(1/4“表-心”距、1/2“表-心”距、3/4“表-心”距)、树冠中心(深层)的光强度，记入表1.2。注意观察各层树叶的数量、颜色、厚薄、软硬。

表1.2 树冠中光强度测定记录

观测日期、时段：
观测地点：
植物名称：
最大树冠幅(m)：
树高(m)：
观察者：

测定位置	测定次数						平均值	相对值(%)
	1	2	3	4	5	6		
树冠外(对照)								
树冠表层								
树冠中间层1								
树冠中间层2								
树冠中间层3								
树冠中心								

②不同群落中光的分布：在校园内选禾草群落、杂草群落、人工林各一块样地，同时测定各样地的冠层外(直射)、冠层表面(反射)、冠层深层(直、反、散射)、冠层下(直、反、散射)、茎秆层(直、反、散射)、地表层(直、反、散射)等的光强度，记入表1.3。

表 1.3 群落中光强度测定记录

观测日期、时段：
观测地点：
群落名称：
总盖度(m^2)：
群落高度(m)：
观察者：

测定位置	测定次数						平均值	相对值(%)
	1	2	3	4	5	6		
冠层外(对照)								
冠层表面								
冠层深层								
冠层下								
茎秆层								
地表层								

(四)讨论

①作树冠内光分布示意图，讨论树叶状况与光强的对应关系及其原因。

②作样地内光分布示意图，绘制样地内“光强-高度”曲线，比较不同样地的光强曲线特点。

③试论述如何动态研究树冠内光照、样地内光照(日、年进程)。

(五)照度计的工作原理及操作规程

1. 照度计的工作原理

照度计由光电变换器、放大器和显示器组成。

光电变换器中的单结型硅光电池受光产生的电流，经放大器放大后，推动显示器显示出光强大小。

光电变换器中的乳白玻璃余弦修正片可消除入射光与采光面不垂直时的误差，而滤色玻璃可使硅光电池的光谱响应曲线接近人视觉敏感曲线。

2. 操作规程

(1)放入电池，接入光电变换器。

(2)倍率开关置于“×100”，工作选择开关置于“调零”，旋转调零电位器使电表指针对准“0”，再将工作选择开关置于“测”，电表指示数字乘以 100，即为此时的光强值。

(3)如电表指示数字小于满刻度值的 1/10，则将倍率开关置于“×10”，工作选择开关置于“调零”，旋转调零电位器使电表指针对准“0”，再将工作选择开关置于“测”，电表指示数字乘以 10，即为此时的光强值。

(4)如电表指示数字小于满刻度值的 1/100，则将倍率开关置于“×1”，工作选择开关置于“调零”，旋转调零电位器使电表指针对准“0”，再将工作选择开关置于“测”，电表指示数字即为此时的光强值。

(5)测试结束后,将工作选择开关置于“关”,拆下光电变换器,取出电池。

(6)光电变换器采光面应与入射光垂直,电流计应水平放置。

(7)注意事项:

①不得将光电池直接暴露在强光中。

②照度计应存放在干燥、温度低于40℃的环境中。

③将工作选择开关置于“电池”,若电表指针指在相应红线区外,则立即更换电池。

二、温度、湿度的测定

环境的热条件是植物的重要生态因子,对陆生植物而言,热条件反映在气温与地温上。

水是植物的生存因子,气态水的多少也可反映环境中水的状况,湿度即是衡量气态水的指标。

(一)目的及要求

①掌握测定温度的一般方法。

②掌握测定湿度的简单方法。

(二)仪器工具

①水银温度表、通风干湿表(DHMZ型)、最高温度表、最低温度表;曲管地温表、直管地温表;洛阳铲、小镐、钢卷尺。

②自动温湿度计。

③气象常用表。

(三)实验步骤

①温度测定:在校园内或野外,选个体分布均匀的植物群落样地与邻近无植物空旷样地组对,同时测定两样地的气温、地表温度、地下温度,记入表1.4。

表1.4 温度观测记录

观测日期、时段:
观测地点:
环境/群落名称:
环境/群落一般特征:
观测者:

		观测次数						平均气温
		1	2	3	4	5	6	
各高度气温	H_5/冠层外							
	H_4/冠层表面							
	H_3/冠层深层							
	H_2/冠层下							
	H_1/茎秆层							

续表 1.4

		观测次数						平均气温
		1	2	3	4	5	6	
地表温度	即时							
	最高							
	最低							
各深度地下温度	D_1/5cm							
	D_2/10cm							
	D_3/15cm							
	D_4/20cm							
	D_5/40cm							
	D_6/80cm							
	D_7/160cm							

②湿度测定：在校园内或野外，选个体分布均匀的植物群落样地与邻近无植物空旷样地组对，同时测定两样地的气压、干球温度、湿球温度，记入表 1.5。

表 1.5　湿度观测记录

观测日期、时段：
观测地点：
环境/群落名称：
环境/群落一般特征：
观测者：

	气压(p)							干球温度(t)							湿球温度(t')						
	1	2	3	4	5	6	平均值	1	2	3	4	5	6	平均值	1	2	3	4	5	6	平均值
H_5/冠层外																					
H_4/冠层表面																					
H_3/冠层深层																					
H_2/冠层下																					
H_1/茎秆层																					
H_0/地面																					

③根据测定数据，从气象常用表中查绝对湿度、相对湿度、饱和差，记入表 1.6。

表 1.6 湿度查算记录

观测日期、时段：
观测地点：
环境/群落名称：
环境/群落一般特征：
观测者：

	绝对湿度(e)							相对湿度(r)							饱和差(d)						
	1	2	3	4	5	6	平均值	1	2	3	4	5	6	平均值	1	2	3	4	5	6	平均值
H_5/冠层外																					
H_4/冠层表面																					
H_3/冠层深层																					
H_2/冠层下																					
H_1/茎秆层																					
H_0/地面																					

(四)讨论

①描述样地的温度状况，绘制“温度-高度”变化曲线，比较两样地温度曲线差异，说明差异形成的原因。

②描述样地的湿度状况，绘制“相对湿度-高度”变化曲线，比较两样地相对湿度曲线差异，说明差异形成的原因。

③试论述如何动态研究样地温度、相对湿度(日、年进程)。

(五)仪器简介

1. 通风干湿表

(1)工作原理

通风干湿表的水银温度计球部装在双层金属套管内，可避免太阳直接辐射产生的测量误差。

通风干湿表上端安装的以弹簧发条驱动的风扇，吹动空气沿通风导管下行，从下端进入双层金属套管，以 2m/s 的速度流过温度计球部，从上端离开双层金属套管，沿通气导管上行至风扇侧面排出，因此，其测量的是空气的温度。

(2)使用方法

通风干湿表应水平悬挂，以使所测温度为温度计球部所处高度的气温。如测量的空间尺度较大，通风干湿表垂直悬挂即可。

2. 最高温度计

(1)工作原理

最高温度计是具有乳白玻璃插入式温标的水银温度计。其球部内熔接一根玻璃针，玻璃针尖插入近球部的毛细管内，使毛细管内形成狭窄通道。

温度计平置，当温度升高时，球部水银在膨胀压力作用下，经过狭窄通道进入毛细管，当温度下降时，毛细管内水银的内聚力不能克服狭窄通道的摩擦力而断裂，水银柱被阻留在毛细管中，柱的远球端指示曾达到的最高温度。

(2)使用方法

最高温度计是用来测量地表白昼最高温度的。最高温度计使用时需平置，将其球部的一半埋入土中并紧贴土壤。可随时直接从温度计杆上读取数据。

3.最低温度计

(1)工作原理

最低温度计是一支酒精温度计。其毛细管内的酒精液柱中，放入了一枚两端粗圆的蓝色玻璃游标。

倒置温度计，游标因重力降至酒精液柱端点，但被液柱端点表面薄膜阻挡而不会越出液柱端点。

温度计平置，当温度降低时，液柱收缩，液柱端点表面薄膜推动玻璃游标向酒精球方向运动，当温度升高时，毛细管内液柱伸长，液柱端点表面薄膜离开游标。停留的游标的远球端指示曾达到的最低温度。

(2)使用方法

最低温度计是用来测量地表夜间最低温度的。最低温度计使用时需平置，将其球部的一半埋入土中并紧贴土壤。可随时直接从温度计杆上读取数据。

4.曲管地温计

曲管地温计是具有乳白玻璃插入式温标的水银温度计。曲管地温计在近球部弯曲成135°的角。

温度计下部的毛细管与玻璃套管之间充满棉花或草灰，可以避免套管上部和下部的空气对流，即可消除地上环境对地温测量的影响。

一套曲管地温计包括4支不同长度的曲管温度计，供测定深5cm、10cm、15cm、20cm处的土壤温度。

曲管温度计的使用：东浅西深间距10cm排列，温度计球部朝北。地上部分应支撑稳定。可随时直接从温度计杆上读取数据。

5.直管地温计

直管地温计由鞘筒、套管温度计两个部分组成。鞘筒为铁管，也可以是下端为铁管或铜管的硬胶管，鞘筒有筒帽。

套管温度计是装在特制铜套管中的水银温度计，温度计球部与铜套管间充满铜屑，铜套管用链子与鞘筒帽连接，套管温度计略短于鞘筒。

一套直管地温计包括4～8支不同长度的直管温度计，供测定深20cm、40cm、60cm、80cm、120cm、160cm、240cm、320cm处的土壤温度。

直管地温计的使用：西浅东深间距50cm排列，用洛阳铲打好准确深度的垂直孔洞，插入直管温度计，使鞘筒下端紧贴土壤。限30s内完成从鞘筒中抽出套管温度计读取数据的操作。

2 种群生态学

本章提要

【教学目标要求】

1. 掌握种群的概念，种群的基本特征；
2. 掌握种群增长的模式；
3. 熟悉生物种群的种内关系。

【教学重点、难点】

1. 种群增长的模式；
2. 种群的种内调节方式及其意义。

2.1 种群与种群生态学

2.1.1 种群的概念

种群(population)是指在一定时空中同种个体的集合。

为了方便研究，研究种群时的时空分界线是人为划定的，例如，冬季海南岛的椰树种群，夏季千岛湖的草鱼种群。

群与集合都是多数的含义，所以，种群研究始终围绕物种个体数量及其动态展开。

在生物界框架内，种群是特定时空中物种的存在单位，也是特定时空中生物群落的组成单位。

2.1.2 种群的特征指标

2.1.2.1 种群的密度

群与集合通常描述的是绝对数量，在限定时空范围后，相对数量的研究更为方便，种群密度即是种群数量的相对化指标。

(1)种群密度的概念

种群密度(population density)是指在一定时间内,单位面积或单位空间内的物种个体数目(个/hm^2 或个/m^3)。例如,在 10hm^2 草原上有 10 只羊,可记为 1 只/hm^2;又如,监测显示河流中的小球藻为 5×10^6 个/L 等。

此外,还可以用生物量来表示种群密度,它是指单位面积或单位空间内物种的鲜物质或干物质的重量,例如,产量监测确认超级稻产量为 15.375t/hm^2。

(2)种群密度的测定

种群密度可分为绝对密度(absolute density)和相对密度(relative density),前者又称直接密度,后者又称间接密度。绝对密度指单位面积或单位空间内物种的全部个体数目,只有一个数值,需用全面调查或抽样调查统计推断的方式获得。相对密度指用某种方法监测到的个体数量,用多少种方法即获得多少个数值,只具有比较意义,即:相对密度可以用来比较哪一个种群大,哪一个种群小,或哪一个地方的生物多,哪一个地方的生物少。相对密度显示的生物数量虽不准确,但在难以对生物的数量进行准确测定时,也是常用的密度指标。例如,在两个地块各安置 100 个鼠夹,一个地块日捕获 10 只黄鼠,即捕获率为 10%,另一个地块日捕获 20 只黄鼠,即捕获率为 20%,虽然不能确切地知道两个地块黄鼠的真实数量和绝对密度,但可判定哪个地块的黄鼠种群更大。

(3)种群密度的变化

种群密度会随着季节、气候条件、食物储量和其他因素而发生变化。自然环境中,种群密度的上限一般由生物的大小和该生物所处的营养级决定。生物越小,种群密度越大,例如,森林中,林姬鼠的密度就比鹿的密度大;生物所处的营养级越低,种群的密度也越大,例如,森林中,植物的生物量比草食动物大,而草食动物的生物量又比肉食动物大。

(4)种群密度的意义

从应用的角度出发,密度是最重要的种群参数之一。密度部分地决定着种群内部压力的大小、种群生产力的大小和可利用性。野生动物专家需要了解猎物的种群密度,以便对野生动物栖息地进行管理和调节狩猎活动,林学家要在树木密度调查的基础上进行林地质量评价和管理。

2.1.2.2　种群的年龄结构

一般情况下,种群都是由不同年龄的个体组成的,各个年龄或年龄组在整个种群中都占有一定的比例,由于种群各年龄期的出生率和死亡率相差很大,因此,研究种群的年龄结构有助于了解种群的发展趋势,预测种群的兴衰。

(1)种群年龄结构的概念

年龄结构(age structure)指种群中各年龄组个体数量的比例关系。

(2)年龄结构与繁殖力

根据生物的繁殖状态,可以把一个种群细分为 3 个亚群,即繁殖前期(prereproductive period)亚群、繁殖期(reproductive period)亚群和繁殖后期(post reproductive period)亚群,每个亚群包含多个年龄组的个体。显而易见,每个亚群的繁殖能力不同,即使都在繁殖期亚群内,不同年龄组的个体的繁殖能力也不同,这势必会影响种群的出生率。另外,各亚群的生存能力也不同,也势必会影响种群的死亡率。因此,种群的年龄结构直接关乎种群的兴衰。

(3)种群的年龄结构类型及意义

种群的年龄结构常用年龄锥体(age pyramid)(或称年龄金字塔)来表示。年龄锥体是用从下到上的一系列不同宽度的横柱作成的图。从下到上的横柱分别表示由幼年到

老年的各个年龄组,而横柱的宽度表示各年龄组的个体数或其所占的百分比。年龄锥体可分为三种基本类型(图 2.1):

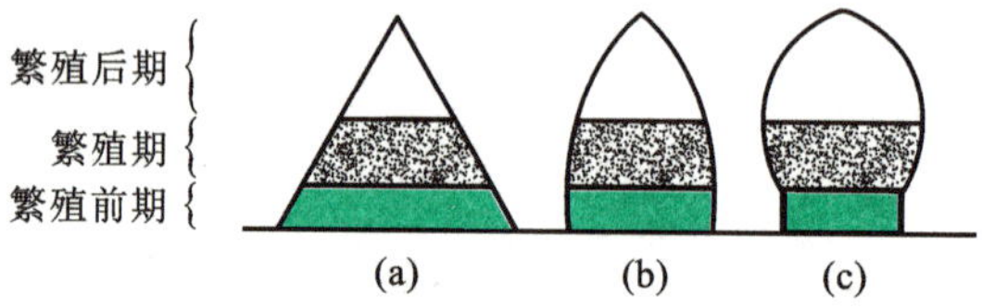

图 2.1　年龄锥体的三种基本类型

(a)增长型种群;(b)稳定型种群;(c)下降型种群

①增长型种群(expanding population)的年龄结构。年龄锥体呈典型金字塔形,基部宽,顶部窄。表示种群中的幼年个体数量大,而老年个体却很少。这样的种群的出生率大于死亡率,种群将迅速增大。

②稳定型种群(stable population)的年龄结构。年龄锥体呈钟形,基部、中部、顶部的宽度大致相等。表示种群中的老年、中年和幼年的个体数量接近。这样的种群的出生率和死亡率大致平衡,种群稳定。

③下降型种群(diminishing population)的年龄结构。年龄锥体呈壶形,基部比较窄,顶部比较宽。表示种群中幼体所占的比例很小,而老年个体的比例较大。这样的种群的死亡率大于出生率,种群将缩小。

2.1.2.3　种群的性比例

(1)性比例的概念

性比例(sex ratio)是指种群中雄性个体与雌性个体的比例,通常指每 100 个雌性个体对应的雄性个体数,即以雌性个体数为 100 做被比数,以雄性个体数做比数来表示,如全国第六次人口普查显示,中国人口的性别比例为 105.20∶100。

(2)性别比的变化

①不同物种的性别比不同。理论上,人、猿等高等动物的性比例为 100∶100,鸭科等一些鸟类以及许多昆虫的性比例大于 100∶100,蜜蜂、蚂蚁等社会性昆虫的性比例小于 100∶100。

②种群的性比例会随着个体发育阶段的变化而发生改变。例如,一些啮齿类动物出生时,性比例为 100∶100,但 3 周后的性比例则为 140∶100。

(3)性比例的意义

性比例影响着种群的出生率,因此也是影响种群数量变动的因素之一。

①对于一雌一雄婚配制的动物,如果种群当中的性比例不是 100∶100,就必然有一部分成熟个体找不到配偶,从而降低种群的繁殖力。

②对于一雄多雌婚配制、一雌多雄婚配制以及没有固定配偶、随机交配的动物，一般来说，种群中雌性个体的数量适当地多于雄性个体的数量有利于提高种群的繁殖力。

2.1.2.4 种群的出生率和死亡率

(1)出生率

①出生率的概念。出生率(natality)指一定时期内出生的生物个体数与期内生物个体的平均数或期中生物的个体数之比。研究和工作中，出生率常分为生理出生率(physiological natality)和生态出生率(ecological natality)。生理出生率是指种群处于理想条件下的出生率，也叫最大出生率(maximum natality)；生态出生率是指在特定环境条件下的出生率，也叫实际出生率(realized natality)。完全理想的环境条件，即使在人工控制的实验室也是很难建立的，因此，最大出生率在一般情况下是不存在的。但出现最有利条件时的实际出生率可视为最大出生率。

②出生率的差异。不同生物的出生率差异很大，主要取决于下列因素：a. 性成熟的速度，如人和猿的性成熟需要 15～20 年，东北虎需要 4 年，黄鼠只需要 10 个月，而低等甲壳动物出生几天后就可生殖，蚜虫在一个夏季就经历 20～30 个世代；b. 每次产崽数量，如灵长类、鲸类和蝙蝠通常每胎只产一崽，东北虎每胎产 2～4 个崽，鹌鹑类一窝可孵出 10～20 只幼雏，刺鱼一次产几百粒卵，而某些海洋鱼类一次产卵量可达数万至数十万粒；c. 繁殖间隔期，如鲸类和大象每 2～3 年才能繁殖一次，蝙蝠一年繁殖一次，某些鱼类(如大马哈鱼)一生只产一次卵，田鼠一年可产 4～5 窝幼崽。此外，生殖年龄的长短和性比例等因素对出生率也有影响。

(2)死亡率

①死亡率的概念。死亡率(mortality)指一定时期内死亡的生物个体数与期内生物个体的平均数或期中生物的个体数之比。同出生率一样，也可用生理死亡率(physiological mortality)和生态死亡率(ecological mortality)表示。生理死亡率是指种群在最适宜的环境条件下，种群中的个体都是因衰老而死亡，即每一个个体都能活到该物种的生理寿命(physiological longevity)时的死亡率，又称为最小死亡率(minimum mortality)；生态死亡率是指特定环境条件下的死亡率。对野生动物来说，生理死亡率同生理出生率一样是不可能实现的，它只具有理论和比较的意义。

②死亡率的差异。不同生物的死亡率差异很大，除了生理寿命的差异外，自然条件下，不同生物的死亡率差异主要由捕食、饥饿、竞争、疾病和不良气候等引起。

(3)出生率和死亡率的意义

种群的数量变动首先取决于出生率和死亡率的对比关系。在单位时间内，出生率与死亡率之差称为增长率。当出生率超过死亡率，即增长率为正时，种群数量增加；当死亡率超过出生率，即增长率为负时，则种群数量减少；而当出生率和死亡率相平衡，即增长率接近于零时，种群数量将保持相对稳定状态。

2.1.2.5 种群的迁入与迁出

(1)概念

迁入指个体进入新时空中的种群，迁出指个体离开原来时空中的种群。迁入与迁出是大多数动植物生活周期中的基本现象。

(2)意义

①调节或维持种群密度。通常,大部分种群都会经常地输出个体,借此保证种群不过度膨胀以减小种群的生存压力,反过来,纯粹靠个体输入维持的种群是难以长久的。

②扩展种群分布。事实上,那些输出的个体通常并未到业已存在的其他种群中去,而是另行发展新的种群。

③防止近亲繁殖。输入使得同一物种的不同种群间进行基因交流,从而防止近亲繁殖,维持和提高物种的生命力。

2.1.2.6 种群的空间分布类型

种群的空间分布是指种群中的个体在其生活空间中的位置或布局。种群的空间分布有 3 种类型:均匀型(uniform)、随机型(random)和集群型(clumped)(图 2.2)。

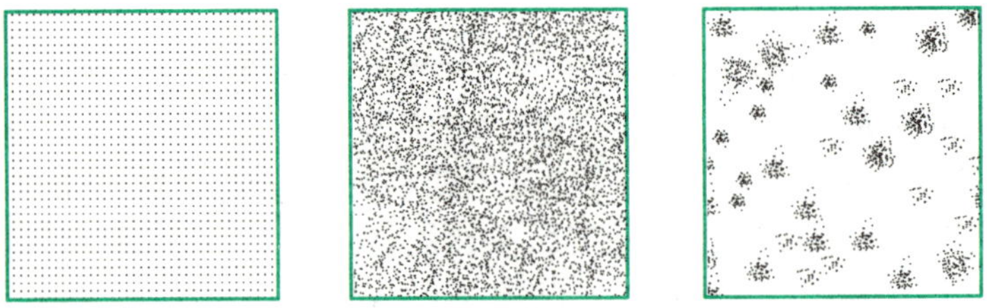

(a) (b) (c)

图 2.2 种群的 3 种空间分布类型

(a)均匀型;(b)随机型;(c)集群型

(1)均匀分布(均匀型)

均匀分布指种群的个体两两之间保持均等距离的分布。均匀分布是种群内个体竞争均匀分布的资源的结果。例如,对森林顶部的均匀分布的阳光的竞争,导致森林中的高大乔木最终形成均匀分布;对沙漠集水区中均匀分布的水分的竞争,使得区域内的植物呈现均匀分布的态势。

(2)随机分布(随机型)

统计学上的随机指事前不可预计,种群的随机分布指种群中的个体以相等的机会分布在任一空间点上。随机分布中的任一个体的存在不影响其他个体的分布,即种群的个体之间没有呈现出相互吸引或相互排斥。例如,森林地被层中的蜘蛛,面粉中的黄粉虫,它们可能出现或分布在地被层或面粉的任一位置。

(3)集群分布(集群型)

集群分布指种群内的个体以密集团块表现的不均匀分布,是种群最普通、最常见的分布类型。造成这种分布的原因可能是环境资源分布不均匀,从生物角度分析,植物的集群分布可能源自以母株为扩散中心的传播种子的方式,动物的集群分布则是由于其结伙成群的社会行为。

需要指出的是,种群的出生率、死亡率、平均寿命、性比例、年龄结构、基因频率、繁殖期个体百分数等,是种群个体的出生、死亡、寿命、性别、年龄、基因型、是否处于繁殖期等特征的统计量,反映了种群中每个“平均”个体的相应特性,也就是说,种群具有可以与个体相类比的一般性特征。此外,种群作为更高一级的结构单位,还具备了一些个体所不具备的特征，如种群密度及密度的变化，空间分布类型，以及种群的扩散与积聚等。特别是种群具有按照环境条件的变化来调节自身密度的能力，这种能力使种群在不断有个体增殖、死亡、迁入和迁出的情况下，能保持作为整体的相对稳定性。例如，某农田某种害虫种群密度过大时，会因食物供应不足导致的竞争、迁出而自动减员，也会因招来天敌而被动减员，从而使种群生殖力下降，最终回归稳定水平。

2.1.3 种群生态学的概念

种群生态学是研究种群数量动态与环境相互作用关系的科学，是生态学的分支。经典生态学体系中，种群生态学主要关注种群数量动态及其自然环境动因。

2.2 种群的增长模型

种群的基本范畴是种群的个体数量，种群生态学的基本范畴即是种群数量的动态变化。数学上把数量的增加或减少统称为增量，因此，可以把种群个体数量的增加或减少统称为种群的增长(population growth)，即种群的个体数量随着时间的推移而发生的改变。

研究种群增长的规律是种群生态学的基本任务。鉴于自然条件的复杂性，在自然条件下研究种群的增长规律往往缺乏精准性，所以，往往从人为控制条件的单一种群的实验研究着手，最终建立种群动态数学模型，阐明种群动态的规律。

2.2.1 若干假设

2.2.1.1 无限环境

无限环境即任何因素均对种群发挥其最大的增长能力且没有任何限制的环境。

2.2.1.2 有限环境

有限环境即对种群有最大数量或承载数量(carrying capacity)限制的环境。

2.2.1.3 世代不重叠种群

世代不重叠，通常是指生物在生命期内只有一次繁殖，繁殖后亲代死亡，繁殖时间确定，则在研究期内始终只有一代生物存活，在无限环境中繁殖能力恒定。

2.2.1.4 世代重叠种群

世代重叠，通常是指生物在生命期内有多次繁殖，繁殖后亲代不死亡，繁殖时间不确定，则在研究期内有多代生物同时存活，在无限环境中繁殖能力恒定。

2.2.1.5 无迁入和迁出现象

无迁入和迁出现象即研究期内，无生活个体迁入和迁出。

基于以上假设，可建立世代不重叠种群在无限环境中的增长、世代重叠种群在无限环境中的增长、世代重叠种群在有限环境中的增长、世代不重叠种群在有限环境中的增长四种模型。

2.2.2 世代不重叠种群在无限环境中的增长

世代不重叠种群的数量变化是在世代间按周限增长率 λ 跳跃的变化，其数学模型是：

$$N_{t+1} = \lambda N_t$$

式中 N——种群的个体数；

t——种群的世代序次；

λ——种群的周限增长率，或世代间增长倍率。

λ 有四种取值，对应种群的四种数量动态，即 $\lambda>1$ 时种群数量上升，$\lambda=1$ 时种群数量稳定，$0<\lambda<1$ 时种群数量下降，$\lambda=0$ 时种群无繁殖现象，且在下一代中灭亡。

该模型可做进一步变换。

假定，某一年生世代不重叠生物的种群，研究起始年有 10 个个体，次年有 200 个个体，则其周限增长率 $\lambda=N_1/N_0=20$，也就是一世代增长 20 倍，若种群在无限环境中年复一年地增长，则有：

$N_0=10$

$N_1=N_0\lambda=10\times20=200$（即：$10\times20^1$）

$N_2=N_1\lambda=200\times20=4000$（即：$10\times20^2$）

$N_3=N_2\lambda=4000\times20=80000$（即：$10\times20^3$）

…

即

$$N_t=N_0\lambda^t$$

系不连续的指数式增长。

2.2.3 世代重叠种群在无限环境中的增长

世代重叠种群的数量变化是在连续时间上受瞬时增长率 r 控制的连续变化，其数学模型的微分式为：

$$\frac{dN}{dt}=rN$$

积分式为：

$$N_t = N_0 e^{rt}$$

式中 N——种群的个体数；

t——种群的增长时间，通常单位为年；

e——自然对数的底；

r——种群的瞬时增长率，通常为年化增长率。

r 有四种取值，对应种群的四种数量动态，即 $r>1$ 时种群数量上升，$r=0$ 时种群数量稳定，$r<0$ 时种群数量下降，$r=-\infty$时无繁殖现象，种群灭亡。

种群增加的连续指数式增长曲线为开口向上的 J 形曲线，故这种增长又称 J 型增长。

假定，某世代重叠种群初始个体数 $N_0=100$，种群的瞬时增长率 r 为 0.5，则各年的种群数量为：

$N_0=100$

$N_1=100e^{0.5}=165$

$N_2=100e^{1.0}=272$

$N_3=100e^{1.5}=448$

$N_4=100e^{2.0}=739$

…

以种群数量 N_t 对时间 t 作图，并将散点平滑连接，即得种群增长的 J 形曲线[图 2.3(a)]。以种群数量的自然对数 $\ln N_t$ 对时间 t 作图，种群的 J 型增长表现即转换为直线型增长[图 2.3(b)]。

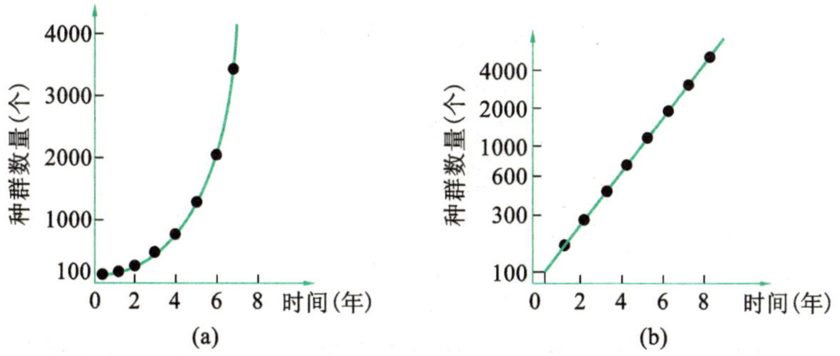

图 2.3 世代重叠种群在无限环境中的增长曲线($N_0=100, r=0.5$)

(a)算数标尺；(b)对数标尺

人类是世代重叠物种，故该模型可用于人口增长问题的研究。

例如：某国人口 2000 年为 12.66 亿，2010 年为 13.40 亿，试计算其人口增长率。

解： 因为 $N_t=N_0e^{rt}$

即 $\ln N_t=\ln N_0+rt$

所以 $r=(\ln N_t-\ln N_0)/t$

$=(\ln 13.40-\ln 12.66)/(2010-2000)$

$=5.7‰$

种群的瞬时增长率与周限增长率有密切的关系。如果把周限逐渐缩短，由 1 年到 1 月到 1 日……到无限短，则周限增长率趋近于瞬时增长率，此时，瞬时增长率 r 与周限增长率 λ 的关系为：

$$\lambda=e^r$$

或

$$r=\ln\lambda$$

2.2.4 世代重叠种群在有限环境中的增长

2.2.4.1 逻辑分析

假定有限环境对种群数量的限制为 K，当种群的第一个个体利用了 $1/K$ 的资源后，种群适应(1－1/K)的资源条件,将按比瞬时增长率 r 低的增长率增长,若种群已有 N 个个体,种群适应(1－N/K)的资源条件,将继续调低增长率;当种群增长到接近种群数量限制 K 时,(1－N/K)的资源条件接近于0,则增长率更低;最终,当种群数量增长到 K 时,资源全部被占用,则增长率为0,种群停止增长。有限环境中的种群增长大多是按这种逻辑顺序进行,称为逻辑斯谛增长(logistic growth)。

2.2.4.2 数学模型

逻辑斯谛增长数学模型的微分式为:

$$\frac{dN}{dt} = rN\left(1 - \frac{N}{K}\right) = rN\frac{K-N}{K}$$

式中,N、t、r 的意义与世代重叠种群在无限环境中的指数增长模型相同,而 K 为环境容纳量,1/K 为种群每一个个体对增长率的抑制作用,称为拥挤效应(crowding effect),(1－N/K)为修正值,称为剩余空间(residual space)。

模型显示,当 N 趋近于0时,修正项(1－N/K)趋近于1,剩余空间最大,此时,阻力最小,种群最大增长率的实现最为充分,$dN/dt=rN[(K-N)/K]$趋近于 $dN/dt=rN$,增长接近于指数式;当 N 趋近于 K 时,修正项(1－N/K)趋近于0,剩余空间最小,阻力最大,增长率趋近于0,与前述逻辑分析吻合。

逻辑斯谛增长数学模型的积分式为:

$$N = \frac{K}{1+e^{a-rt}}$$

式中,N、K、e、r、t 的意义同前,α 为参数,其数值取决于 N_0,表示曲线对原点的相对位置。

世代重叠种群在有限环境中的增长不是J型增长,而是S型增长,如图2.4所示。S型增长有两个特点:一是曲线有一上渐近线,即渐近于 K 值,但不会超过 K 值;二是曲线斜率的变化,开始时较慢,以后逐渐加快,到曲线中心有一拐点,变化最快,以后又逐渐减慢,直到曲线切线与上渐近线重合时,斜率为0。

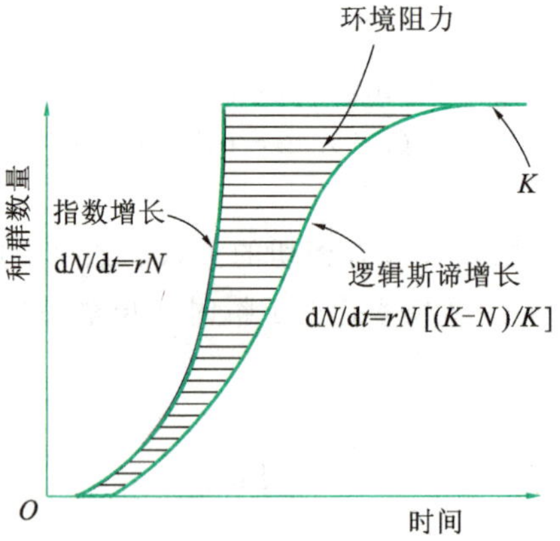

图2.4 世代重叠种群在有限环境中的增长曲线

2.3 种群的调节

2.3.1 概述

在自然生态系统中，物种的种群既不会无限制地增加，也不会轻易消失，其数量变动是不规则的，但数量总是在一定的范围之内围绕某一平均数量上下波动。这一现象称为自然控制(natural control)，物种种群的这一平均数量叫作平衡数量。自然控制的结果是自然生态系统的平衡，但这一结果不一定能满足人类的需要，人类往往会在自然控制的基础上对种群实施进一步的控制，如，经自然控制后，我国大约 15×10^4 种的昆虫实现了自然生态平衡，但其中约有 1%的昆虫是生产害虫，需要人为干预。很明显，这种干预的后果将促使自然系统进行新一轮的自然控制。

自然控制是种群针对环境因子变化实施的种群数量调节的结果，换言之，是环境因子变化对种群数量调节的结果。从是否与被调节的种群密度相关的考察可知，调节过程可以分为密度调节和非密度调节，前者指密度制约(density dependent)因素的调节，后者指非密度制约(density independent)因素的调节。所谓密度制约因素，指的是受被调节种群的密度影响的环境因素，通常为生物因子，包括被调节生物种群自身的竞争，与被调节种群相关的其他生物的捕食、寄生等；所谓非密度制约因素，指的是不受被调节生物种群密度影响的环境因素，通常为气候因素、人为因素，包括暴雨、低温、高温、污染等。通常非密度调节剧烈，密度调节温和。如极端高温、暴雨可以使生物种群消失，而捕食只能对种群数量造成有限影响。

2.3.2 密度调节

密度调节主要包括种内调节、种间调节。

2.3.2.1 种内调节

种内调节是指种内成员通过行为、生理和遗传的改变而进行的调节。

(1)行为调节

行为调节最早由英国生态学家爱德华(Wyune Edwards，1962)针对动物的种群动态提出。他认为，种群中的个体(或群体)通常选择一定大小的有利地段作为自己的领域，以保证存活和繁殖。但在栖息地中，这种有利的地段是有限的。随着种群密度的增加，有利的地段都被占满，剩余的社会等级比较低的从属个体只好生活在其他不利的地段中，或者往其他地方迁移。那部分生活在不利地段中的个体由于缺乏食物以及保护条件，易受捕食、疾病、不良气候条件所侵害，死亡率升高，出生率下降。迁出过程与死亡率升高、出生率下降使种群避免了持续增长而维持平衡。

动物的行为调节基于其集群、种内竞争、领域性、社会等级等种内关系。

①集群(aggregation;society;colony)是指同一种生物的不同个体,或多或少都会在一定时期内生活在一起的现象。集群现象是生物适应环境的一种重要特征,在自然种群中,集群与单独生活都是普遍存在的。根据集群后群体持续时间的长短,可以把集群分为临时性(temporary)和永久性(permanent)两种类型。临时性集群现象在自然界中很普遍,大多数动物都有临时性集群过程,如,过冬性集群、迁徙性集群、摄食性集群。永久性集群存在于具有分工协作等社会性特征的社会动物中。社会动物由于分工专化的结果,同一物种群体内的个体可具有不同的形态,例如,在蚂蚁社会中,蚁后专门负责产卵生殖,具有膨大的生殖腺和特异的性行为,采食和保卫等功能则完全退化,兵蚁专门负责保卫工作,具有强大的口器。

集群的生态学意义主要有:

a. 提高捕食效率。许多动物以群体进行合作捕食,捕杀到食物的成功性明显加大。成群的狼通过分工合作就可以很容易地捕食到有蹄类;相反,一只狼则难以捕获到这种大型的猎物。成群狮子的平均捕食成功率是个体平均捕食成功率的 2 倍。以鱼为食的鹈鹕、秋沙鸥和蛇鹈,会在水面上共同形成捕食圈,逐渐迫使鱼儿到浅水湾,然后再进行捕食,由此提高捕食效率。

b. 共同防御敌人。草原动物麝香牛、野羊受猎食者袭击时,成年的雄性个体会形成自卫圈,全部将角向外抵抗猎食者,保护自己及自卫圈中的幼体和雌体。

c. 改变生境。如,蜂群的工蜂集体振翅促进空气流通以降低蜂巢温度,集体冬眠的蛇汇集代谢散失的热量以维持冬眠洞穴的温度。

d. 提高学习效率。大部分哺乳动物的幼崽,都是在集群活动中学习和提高运动和捕食技能的。

e. 保持和提高繁殖效率。这是生物集群最重要的意义所在,对于一雌多雄婚配制、一雄多雌婚配制和不确定交配对象的物种而言,足够数量个体的集群,是种群保持和提高繁殖率的基本条件。

②种内竞争(intraspecific completion)是指同种生物个体之间由于食物、栖息场所或其他生活条件的矛盾而斗争的现象。种内竞争是普遍存在的现象。

种内竞争的生态学意义主要有:

a. 种内蚕食调整种群数量。很多昆虫都有自相残杀的现象,如棉铃虫、异色瓢虫等,一些鱼类也有种内蚕食的现象。不论是进化固定下来的基因决定行为,还是对种群爆发的权宜之策,种内蚕食对种群数量的影响是立竿见影的。

b. 促进物种扩散。竞争的结果之一是部分个体离开种群,一方面,这直接调节了种群数量;另一方面,离开的个体将另外组织新的种群,实现了物种分布的扩散,这对保持物种的存在是至关重要的。

③领域(territory)是指由个体、配偶或家族所占据的,并积极保卫不让同种其他成员侵入的空间。动物形成领域的特性称为领域性。很多动物都有领域性。脊椎动物中的鸟兽,节肢动物中的昆虫等都有明显的领域性。

领域性的生态学意义主要有:

a. 维持家族种群的稳定。例如，家族式生活的社会性昆虫蚂蚁，每个家族都有自己的巢穴和巢穴附近的一定空间作为家族的领域，为维持家族的生存和发展提供庇护场所和资源。

b. 维持各家族的和谐。通常，各个家族的成员都只在自己的领域活动，从而避免冲突带来的损失。

④社会等级(social hierarchy)是指动物种群中各个动物的地位具有一定顺序的现象。社会等级形成的基础是支配-从属(dominant-submissive)关系。社会等级在动物界中相当普遍，许多鱼类、鸟类、爬行类和兽类都有这种现象。例如，鸡群中的鸡经过彼此啄击形成稳定的等级，低级的一般对高级的表示妥协和顺从。

社会等级的生态学意义主要有：

a. 提高种群生产力。有稳定的社会等级的种群，因避免了个体之间经常的相互格斗而消耗更多能量，从而表现出较高的生产力，如稳定的鸡群里的鸡往往生长快，产蛋也多。

b. 保持和提高种群优质性状。社会等级给优质优势个体提供了更多的食物、栖息地、配偶等的选择优先权，从而保证了种内优质优势个体首先获得交配和产生后代的机会，这有利于种群的保存和优质性状的巩固及延续。

(2)生理调节

生理调节是指种内个体间因生理功能的差异，致使生理功能强的个体在种内竞争中取胜而淘汰弱者的现象。美国学者克里斯琴(Christian)的动物内分泌学说是生理调节的理论基础。他认为当种群数量上升时，种内个体间的社群压力增加，个体间处于紧张的状态，刺激中枢神经系统，使脑下垂体和肾上腺的功能异常，一方面使生物素减少，生长代谢受阻，机体防御能力减弱，当代个体死亡率增加，另一方面使性激素分泌减少，胚胎死亡率增高，幼体发育不佳，后代死亡率增加，使得种群增长速度下降甚至停止。例如，蜗牛在密度高时生长缓慢；美洲赤鹿在种群密度低时生殖的双胞胎占子代的比例达25%，而在密度高时这一比例在1%以下。

(3)遗传调节

遗传调节是指种群通过选择基因型表达的方式调节种群数量的过程。一般认为，物种有两种基因型，一种是繁殖力低、适合于高密度条件下的基因型A，另一种是繁殖力高、适合于低密度条件下的基因型B。在种群密度低的条件下，自然选择第二种基因型表达，使种群数量上升；当种群数量达到高峰时，自然选择第一种基因型表达，使种群数量下降。

植物种群中也有类似动物种内调节的现象。例如，水稻、小麦的生长初期，通过分蘖从生种群迅速发展，但当种群密度过大而影响种群本身的发展时，下层光照不足环境里的部分小分蘖就会死亡，从而改善下层光照条件，使保留下来的种群很好地发育。

2.3.2.2 种间调节

种间调节是指通过捕食、寄生和竞争共同资源团等调节种群密度的过程。以尼科森(Nicholson)、史密斯(Smith)、拉克(Lack)为代表的种群调节的生物学派认为，群落中的各个物种都是相互联系、相互制约的，从而使种群数量处于相对稳定平衡的状态：当种群数量增加时，就会引起物种间捕食、寄生和竞争共同资源团的现象加剧，导致种群数量的下降。

捕食和被食、寄生、草食性动物与植物的关系都是食物关系。拉克(Lack)通过对鸟类的研究发现，密度调节的动因有3个因素，即食物、捕食和疾病。而食物是决定性的最重要的因素，其理由包括：只有少数成鸟死于捕食和疾病；在食物丰富的地方，鸟的数量就多；每种鸟吃不同的食物，只能是因为食物为限制因子，才有这种食物分化现象；鸟类因食物而格斗，只能是因为食物为限制因子，才有在食物短缺时为食而战的竞争现象。

自然种群中，支持这个观点的例子还有松鼠数量与球果产量的关系，猛禽数量与某些啮齿类动物数量的关系等。

2.3.3 非密度调节

非密度调节是指非生物因子对种群大小的调节。气候学派认为：气候改变资源的可获性，从而改变环境容纳量，因此种群数量是气候的函数。支持这一学派理论的最重要的事实证据是，昆虫的早期死亡有80%～90%是由天气条件引起的。

【讨论】

1. 试论述出生率、死亡率、年龄结构、性比例、种群密度、环境容纳量、环境阻力的定义。
2. 什么是种群？种群具有哪些主要特征？
3. 请举例说明种群的年龄结构对预测种群兴衰的作用。
4. 种内关系主要有哪些类型？请举例说明。
5. 已知某国人口2000年为12.66亿，2010年为13.40亿。若增长率保持不变，多少年后其人口将达到26.80亿？

练习

【试验、实训建议项目】

种内竞争

同种个体间的相互关系即种内关系，研究种内关系的类型及其调控机理是种群生态学的重要任务之一。

种内竞争、种内互助是种内关系的两大基本类型，它们都是种群根据各种信息反馈而自我调节的过程。

植物的种内竞争关系表现为自疏作用。当播种密度达到某一数值后，即使播种密度继续增加，存留下来的植株数量却并不增加，而是在某一数值附近波动，即自动稀疏了种群密度，称为“自疏”。

进一步研究显示，植株数量与生物量之间有稳定的关系，即由Yoda、McNaughton、

Haper、White 等人提出并验证的规律：

$$W = CP^{-3/2}$$

以此为基础，可推引出以下关系：

$$A \propto L^2$$
$$W \propto L^3$$
$$A \propto W^{2/3}$$
$$A \propto 1/P$$

式中 W——植物生物量；
P——植株数量；
C——植物生长特性常数；
A——植物覆盖面积；
L——植物高度。

(一)目的及要求

①学习盆栽实验研究方法。

②观察、了解植物的自疏现象，总结自疏现象的一般规律。

(二)设备材料

①玻璃水槽/泥瓦花盆/缸瓦花盆(h30cm×ϕ30cm)、腐熟厩肥。

②种子(小麦、针茅、羊茅、羊草)。

③烘箱、天平、纸袋、剪刀、标签、毛巾等。

(三)实验步骤

①本实验设计同时收获生长 5 周、10 周、15 周的植株各 5 盆，即实需 15 个盆，为防止出苗不齐等情况造成样本不足，增加 40%的备用盆，即另外备 6 个盆，共需 21 个盆。

②将腐熟厩肥与土壤充分拌匀，装盆，土面稍低于盆口，备用。

③播种分三次进行，第一次在预计的收获日前 15 周，第二次在预计的收获日前 10 周，第三次在预计的收获日前 5 周，每次播 7 盆。

④在每次播种前 3d，用喷壶给盆土浇透水，一般至播种当天，土壤的干湿度即适合播种。每盆均匀播种小麦 250 粒。播种后，在每个盆上贴好注明播期、重复号的标签。

⑤已播种的每批次花盆放在一起，为减少边缘效应(edge effects)的影响，每周倒换一次花盆的位置。各花盆的摆放位置由拉丁方确定。

⑥定时用喷壶浇水，保证土壤湿润，以利于种子发芽、幼苗生长。出苗后，应及时记录出苗数、株高。

⑦至预计的实验结束日，分盆按土面剪取植株，擦干净装袋，在袋上用铅笔标明盆号、生长时间、植株数量等，并记入表 2.1。

⑧将植株样袋在 65℃ 的烘箱中烘 8～12h，计算每盆的单株植物的平均干重，记入表 2.1。

⑨计算每盆的植株密度。

⑩计算每盆的“(lg 单株植物平均干重)/(lg 密度)”值。

表 2.1　植物种内竞争实验数据记录

实验植物：

处理	重复号	生长时间（周）	植株数量（株）	纸袋重＋植物干重(g)	空纸袋重(g)	植物干重(g)	单株植物平均干重(g)
Ⅰ	1	15					
	2	15					
	3	15					
	4	15					
	5	15					
Ⅱ	1	10					
	2	10					
	3	10					
	4	10					
	5	10					
Ⅲ	1	5					
	2	5					
	3	5					
	4	5					
	5	5					

（四）讨论

①被自疏掉的是什么样的个体？留下的是什么样的个体？

②对平均干重与密度比作回归计算，说明本次实验是否符合 Yoda 等人提出的规律。

③如用平皿来做小麦种子发芽的实验，在种子密度不同的皿之间，发芽速度、根长、株高、单株植物平均干重会如何变化？在同一皿的外圈和内圈之间，发芽速度、根长、株高、单株植物平均干重会如何变化？

④在野外条件下，能否进行自疏现象的调查研究？应选择什么样的对象？应采集哪些数据？

3 群落生态学

本章提要

【教学目标要求】

1. 掌握群落概念，理解群落的基本特征。

2. 掌握裸地、先锋植物、定居等概念，熟悉群落形成过程和群落发育的一般规律。

3. 掌握群落演替概念，熟悉群落演替模式和典型演替阶段特征，了解群落演替原因。

4. 熟悉群落物种种群常用数量指标，理解生物多样性的概念，了解几种生物多样性指数计算方法。

5. 掌握优势种等群落成员分类概念。

6. 熟悉种间关系。

7. 掌握生活型、生活型谱、季相、叶面积指数的概念，了解拉恩基尔植物生活型分类系统和植物叶片分级方法。

8. 掌握群落内部垂直格局、水平格局、时间格局的含义，了解其成因及对生产与环境保护的意义。

9. 掌握交错区、边缘效应的概念，理解构成边缘效应的条件。

【教学重点、难点】

1. 群落的形成过程。

2. 群落演替与波动的区别，演替模式、规律。

3. 群落物种数量指标。

4. 群落物种在群落中的地位。

5. 生活型谱分析。

6. 物种多样性及其常用指数。

7. 交错区与边缘效应。

3.1 群落与群落生态学

3.1.1 群落的概念

生态学中的群落指生物的群落。生物群落(biotic community)指在一定时空中不同的生物种群的集合。

与种群研究通常人为划定空间边界不同,群落研究往往针对具有明显自然地理地貌边界的空间。

与种群研究关注物种的数量动态相比,群落研究是更高层次的研究,即关注群落中种群之间彼此影响、相互作用的关系和群落的外貌、结构及功能。

在生物界框架内,群落是生物种群的存在单位和生态系统的组成单元。

3.1.2 群落的基本特征

生物群落一般有如下特征:

(1)具有一定的种类组成和种间影响

①种类组成(composition of species)指组成生物群落的物种种类。种类组成是区分生物群落的首要特征。种类组成的差异是群落多样性和群落其他特征的基础。不同生物群落的植物、动物、微生物物种组成不相同,即使是同名群落的物种组成也不一定是完全相同的。

②种间影响(interaction)指生物种群之间的相互适应、相互竞争。生物群落并非种群的简单叠加,生物种群需要满足以下两个条件才能共同构成群落:一是必须共同适应它们所处的无机环境;二是必须达到相互之间的协调、平衡。

(2)具有一定的结构

结构(structure)指群落内各种群间稳定的空间和时间关系。各群落中物种种群的空间关系和时间关系是有序的。例如,每一种群的数量和生活型、各种群的水平和垂直位置关系、不同时间点种群的活动等。但群落的结构不像有机体那样清晰、精确、紧凑,因而有人称之为松散结构。

(3)具有一定的外貌

外貌(physiognomy)是群落长期适应自然环境条件所表现出来的外部形态。外貌是认识和区分群落的最直观特征,如森林、灌丛、草丛的外貌迥然不同,而针叶林与常绿阔叶林又有明显的区别。群落外貌是各种群位置、密度、形态等的综合体现。对植物群落而言,外貌主要由优势植物决定。例如,南部常绿阔叶林的外貌取决于樟树等乔木,草丛的外貌取决于其中的多年生草本植物及季节的变化。

(4)具有一定的动态

动态(dynamic)指群落的形成、发育、演替过程。任何群落都是生物区系与环境互动的产物,每个群落都有其独特的形成、发育、演替过程和结果。群落的动态是或长或短的时间过程,包括季节动态、年际动态、世纪(地质年代)动态。

(5)具有一定的群落环境

群落环境(environment)指群落改造、影响无机自然环境所形成的环境。群落是生态系统中具有改造力的生命子系统,其既受无机自然环境子系统影响,又能改造、影响无机自然环境,并形成与原初状态迥异的群落环境。例如,森林中,由于植物群落的影响,林内外环境的差异非常明显,高大乔木林下的光照强度、空气湿度、温度、氧气浓度、二氧化碳浓度、土壤等与林外相比都有显著的区别。即使是生物非常稀疏的荒漠群落,对土壤等环境条件也有明显的改造作用。

(6)具有一定的分布

分布(distribution)指群落只在特定地段存在。群落分布于特定地段,基于组成群落的种群对环境的适应。群落分布的地段应能满足各种群的生存发展需要。群落分布规律是种群分布规律的集成。

(7)具有一定的边界

边界(boundaries)指群落与群落外环境之间、群落与群落之间的物理边界。通常,在环境变化较陡,或者环境梯度突然中断的情况下,植物群落会有明显的边界,如陆地群落与水生群落之间,高落差变化的崖上与崖下群落之间,受强烈自然灾害或强烈人为干扰的群落等都有明显的边界。多数情况下,基于环境梯度连续、缓慢地变化,植物群落边界是不明显的,即群落与群落外环境之间、群落与群落之间处于连续变化中,存在过渡带,称之为群落交错区(ecotone),如森林与草原的过渡带、典型草原与荒漠草原的过渡带、沿山坡而逐次出现的过渡带。受动物运动的影响,动物群落的边界通常是不清晰的,或者说,动物群落之间的过渡带更为宽广和复杂。

3.1.3 群落生态学的概念

群落生态学是研究群落与环境相互作用关系的科学,是生态学的分支。经典生态学体系中,群落生态学主要关注群落的组成、结构、动态及其自然环境动因。

3.2 群落的形成、发育和演替

3.2.1 群落的形成

3.2.1.1 群落形成的基本条件

群落的形成必须具备两个条件,一是空间,二是物种库。

(1)空间

空间是形成群落的场所。为了研究方便，将空间命名为裸地，即没有植物生长的场所。裸地分为原生裸地(primary bare area)和次生裸地(secondary bare area)。原生裸地是指没有植被覆盖并且也没有植物繁殖体存在的裸地，如火山喷发的岩浆地带、核爆中心区地带；次生裸地是指没有植被覆盖，但在基质中保留着植物繁殖体的裸地，如森林火灾迹地、地表水体等。

(2)物种库

物种库是形成群落的物种源。形成群落的物种并非在裸地起源、进化，而是从裸地之外进入裸地形成种群。生物界是总物种库，生物区系是各大地理气候带内的分物种库。

3.2.1.2 群落的形成过程

群落的形成是在裸地上形成物种种群集合的过程。当裸地确定之后，物种的运动与变化是决定性因素。物种的运动和变化包括传播、定居和竞争三个阶段。

(1)传播

传播指物种进入裸地的过程，也称扩散。传播可分为主动扩散和被动扩散，前者指主动进入裸地，后者指被动进入裸地。自然的生物扩散强度随扩散距离增大而下降，并受海洋、河流、山脉等屏障的影响。

①植物传播主要以种子的被动扩散为主。植物的植株和各种具有繁殖能力的器官都可被动扩散。其中，种子的被动扩散最重要，而被动扩散的动力有风力、水力、动物携带等。小而轻并有翅或毛等附属物的种子借风力传播，例如，具有冠毛的蒲公英果实，外面有绒毛的柳树种子，有翅的榆树种子。含气、疏松、比重小等能漂浮在水面的水生植物、沼泽植物甚至陆生植物的种子，多借助于水力传播，例如，莲蓬里的莲子，椰树上的椰子。外表有刺状或钩状附属物的植物的种子或果实，可黏附于动物的皮毛上被传播，例如，鬼针草种子。具有坚硬的果皮或种皮的种子可被鸟兽等吞食后传播，例如，杨梅的种子。人类的生产、生活活动也有意无意地把植物繁殖体携带到远方，加速植物的扩散。

有些植物依靠自身发育的特殊结构将种子弹出，可视为主动扩散，例如，凤仙花果实成熟时果皮内卷，从顶端将种子喷射出去；具有根状茎的植物依靠根茎生长向外蔓延，也可视为主动扩散，如竹子、莲藕等。

②动物主要以主动扩散的形式传播。动物的每个个体都具有或大或小的可动性，在寻求新的生存空间和食物资源的过程中，完成主动扩散。

(2)定居

定居指传播体在裸地完成萌发、生长发育、繁殖活动的过程，并以物种正常繁衍后代为标志。即，物种传播体到达裸地后，必须繁殖了有生活力的后代，才算定居成功。植物定居与否，取决于裸地能否提供物种生长发育各个阶段所要求的气候、土壤条件；动物定居与否，取决于裸地能否提供气候、食物条件，还取决于同时扩散到裸地的同种的个体数及两性个体比例，后者是动物配种繁衍后代建立新种群的重要基础。

扩散能力强、生态幅广、生长快、繁殖体多的物种通常最先定居成功，这些最先定居成功的物种，常被称为先锋物种。如，低等植物地衣、苔藓和高等植物的草本植物都具备这些特点，常常是群落形成的先锋植物。对原生裸地而言，先锋物种完全是从裸地外输入的；对次生裸地而言，先锋物种可能包括基质中保留有繁殖体的物种。先锋物种定居后对裸地的改造，为吸引其他物种扩散、促使其他物种定居创造了条件。

从定居的角度看，季节性迁徙的物种可认定为繁殖地群落的成员和迁徙经过地群落的临时成员。如大马哈鱼，是繁殖地淡水生物群落的成员，是海洋生物群落的临时成员。

(3)竞争

随着定居成功的先锋物种以及后续种类及个体数量的增加，种群之间、个体之间，便开始了对空间、光、水、营养等的竞争(competition)。竞争的结果是，生态幅广、繁殖能力强、生存能力强的物种种群得以保留，而生态幅窄、繁殖能力弱、生存能力弱的物种则逐渐消失。保留下来的各物种种群占据各自独特的空间和资源，并通过相互制约，形成较稳定的群落。

3.2.2 群落的发育

群落发育是指群落从诞生到消亡的过程。可分为初期、盛期和末期三个阶段。通常，三个阶段并无明显界线。

3.2.2.1 发育初期

发育初期指群落特征形成的时期。发育初期的总特征是动荡，主要表现为：不断有物种进入裸地，同时有已定居的物种消亡，群落组成物种随时变化；各物种种群大小涨消波动大；各物种种群分布型变化不定；各种群的空间关系不清晰。即群落的所有特征均不明确、不稳定。

3.2.2.2 发育盛期

发育盛期指群落特征稳定的时期，又称成熟期。发育盛期的主基调是稳定，主要表现为：物种组成已基本稳定；每种生物的种群大小、分布型基本稳定；各种群的空间关系基本稳定。即群落具有了自身可供识别的所有特点。

3.2.2.3 发育末期

发育末期指群落特征消退的时期。发育末期的总特征是动荡，主要表现为：群落环境朝不利于组成物种种群的方向发展，组成群落的物种种群衰退甚至消亡，而适应变化了的群落环境的物种进入并定居发展，这种过程使群落物种组成再度不稳，群落结构、外貌、动态方面的特点不断减弱，即群落再次进入所有特征均不明确、不稳定的状态。可见，一个群落的发育末期孕育着下一个群落的发育初期。

3.2.3 群落的演替

3.2.3.1 演替的概念

群落演替(community succession)指有次序的、按部就班的由一个群落代替另一个群落的过程。群落演替是一系列的群落形成、发育的连续过程。显而易见，除了最先的那个群落是在裸地上形成的外，后续群落都是在前一个群落的群落环境中形成和发育的，那个最先在裸地上形成的群落称为先锋群落。

群落演替是非常普遍的现象。例如，我国北方云杉林群落在云杉被砍伐后成为砍伐迹地；因太阳光直射，温度、湿度昼夜变幅大等原因，存留的云杉幼苗以及原有的林下阴生或耐阴植物均难以生长，而喜光的草本植物很快占据优势，形成杂草群落；随后，阳生的，能忍受较大温度、湿度变幅的桦树、山杨进入，形成阳生的桦树、山杨群落；随着阳生植物生长成林，形成林下郁闭环境，原先喜光的草本植物逐渐消失，而云杉等耐阴幼苗却在此郁闭环境下生长良好，从而形成桦树、山杨、云杉混交群落；随着云杉树高超过阳生树木并逐渐形成林冠，由于得不到充足的阳光导致成树衰退和没有幼苗更新补充，阳生树木逐渐消失，混交群落最终被云杉林群落所取代(图 3.1)。

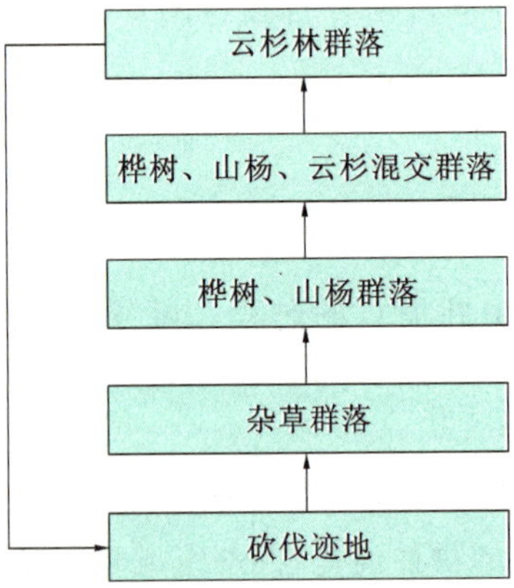

图 3.1　云杉林的演替

3.2.3.2　演替与波动的区别

演替是一个群落替代另一个群落的过程，是不断发生新物种替代旧物种的长期的定向的过程；而波动是群落内不发生物种替代，仅表现为物种种群大小变化的短期的可逆过程。波动可以由环境条件的变化(湿润年与干旱年的变化)、生物本身的活动周期(病虫害爆发、生物产量的大小年)和人为干扰(草场轮牧)等造成。当物种种群大小变化很大，又不知道能否恢复到原貌时，确认群落是波动还是演替比较困难。例如，在干旱年份，看麦娘草甸的优势种会由看麦娘变成匍枝毛茛，而干旱年份过后，又恢复到看麦娘占优势的状态，这便是看麦娘草甸的波动。当物种种群大小变化很小时，群落结构和外貌可基本保持不变。

3.2.3.3　演替类型

演替类型可根据不同的分类依据划分。

(1)按裸地类型划分

①原生演替，指在原生裸地上开始的群落演替。如，在光裸的岩石上、火山爆发形成的岩熔地上开始的演替。

②次生演替，指在次生裸地上发生的群落演替。如，森林被火烧或砍伐后所经历的演替过程，农田生产的演替。

(2)按某一环境要素特征划分

①水生演替，指开始于水生环境的演替。如，池塘水生群落的演替，一般依次出现沉水植物群落、浮叶根生植物群落、挺水植物群落、湿生草本群落、木本植物群落。

②旱生演替，指开始于干旱缺水的基质上的演替。如，裸露的岩石表面上的生物群落演替。

③中生演替，指开始于中生湿润的基质上的演替。如，农田的生物群落演替。

(3)按演替时间划分

①快速演替，指延续时间从几年到十几年的演替。如，水土流失弃耕地、过牧草原的恢复演替。通常因面积不大，并且附近有丰富的物种库，几年到十几年间可恢复到较高水平的群落。

②长期演替，指延续时间可达数百年的演替。如，弃耕地恢复为森林的演替。具体演替时间的长短因目标森林的特点不同而异。

③世纪(地质年代)演替，指延续时间以地质年代计算的演替。如，开花植物—鸟类—哺乳动物群落演替到有人类物种的群落，经历了从中生代(约 25100 万年前)到新生代第四纪(约 260 万年前)的漫长阶段。

(4)按控制演替的主导因素划分

①内因演替，指由于群落成分的生命活动，改变了群落环境，而群落环境又反作用于群落成分，促使群落成分不断变化的演替。内因演替是群落演替最基本和普遍的形式，一切源于外因的演替最终都须通过内因演替来实现。

②外因演替，指由非群落成分的生命活动引起的演替。包括人为发生演替(人类活动引起)、火成演替(火灾引起)、土壤发生演替(土壤理化性质改变引起)、地貌发生演替(地貌变化引起)、气候发生演替(气候变化引起)等。

(5)按演替方向分类

①进展演替，指随着群落演替的进行，生物群落的种类成分和结构由简单到复杂、群落环境稳定向好、群落生产力逐步提高、群落逐渐发展为中生化的演替。如，在原生裸地上开始并最终形成中生森林的演替。

②逆行演替，指随着群落演替的进行，生物群落的种类成分和结构简单化、群落环境越来越恶劣、群落生产力逐渐下降、群落旱生化的演替。如，人类过度放牧致使草原荒漠化。

3.2.3.4 演替模式

演替模式指自然演替过程经历的群落类型阶段。通常，把群落演替分为两种基本模式。

(1)旱生演替模式

一般情况下，开始于强光、变温强烈、干旱缺水、岩石或砂石基质的裸地上的完整旱生演替包括以下几个阶段：

①地衣植物群落阶段。在这样的裸地上，最先定居成功的是适应能力非常强的壳状地衣，它在短暂的有利时间中生长，而在不利的条件下休眠，其紧贴岩石或砂石表面，分泌有机酸腐蚀岩石砂石，其残体与腐蚀、风化的岩石和砂石形成具有有机成分的小颗粒，其后，叶状地衣和枝状地衣定居，在叶状地衣和枝状地衣的作用下，地衣残体与腐蚀、风化的岩石和砂石形成的具有有机成分的小颗粒逐渐增多，形成瘠薄的原始“土壤”。

②苔藓植物群落阶段。在地衣群落后期，苔藓植物进入并实现定居。与地衣一样，苔藓植物能够忍受干旱环境，在有利条件下生长，在不利条件下休眠，但苔藓植物能够集聚更多的水分并生产积累更多的有机质。随着多种而大量的苔藓植物的生长，群落环境

得到进一步改善。

③草本植物群落阶段。在苔藓植物发展的后期，矮小耐旱的一年生或两年生草本植物进入并定居，这些种子植物对环境的改造更加强烈，使群落环境逐步向满足多年生草本植物生长条件的方向发展，促成了多年生草本植物进入并定居。与此同时，进入并定居的动物种类和数量也逐渐增加。

④灌木群落阶段。在草本群落发展到一定程度时，一些喜光的阳生木本植物开始进入并定居，形成“草本灌木群落”，随着灌木种类和数量的增加，群落演替为灌木群落。此间，以草本植物为食的昆虫逐渐减少，而吃浆果的鸟类增加，中小型哺乳动物开始侵入并定居。

⑤乔木群落阶段。在灌木群落发展过程中，喜光的阳生乔木开始出现，随着阳生乔木种类的增加、种群的扩大，群落演替为乔木群落。随着时间的推移，群落环境分化，最终形成包括微生物、植物、动物的稳定的森林。

一般来说，旱生演替模式中地衣植物群落阶段和苔藓植物群落阶段所需时间最长，草本植物群落阶段到灌木群落阶段所需时间较短，而到了乔木群落阶段，其演替的速度又开始放慢。

(2)水生演替模式

水生演替开始于水体环境中，通常分为以下几个阶段：

①自由漂浮植物群落阶段。一般情况下，在深于水面以下 7m 的水层中，水生植物难以生长，水生群落演替往往在水面至水面以下 7m 的水层中发生。水生群落演替的先锋群落是浮游植物群落，随后是浮游植物—浮游动物群落，当漂浮于水面的植物定居后，演替为自由漂浮植物群落。随着细菌、藻类、原生动物、漂浮植物等的残体沉入水底和地表径流冲刷带来的矿物质沉积，水底逐渐升高，为沉水植物创造了生存条件。

②沉水植物群落阶段。随着水深变浅，沉水植物定居水底，在经历漫长而复杂的物种增加、更新，种群发展时期后，水生群落演化为以沉水植物为主体的沉水植物群落。沉水植物生产量大、物质积累快，加快了水底的抬升。

③浮叶植物群落阶段。随着水底日益抬升，浮叶根生植物(如莲、睡莲等)定居，由于这些植物的根扎在底泥中，而叶子浮于水面，抑制了沉水植物的生长，从而使水生群落演替为浮叶植物群落。浮叶植物比沉水植物和自由漂浮植物有更大的生产力和物质积累能力，使水底抬升过程更快。

④挺水植物群落阶段。当水深 1m 左右时，挺水植物进入并定居，随着挺水植物种类的增加、种群的扩大，水生群落阶段很快进入挺水植物群落阶段。挺水植物的生产力和物质积累量远大于浮叶植物等，加上它们的繁茂茎根或支柱根的阻滞、积聚作用，使水体向陆地演化的速度进一步加快。

⑤湿生草本植物群落阶段。挺水植物群落的发展，使水底露出水面成为必然，于是，湿生、喜光的沼泽植物(如莎草科和禾本科中的一些湿生性种类)开始定居，群落演替为湿生草本植物群落。

⑥木本植物群落阶段。演替到湿生草本植物群落后，水生群落的演替进入旱生演替的轨迹已不可避免。尤其当原水体地处干旱地带时，湿生草类很快被旱生草类取代，群落将迅速演替到中生森林。若该地区适合森林的发展，则该群落将会继续向森林方向进

行演替。

以上为水生原生裸地演替的完整时间过程。就一个一定规模的水体而言，在一个时间点上，上述各群落阶段可同时出现在从水体中央到水体边缘的不同水域，即在距水体最深处的不同距离上，分布着不同阶段的群落环带。

3.2.3.5 影响群落演替的主要因素

生物群落演替是群落内部关系（包括种内、种间关系）与各种生态因子综合作用的结果。因此，生物和环境的各种特征都会影响群落演替。归纳起来，影响群落演替的因素主要有如下几种：

（1）植物的传播性和动物的活动性

植物的传播性和动物的活动性是群落演替的最基本的生物学条件，其影响在于，如果植物的传播性和动物的活动性差，群落的演替时间将更为漫长，各个演替阶段的物种丰富度将下降。

（2）种内和种间关系

生物群落内存在丰富的、不断调整变化的种内和种间关系，种内关系通常有利于种群扩大和强大，而种间关系则不然。通常，物种间的竞争是群落构成的重要决定因素，只有竞争能力强的种群才能得以充分发展并保留，而竞争能力弱的种群则逐步缩小自己的地盘，甚至被排挤到群落之外，这种过程，在群落达到发育盛期前，会反复出现。对动物而言，竞争就是直接的战争，而对植物而言，很多情况下，竞争的机制是他感作用，即植物通过向体外分泌化学物质对自身或其他植物产生影响。如，有学者在研究美国俄克拉荷马州的草原恢复演替时发现，向日葵群落很快被阿里斯迪达风毛菊群落所替代，其原因就是，向日葵的根系分泌物对自身的幼苗具有较强的抑制作用，而对阿里斯迪达风毛菊的幼苗不产生任何影响。

（3）群落环境

群落环境是由群落自身的生命活动创造并不断变化的。其影响在于，其在促进一些物种的定居、种群的发展时，也会造成另一些种群的衰退，甚至物种的消亡。如，杉木林被采伐后，迹地首先出现的是喜光的草本植物，其后，喜光的阔叶树种定居下来，并在草本层以上形成郁闭树冠，此时林下光照不足，喜光的草本植物被耐阴的草本植物所取代，当杉木超出阔叶树种并形成郁闭树冠时，喜光阔叶树种也逐渐消失。

（4）外界环境

群落外部环境条件（如气候、地貌、土壤和火等）是生物群落演替的重要动力，相比群落环境而言，外界环境变化对群落演替的影响更为剧烈、明显。如，2008 年的中国南方雪灾，造成 186000km^2 的森林的结构与功能发生改变，即耐寒的种类旺盛地发育，而不耐寒的种类受到抑制；同样是 2008 年，汶川地震摧毁了震区内 4950km^2 的森林、灌丛、草地、农田等生态系统，引发新一轮的全面演替。

（5）人类活动

人类生产、生活活动对群落演替具有巨大的影响。如，放火烧山、砍伐森林、过度放牧和开垦土地等活动均会中断原有的自然演替，从而引发大量的次生演替；而污水造成的水体富营养化加强，以及日益严重的水土流失，则会使湿地、沼泽陆地化加速，从而大大加快水体衰退的进程。

3.3 群落的组成

3.3.1 群落物种的种类

物种种类是决定群落性质的最重要的因素，也是鉴别不同群落的基本依据。

群落的物种种类须通过科学的野外调查获得。要查清一个群落的全部物种种类是非常困难的事情，通常，仅根据研究或工作的需要，重点查清群落中的能代表群落主要特征的特定类型的植物、动物、微生物种类。如，对森林植物群落，可重点调查乔木、灌木植物；对草原植物群落，可重点调查草本植物；对水生植物群落，可重点调查挺水、沉水植物；对陆生动物群落，可重点调查哺乳类动物、鸟类、昆虫；对水生动物群落，可重点调查游泳类、浮游类、着生类动物；对土壤微生物群落，可重点调查细菌、真菌、放线菌等。

物种种类调查的结果通常以群落物种名录呈现。

3.3.2 群落物种的种群

在调查物种种类的同时，可调查各物种的种群大小。种群的大小可以用多种指标描述。

3.3.2.1 种群的单一数量指标

(1)多度

多度(abundance)是指在群落中某物种的个体数目。它用来表示物种间个体数量的对比关系。

确定多度的方法通常有两种，一种是直接统计法，即“记名计算法”；另一种是目测估计法。记名计算法是直接清点种群的个体数目，此种方法一般用在对树木种类或详细的群落研究中。目测估计法是按预先确定的多度等级来估计种群的大小，此种方法常用在植物个体数量多而植物体型小的群落(如灌木、草本群落)调查研究中，或者用在概略性的调查研究中，我国多采用 Drude 的七级多度，具体表示如下：

Soc(Sociales)	极多，植物地上部分郁闭
Cop(Copiosae)3	很多
Cop2	多
Cop1	尚多
Sp(Sparsal)	少，数量不多而分散
Sol(Solitariae)	稀少，数量很少而稀疏
Un(Unicum)	个别(样地内某种植物只有 1 或 2 株)

(2)频度

频度(frequency)指某个物种在群落中出现的频率。即,将群落划分为一定数量的样方,某物种存在的样方数占总样方的百分比为该物种的频度。用公式表示如下：

$$频度=\frac{某物种存在的样方数}{总样方数}\times100\%$$

频度反映物种种群在群落中分布的均匀情况,在一定程度上也可以反映种群大小。

1934 年,丹麦学者拉恩基尔(C. Raunkiaer)在研究欧洲草原群落时,利用 0.1m² 的小样圆随机抛掷,记录每次投掷落地的小样圆内的所有植物种类,共记录到 8000 多种植物。然后,计算每种植物出现的次数与小样圆内所有植物总数之比,得到各个植物种类的频度 f;再把 $f\leqslant20\%$的植物种类归为 A 级,把 $20\%<f\leqslant40\%$者归为 B 级,把 $40\%<f\leqslant60\%$者归为 C 级,把 $60\%<f\leqslant80\%$者归为 D 级,把 $80\%<f\leqslant100\%$者归为 E 级。他发现,A 级的植物种类占 53%,B 级的占 14%,C 级的占 9%,D 级的占 8%,E 级的占 16%,五个频度级的关系为 A>E>B>C>D,并制作出标准频度图解(图 3.2)。这就是著名的拉恩基尔频度定律。

这个定律反映了稳定性较高而种类分布较均匀的群落的基本特征,即低频度种类数最多,远多于高频度种类数;高频度种类数次多;群落的均匀性与低频度种类数和高频度种类数的多少成正比,高频度种类数越多,群落的均匀性越大。

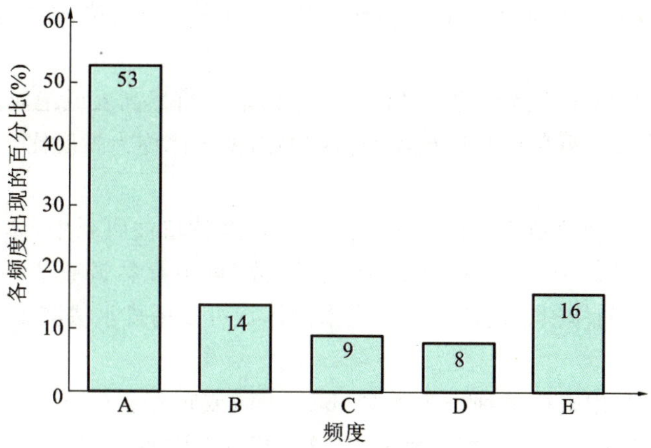

图 3.2 拉恩基尔标准频度图解

(3)密度

密度(density)指单位面积上的个体数,用公式表示为：

$$d=\frac{N}{S}$$

式中 d——密度;

N——样地内某物种的个体数目;

S——样地面积。

某物种的密度与群落中密度最高的物种的密度的百分比称为密度比;某物种的个体数占所有物种个体数的百分比称为相对密度。

(4)盖度

盖度(coverage)一般指投影盖度,又称郁闭度。盖度受植物的生物学特性,如分枝、叶面积等的影响,分枝多、叶面积大的物种,盖度大。

盖度分为种盖度、层盖度、总盖度。种盖度指某植物种群地上部分的垂直投影面积占群落占地面积的百分比;层盖度指与某物种处于同一高度层的所有植物种群的盖度,又称种组盖度;总盖度指全部植物种群的盖度。通常,总盖度小于种盖度、层盖度之和。

某物种的盖度与群落中盖度最高的物种的盖度的百分比,称为盖度比;某物种的种盖度占所有种盖度之和的百分比,称为相对盖度。

在森林群落中,不同的林冠郁闭度对下层的光照、温度、湿度等环境条件影响不同,从而影响到下层植物种类的组成和数量,进而影响群落盖度。例如,在马尾松林中,当林冠层郁闭度小于80%时,林冠层下光照充足,温度、湿度适宜,植物种类多,数量大,总盖度可能很高,此时,林冠层盖度对总盖度的贡献小;当林冠层郁闭度达90%以上时,林冠层下阴湿,植物种类和数量都少,总盖度下降,此时,林冠层的盖度对总盖度贡献大。

此外,将植物基部横截面积与群落占地面积之比称为基盖度,或纯盖度。对于草原群落,常以离地面3cm处的植物横截面积为计算依据,对于森林群落,则以树木齐人胸高(1.3m)处横截面积为计算依据,其中,乔木的基盖度也称为显著度(dominant)。

盖度常用目测法估计,如要获得较精确的数值,可用方格网法、样线法进行实测。

(5)高度

高度(height)是植物体体长的测量值。测量时取其自然高度或绝对高度。

某种植物的高度与群落中高度最高的植物的高度之比称为高度比。

(6)体积

体积(volume)是植物所占空间大小的度量。在森林植被研究中,体积是一个非常重要的指标。在森林经营中,通过断面积、树高、形数(可由森林调查表中查到)三者的乘积,计算出一株乔木的体积。而草本或小灌木的体积可以用排水法测定。

(7)重量

重量(weight)是用来衡量种群生物量(biomass)或现存量(standing crop)多少的指标,可分为鲜重与干重。在草原植被研究中,这一指标非常重要。

某一物种的重量占全部物种总重量的百分比称为相对重量。

3.3.2.2 种群的综合数量指标

(1)优势度

目前,对优势度的定义和计算方法尚无统一意见,有学者认为盖度和密度为优势度的度量指标,而有的认为优势度即盖度和多度的总和,还有的将优势度定义为重量、盖度和多度的乘积。

(2)重要值

重要值是从数量、频度、盖度统计出来的,为相对密度(density,%)、相对频度(frequency,%)、相对盖度(dominance,%)的总和,计算公式如下:

$$重要值=相对密度+相对频度+相对盖度$$

(3)综合优势比

综合优势比(summed dominance ratio,SDR)是由日本学者召田真等于1957年提出的一种综合数量指标。包括两因素综合优势比、三因素综合优势比、四因素综合优势比和五因素综合优势比四类。常用的为两因素综合优势比(SDR_2),即在盖度比、频度比、密度比、高度比和重量比这五项指标中任意取两项求其平均值再乘以100%,如SDR_2=(密度比+频度比)/2×100%。

由于动物具有运动能力,动物群落研究中多以数量或生物量为优势度指标,水生群落中的浮游生物,多以生物量为优势度指标。但一般来说,对于大型动物,以数量为指标易低估其作用,而以生物量为指标易高估其作用;相反,对于小型动物,以数量为指标易高估其作用,而以生物量为指标易低估其作用。如果能同时以数量和生物量为指标,并计算出变化率和能流,对其估计则比较可靠。

3.3.3 群落物种的种间关系

3.3.3.1 概述

种间关系(interspecies relationship)是指不同物种种群之间的相互作用所形成的关系。不同物种之间的相互关系可以是间接的,也可以是直接的,从性质上可以简单地分为两类:一种是对抗关系,即一个物种的个体直接杀死另一个物种的个体;一种是互利关系,即两个物种的个体互相帮助,相互依赖而生存。在这两个极端类型之间还存在着其他类型。如果用"+"表示有利,"—"表示有害,"0"表示既无利也无害,那么,不同物种之间的关系可以总结为表3.1。

表3.1 物种间相互作用的类型

种间关系类型	物种		主要特征
	1	2	
中性作用(neutralism)	0	0	彼此互不影响
竞争(competition)	—	—	相互有害
偏害作用(amensalism)	—	0	种群1受抑制,种群2无影响
捕食作用(predation)	+	—	种群1是捕食者,种群2是被食者
寄生作用(parasitism)	+	—	种群1是寄生者,种群2是寄主
偏利作用(commensalism)	+	0	种群1有利,种群2无影响
互利共生(mutualism)	+	+	彼此都有利

3.3.3.2 正相互作用

正相互作用包括偏利共生、互利共生和原始协作三类。

(1)偏利共生

偏利共生是指种间相互作用仅对一方有利,对另一方无影响。例如,地衣、苔藓附生在树皮上,但对附生植物种群无太大影响;兰花生长在乔木的枝上,使自己更易获得阳光。动物的例子也有很多,如某些海产哈贝的外套腔内共栖着豆蟹(Pinnotheres),它在那里偷食其宿主的残食和排泄物，但不构成对宿主的危害；藤壶附生在鲸鱼或螃蟹背上；鲫用其头顶上的吸盘吸附在鲨鱼腹部等。

(2)互利共生

互利共生是指两种生物长期共同生活在一起，相互有利，如果缺少一方便不能生存。例如，白蚁和其肠道内的超鞭毛虫(Tricho nympha)共生，白蚁靠超鞭毛虫来消化木质素，如果没有超鞭毛虫，白蚁就不能消化木质素。超鞭毛虫以白蚁吞入的木质作为食物和能量的来源，同时它分泌出能消化木质素的酶来协助白蚁消化食物。实验证明，人工除去白蚁肠道内的超鞭毛虫，白蚁就会饿死。又如，高等动物(反刍动物牛、羊等)与其胃中的微生物共生，才能消化不易分解的纤维素，微生物在帮助反刍动物消化食物的同时，自身又生存了下来。这种共生关系是生物在长期进化中形成的，有些生物是由两个物种共生形成的。例如，地衣是藻类和真菌的共生体，藻类进行光合作用，菌丝吸收水分和无机盐，两者结合，相互补充，共同形成统一的整体，生活在耐旱的环境中。菌根是真菌和高等植物根系的共生体，真菌从高等植物根中吸收碳水化合物和其他有机物，或利用其根系分泌物，而又供给高等植物氮素和矿物质，两者互利共生。

(3)原始协作

原始协作是指两生物相互作用，双方获利，但协作是松散的，分离后，双方仍能独立生存。例如，蟹背上的腔肠动物对蟹能起武装保护作用，而腔肠动物又可以利用蟹作为运输工具，从而在更大范围内获得食物。又如某些鸟类啄食有蹄类身上的体外寄生虫，而当食肉动物来临之际，又能为其报警，这对共同防御天敌十分有利。

3.3.3.3 负相互作用

负相互作用包括竞争、捕食作用、寄生作用和偏害作用等。

(1)竞争

竞争是指两种生物生活在一起时，一个物种对另一个物种的增长有抑制作用。发生竞争的两个物种大都具有相似的环境要求(食物、空间等)，它们为了争夺有限的食物和生存空间而进行竞争，大多不能长期共存。由于两者之间的生存斗争，迟早会导致竞争力稍差的物种部分灭亡或被取代。

苏联生态学家高斯(Gause)用两种分类上和生态上很接近的草履虫，即双小核草履虫(Paramecium aurelia)和大草履虫(P. caudatum)作为实验材料进行试验，他用一种杆菌(Bacillus)作为饲料。当单独培养时，两种草履虫都表现出典型的S型增长态势，但当把两种同时放在一起培养时，开始两种都有增长，双小核草履虫增长快一些，16d后，只有双小核草履虫生存，而大草履虫完全灭亡(图3.3)。这两种草履虫之间没有分泌有害物质，主要是因为一种增长快，一种增长慢，由于共同竞争食物而排挤掉了其中的一种，高斯在此研究的基础上，就形成了所谓的高斯假说(Gause's hypothesis)，或叫竞争排斥原理(principle of competitive exclusion)，即生态上接近的两个物种是不在同一地区生活的，如果在同一地区生活，往往在栖息地、食性、活动时间或其他方面有所不同。

植物之间也有竞争关系。S. L. Harper曾做了三对萍种的混合培养生长试验，结果是："浮萍＋紫萍"组合，在56d后浮萍衰弱，逐渐被紫萍取代；"囊萍＋紫萍"组合中，囊萍占优势，但紫萍能与其长期共存；"槐叶萍＋紫萍"组合中，槐叶萍占优势，但紫萍也能与

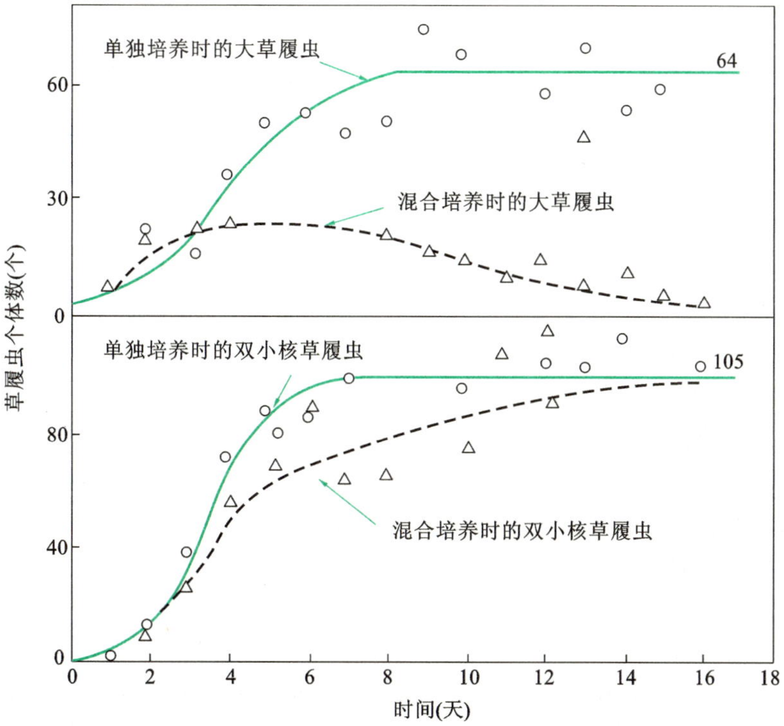

图 3.3 两种草履虫单独培养和混合培养时的种群动态

其长期共存。

第一种情况说明两者相互排斥，紫萍取胜。后两种情况是两种能长期共存，但有一种保持优势。囊萍和槐叶萍占优势，归功于这两个物种的生长型。囊萍之所以占优势是由于它的浮力比紫萍大(由于通气组织形成的浮力)，所以囊萍的子萍能在两个物种密集生长的萍体中保持较高的位置，不至于被紫萍遮阴；槐叶萍之所以占优势是由于新生的子萍可高出水面，而紫萍的新生子萍在水面上，因而紫萍被槐叶萍遮阴。

这说明，植物种群之间的竞争关系有时比动物更复杂，不仅是对资源和空间的直接竞争，也不仅取决于增长率，还与其本身的生长型和发育特性等因素有关。

(2)捕食作用

捕食作用是指一种生物吃掉另一种生物的过程。生态学中常用捕食者(predator)与猎物或被食者(prey)来表示。

不同生物种群之间存在的捕食关系，往往对被捕食种群的数量和质量起着重要的调节作用。例如，1905 年以前，美国亚利桑那州凯巴伯森林的黑尾鹿群的数量保持在 4000 头左右，这是美洲狮和狼的作用造成的平衡。为了发展鹿群，政府有组织地捕猎美洲狮和狼，鹿群数量开始上升，到 1918 年约为 40000 头；1925 年，鹿群数量达到最高峰，约有 10 万头。但由于连续 7 年的过度利用，草场极度退化，鹿群的食物短缺，导致鹿群数量猛降。

由于捕食者与猎物的关系是在长期的进化过程中形成的，所以捕食者只会作为自然选择的力量对猎物的质量起一定的调节作用，而不会将猎物捕食殆尽，被捕食的猎物一般是那些染病、衰弱以及超出环境容量的个体，因而实际上起到了维持被捕食者种群健康和繁荣的作用。例如，在波兰，渔民们曾担心水獭会把鱼类吃光，便大量捕猎水獭而使它们濒于灭绝，结果鱼类资源仍在不断减少。经研究发现，水獭主要吃病鱼（因病鱼容易被捕捉），保持了鱼类种群良好的卫生状况，而水獭被消灭引起了鱼类传染病的蔓延，导致鱼类大量死亡。

一些捕食关系成为农林业生产中用来防治害虫的生物手段。例如，利用七星瓢虫可以控制害虫的大量发生；用食草昆虫可清除杂草。

(3)寄生作用

寄生是指一个物种（寄生者）寄居在另一个物种（寄主）的体内或体表，从而摄取寄主养分以维持生活的现象。寄生在寄主体表的为体外寄生，寄生在寄主体内的为体内寄生。在寄生性种子植物中还可分为全寄生与半寄生。全寄生植物在寄主那里摄取全部营养，而半寄生植物只是从寄主那里摄取无机盐类。

在植物之间的相互关系中，寄生是一个重要方面。寄生物以寄主的身体为定居的场所，并靠吸收寄主的营养生活。因而寄生物使寄主的生长减弱，生物量和生产量降低，最后使寄主植物的养分耗尽，组织破坏而死亡。因此，寄生物对寄主的生长有抑制作用，而寄主对寄生物则有加速其生长的作用。

(4)偏害作用

偏害作用是指两种生物生活在一起时，一种受害，但对另一种没有影响。包括异种抑制和抗生作用。异种抑制一般指植物分泌一种能抑制其他植物生长的化学物质的现象，也称他感作用。例如，胡桃树（Juglans nigra）和苹果树不能种在一起，因为胡桃树能分泌一种叫作胡桃醌的物质，它对苹果树起毒害作用。一种菊科植物的叶片能分泌一种苯甲醛物质，对相邻的番茄、胡椒和玉米的生长有强烈的抑制作用。抗生作用是指一种微生物产生一种化学物质抑制另一种微生物的过程，如青霉素就是岛青霉所产生的一种细菌抑制剂，也常称为抗生素。

3.3.4 群落物种的多样性

生物多样性是指一定空间范围内各种各样的活有机体的变异性及其有规律地结合在一起的各种生态复合体的总称，包括基因多样性、物种多样性和生态系统多样性。在群落物种种类和物种种群调查的基础上，可从多角度研究物种多样性。

3.3.4.1 物种多样性的定义

1943 年，菲舍而（R. A. Fisher）等人最早提出物种多样性（species diversity）时，它指的是群落中物种的数目和每一物种的个体数目。目前，物种多样性主要有以下两个方面的含义：

(1)物种数或物种丰富度

物种数（number of species）或物种丰富度（species richness）指的是一个群落中物种数目的多寡。在报告物种数或物种丰富度时，需要说明面积，或多层次的森林群落所处的层次、径级等。

(2)物种均匀度

物种均匀度（species evenness）是指一个群落中全部物种个体数目的分配状况，是各种个体数量的比值。它反映的是各物种个体数目分配的均匀程度，通常，该比值越接近 1，群落的均匀度越高。例如，甲群落中有 100 个个体，其中 85 个为种 A，另外 15 个为种 B，乙群落中也有 100 个个体，但种 A、种 B 各占一半。那么，甲群落的均匀度就比乙群落低得多。

值得注意的是，目前在谈论物种多样性时，更多的仍是指物种数或物种丰富度，特别是保护生物学在大尺度上比较不同群落物种多样性时，因缺乏物种均匀度数据，往往只比较物种数或物种丰富度。

3.3.4.2 物种多样性指数

描述物种多样性的指数很多，一般可以分为 α 多样性指数、β 多样性指数和 γ 多样性指数三类。α 多样性指数是反映群落内部物种数和物种相对多度的一类指数，只具有数量特征而无方向性；β 多样性指数是反映群落物种组成沿群落内部或群落间的环境梯度的变化速率与范围，主要用以表明群落内或群落间环境异质性的大小对物种数和相对多度的影响；γ 多样性指数是指不同地理地带的群落间物种的更新替代速率，主要表明群落间环境异质性大小对物种数的影响。一般所论述的物种多样性指数多是 α 多样性指数，常用的有以下几种。

(1)物种丰富度指数

物种丰富度是最简单、最古老的物种多样性指数，至今仍为许多生态学家所应用。如果群落在时间和空间上是确定或可控的，则物种丰富度会提供非常有用的信息。目前比较常用的有 2 个。

①格里森指数(gleason index)

$$D=\frac{S}{\ln A}$$

式中 A——单位面积；

S——群落中的物种数目。

②马加利福指数(margalef index)

$$D=\frac{S-1}{\ln N}$$

式中 S——群落中的物种数目；

N——调查样方中观察到的个体总数(随样本大小而增减)。

(2)物种多样性指数

物种多样性指数(diversity index)是反映物种丰富度和均匀性的综合性指标。常用的有 2 个。

①辛普森多样性指数(simpson's diversity index)

1949 年，辛普森发现：加拿大北部寒带森林中，随机取两株树，属于同一个物种的概率很高，而在热带雨林随机取样，两株树属于同一物种的概率很低。从这个关于概率的问题出发，辛普森创立了"辛普森多样性指数"。

辛普森多样性指数＝随机取样的两个个体不属于同一物种的概率
＝1－随机取样的两个个体属于同一物种的概率

设：种 i 的个体数占群落中总个体数的比例为 P_i，那么，随机取中种 i 两个个体的联合概率为 $P_i \times P_i$ 或 P_i^2。如果将群落中全部物种的概率加起来，就有：

$$D = 1 - \sum_{i=1}^{S} P_i^2$$

式中 D——辛普森多样性指数；

S——物种数目；

P_i——种 i 的个体数占群落中总个体数的比例。

把 $P_i = N_i/N$ 代入上式，得：

$$D = 1 - \sum_{i=1}^{S} \left(\frac{N_i}{N}\right)^2$$

式中 N_i——种 i 的个体数；

N——群落中全部物种的个体数。

例如，甲群落中有 A、B 两个物种，它们的个体数分别为 85 和 15，乙群落中也只有 A、B 两个物种，它们的个体数均为 50，按辛普森多样性指数公式，计算得到甲、乙群落多样性指数分别为：

$$D_{甲} = 1 - [(85/100)^2 + (15/100)^2] = 0.2550$$

$$D_{乙} = 1 - [(50/100)^2 + (50/100)^2] = 0.5000$$

即乙群落的多样性指数高于甲群落。很明显，两个群落的丰富度一样，但均匀度不同，均匀度高的多样性指数高。

②香农-威纳多样性指数(shannon-weaver index)

信息论中熵的公式用来表示信息的紊乱和不确定程度，若用来描述物种个体出现的紊乱和不确定性，就得到香农-威纳多样性指数，其计算公式为：

$$H = -\sum_{i=1}^{S} P_i \log_2 P_i$$

式中 H——信息量，即物种的多样性指数；

S——物种数目；

P_i——种 i 的个体数占全部个体数的比例，对数的底取 2、e 和 10 时，对应的信息量单位分别为 nit、bit 和 dit。

若仍以上述甲、乙两群落的数据为例，则甲、乙群落的多样性指数分别为：

$$H_{甲} = -(0.85 \times \log_2 0.85 + 0.15 \times \log_2 0.15) = 0.277\text{nit}$$

$$H_{乙} = -(0.5 \times \log_2 0.5 + 0.5 \times \log_2 0.5) = 1\text{nit}$$

即乙群落的多样性指数比甲群落高，这一结果与用辛普森多样性指数计算的结果是一致的。

香农-威纳多样性指数中包含两个因素：一个是种类数目，即丰富度，种类数目愈多，群落物种多样性指数愈高；另一个是物种个体分配的均匀性，物种个体分配越均匀，多样性指数也越高。

(3)物种均匀度指数

1969 年，皮耶罗(Pielou)在香农-威纳多样性指数的基础上提出均匀度的定义，即均匀度 J 为群落的实测多样性指数 H 与最大多样性指数 H_{max} 之比，也称皮耶罗均匀度指数(pielou evenness index)。用公式表示为：

$$J = \frac{H}{H_{\max}}$$

据香农-威纳多样性指数可知，当 S 个物种的每一种只有一个个体，即 $P_i = \frac{1}{S}$ 时，信息量最大，故：

$$\begin{aligned} H_{\max} &= -\sum_{i=1}^{S} \frac{1}{S} \log_2 \frac{1}{S} \\ &= \log_2 S \end{aligned}$$

于是，群落的均匀度为：

$$J = \frac{H}{\log_2 S}$$

式中　H——信息量，即物种的多样性指数；

　　S——物种的数目。

3.3.4.3　物种多样性在时空上的变化规律及影响因素

(1)群落物种多样性在时空上的变化规律

大量研究表明，在群落演替的早期，随着演替的进展，物种多样性增加；在群落演替的后期，当群落中出现非常强的优势物种时，多样性会降低。

随着纬度的增加，生物群落的物种多样性有逐渐减少的趋势。如北半球从南到北，随着纬度的增加，植物群落依次为热带雨林、亚热带常绿阔叶林、温带落叶阔叶林、寒温带针叶林、寒带苔原，物种丰富度和多样性逐渐降低。

随着海拔的升高，生物群落表现出明显的垂直地带性分布规律，在大多数情况下，物种多样性与海拔高度成负相关关系，即随着海拔高度的升高，群落物种多样性逐渐降低。如喜马拉雅山维管植物物种多样性的变化，就表现出这样的规律。

此外，海洋和淡水水体的物种多样性也有随深度增加而降低的趋势。

(2)造成群落物种多样性梯度性变化的原因

造成群落物种多样性梯度性变化的原因，可以归纳为以下几个方面：

①时间。时间的意义在于提供群落物种多样性梯度性变化的机会。时间可以分为两个等级：进化时间等级和生态时间等级。进化时间等级考虑的是更长的时间尺度，可以跨越数百甚至数千个生物世代。而生态时间等级考虑的是更短的时间尺度，一般跨越数个或数十个生物世代。

通常，如果进化时间长，则古老物种多，期间，如灾害性气候变化(如冰期)影响小，则物种损失少、均匀度高，故群落的物种多样性较高；相反，则群落的物种多样性较低，热带、温带和极地群落的物种多样性变化即如此。如果生态时间长，则物种有更多机会克服障碍(如高山、江河等)，从多样性高的区域扩展到多样性低的区域。

②气候稳定性。诸多环境要素综合表现为气候，是造成群落物种多样性梯度性变化的主要外部因素，气候越稳定，动植物种类越多。其中，有两种重要的机理。其一，稳定的气候提供更多表达自然选择的适应性的机会，如生物进化年代，热带的气候最稳定，使得那里除了广适性的物种外，还出现了大量狭生态位和特化的种类，物种多样性很高；而在温带地区，气候不稳定，自然选择仅保留了广适应性的生物，因此，温带地区比热带地区的物种多

样性低。其二，稳定的气候提供了更高的生产力资源，即一方面有利于动植物的生产，另一方面可以减少动植物用于调整适应环境的能量消耗，从而维持和提高群落的当前生产力，以支持更多的物种种群，最终得到更高的物种多样性。例如，热带森林不仅鸟类较温带的多，而且有许多食谱简单的鸟，如只吃浆果类的鸟，只吃爬行类的鸟，只吃蚁类的鸟等，就是因为热带森林有更丰富的食物来源和营养生态位，保证了有效的生存途径。

③空间异质性。环境的异质性，通常指群落环境内的生境类型分异，而生境类型越多，越适宜于更多动植物种类栖息生长，物种多样性也就越高。从高纬度的寒带到低纬度的热带即是如此，如辛普森（Simpson，1964）发现，从加拿大北部到巴拿马地峡，每150mile^2 的方格内的哺乳动物种类数目，由 15 种增加到 150 种以上。在狭窄纬度带内地形异质的影响也是如此，如从美国西部地形异质高的西部山区到环境较均匀的东部，每方格哺乳动物种类由 90～120 种下降到 50～75 种。

④竞争。在物理环境比较严酷的地方，如极地和温带，物种多样性主要受物理因素控制，但在气候温暖而稳定的热带地方，竞争则成为物种进化和生态位分化的主要动力。由于竞争，植物的生境、动物的食物均受到限制，导致动植物具有较高的进化特征而占用较窄的生态位，因此，在同样大的空间内，热带比温带有更多的物种。

⑤捕食。捕食是竞争的表现形式之一，但其意义不仅仅是影响捕食者和被捕食者种群，对群落物种多样性也有积极作用。派尼（Paine）认为，热带地区的物种多样性比别的地区高，其原因是，热带地区的捕食者比其他地区多，捕食者将被捕食者的种群数量压到较低水平，从而减轻了被捕食者的种间竞争，允许更多的被捕食者物种的共存，较丰富的被捕食者种数支持了更多的捕食者种类，从而保持和提高了物种多样性。捕食者可以促进物种多样性的提高适用于任一营养级。派尼在具岩石底的潮间带去除了顶极捕食动物，使物种由 15 种降为 8 种，用实验证实了捕食者对维持群落物种多样性的作用；中国三江源地区顶级捕食者鹰和蛇的减少导致鼠害猖獗、草场退化也佐证了这个规律。

3.3.5 群落物种的地位

群落的每一个物种对群落都是不可或缺的，源于每一个物种在群落中发挥各自的作用，即具有各自的地位，而这种作用与其种群特征密切相关。

3.3.5.1 优势种和建群种

优势种（dominant species）是指对群落结构和群落环境的形成有明显控制作用的植物种。群落的物种是有层次的，每个层次中都有各自的优势种，建群种（constructive species）是指优势层的优势种。它们的特征通常是个体数量多、投影盖度大、生物量大、生活能力较强。在南亚热带的马尾松林中，乔木层中马尾松占优势，灌木层中石栎幼树为优势种，而草本层以铁芒箕为主，因乔木层占优势，则马尾松为建群种；在热带稀树草原中，乔木虽然增加了群落的层次，但草本是草原群落环境的主要控制者，所以草本层是优势层，其中的优势种为建群种。

群落中的建群种不一定只有一个，有时可以是多个。只有一个建群种的群落，称为单优种群落，有两个或两个以上同等重要的建群种的群落，称为共优种群落或共建种群落。一般来说，热带雨林属于共建种群落，单优种群落则多出现在北方森林和草原。

3.3.5.2 亚优势种

亚优势种(subdominant species)指个体数量仅次于优势种，对决定群落性质和控制群落环境起辅助作用的植物种。如亚热带马尾松林中的樟树和热带雨林中的红鳞蒲桃。另外，也常把复层群落中居于亚层的优势种称为亚优势种。

3.3.5.3 伴生种

伴生种(companion species)是指群落常与建群种相伴存在但对决定群落性质和控制群落环境作用较小的植物种，如马尾松林中的九节木、大青等。

3.3.5.4 偶见种(罕见种)

偶见种指在群落中个体数量稀少，出现频率很低的植物种，它们多为衰退中的残遗种，也可能是偶然地带入或入侵的植物种。偶见种可作为地方性特征种来看待，具有生态指示意义。

通常，除去优势种，势必影响群落结构性质、导致群落环境变化，但去除非优势种，群落的结构和群落环境不会产生显著变化。因此，保护珍稀濒危植物时，只单纯地对其进行保护，而不同时保护建群植物和各层优势植物，是难以持续有效保护的，只有通过保护建群植物和各层优势植物，才既可达到保护目的，又能获得更多的生态和生产效益。

3.4 群落的外貌

外貌即外表容貌，也称相，包括廓型、线条、疏密、色彩等考察角度。群落的外貌即指群落的外表容貌。群落的外貌是识别与鉴定群落类型的基本依据。如森林群落、草原群落、荒漠群落等，都是首先根据外貌识别与区分的。就森林而言，针叶林、夏绿阔叶林、常绿阔叶林和热带雨林等，其外貌也是定型的依据之一。

群落是特定时空中的物种集合，所以，决定群落外貌的主要因素是环境和群落生物的外貌特征。目前，对群落植物的外貌研究比较成熟的主要涉及群落的植物生活型、群落的季节表现等。

3.4.1 生活型

3.4.1.1 生活型概述

生活型(life form)指生物对外界环境适应的外部表现。

生物的生活型可以从生物外部表现的各个角度去考察，形成很多植物生活型分类系统，如从植物有无木质主干茎的角度(木本、草本)、木本植物主干茎高矮的角度(大乔木、中乔木、小乔木)、植物叶型的角度(针叶、阔叶)、植物休眠芽或复苏芽位置的角度、植物叶面积的角度等。因此，每种生物有多种生活型定位，每种生活型类型中包含不同系统分类地位的生物。

3.4.1.2 拉恩基尔休眠芽生活型分类系统

在植物生活型分类系统中，最著名、应用最广泛的是丹麦生态学家拉恩基尔的休眠芽生活型分类系统。

(1)休眠芽生活型分类

拉恩基尔以植物的休眠或复苏芽所处位置的高低和保护方式为划分生活型的依据，把高等植物划分为五种生活型类群。

①高位芽植物(phanerophytes)。指休眠芽位于距地面25cm以上的植物，又可分为四个亚类，即大高位芽植物(休眠芽距地面高度＞30m)、中高位芽植物(休眠芽距地面高度8～30m)、小高位芽植物(休眠芽距地面高度2～8m)与矮高位芽植物(休眠芽距地面高度25cm～2m)。从高大乔木到小灌木多属此类。

②地上芽植物(chamaephytes)。指更新芽位于土壤表面之上，距地面高度25cm之下的植物。如一些小灌木、匍匐茎植物。

③地面芽植物(hemicryptophytes)。指更新芽位于近地面土层内，冬季地上部分全枯死的植物，又称半隐芽植物或浅地下芽植物。如多年生草本植物。

④隐芽植物(cryptophytes)。指更新芽位于较深的土层中或水中的植物，又称地下芽植物。如根茎类植物、鳞茎类植物、块茎类植物、一些多年生草本植物和一些水生植物。

⑤一年生植物(therophytes)。指在一个生育期间内完成其生活周期并以种子状态度过不利于生活的冬季和干旱期的植物。

(2)生活型谱

①生活型谱的概念。生活型植物百分比为该型的植物种数占群落全部植物种数的百分比，生活型谱即为各生活型植物百分比的罗列。

②拉恩基尔休眠芽生活型谱。拉恩基尔从全球植物中任意抽取1000种种子植物，分别计算上述五种生活型的百分比，其结果为：高位芽植物(Ph.)46%，地上芽植物(Ch.)9%，地面芽植物(H.)26%，隐芽植物(Cr.)6%，一年生植物(Th.)13%。

③生活型谱的指示作用。生活型谱是群落适应环境的结果，不同环境的群落有相对稳定的生活型谱，详见表3.2，因此，生活型谱可以指示群落所处环境的特点，尤其是对生物有重要作用的气候特点。一般来说，高位芽植物占优势的，如热带雨林、常绿阔叶林群落，反映群落所在地在植物生长季节温热多湿；地面芽植物占优势的，如温带针叶林、落叶林群落，反映群落所在地具有较长的严寒季节；地下芽植物占优势的，如我国长白山寒温带暗针叶林，反映群落所在地环境比较湿冷；一年生植物占优势的，如我国东北温带草原，则反映群落所在地气候干旱。

表3.2 我国几种群落类型的生活型谱(%)

群落类型	生活型				
	Ph.	Ch.	H.	Cr.	Th.
海南岛热带雨林	97.5	0.9	0.6	1.0	0
福建和溪南亚热带季风常绿阔叶林	63.0	5.0	12.0	6.0	14.0
浙江中亚热带常绿阔叶林	76.1	1.0	13.1	7.8	2.0

续表 3.2

群落类型	生活型				
	Ph.	Ch.	H.	Cr.	Th.
秦岭北坡暖温带落叶阔叶林	52.0	5.0	38.0	3.7	1.3
长白山寒温带暗针叶林	25.6	4.6	39.8	26.6	3.4
东北温带草原	3.6	2.0	42.0	19.0	33.4

3.4.1.3 拉恩基尔叶面积生活型分类系统

叶片是植物最重要的营养器官，叶面积(叶级)、叶型、叶质(质地)和叶缘等都是植物生活型的研究对象，研究最多的是叶面积。目前，普遍运用的是拉恩基尔叶面积生活型分类系统。

(1)叶面积生活型分类

拉恩基尔以 $25mm^2$ 为最低一级，按以后各级均比前一级大 9 倍的关系，把植物叶片划分为 6 个叶面积生活型，即：

鳞叶型：叶面积为 $25mm^2$，如柏树等。

微叶型：叶面积为 $225mm^2$，如野丁香、滇油杉、油杉等。

小叶型：叶面积为 $2025mm^2$，如干檀香等。

中叶型：叶面积为 $18225mm^2$，如大叶栎、麻栎等。

大叶型：叶面积为 $164025mm^2$，如野姜、美人蕉等。

巨叶型：叶面积为 $164025mm^2$ 以上，如香蕉、芭蕉等。

(2)生活型谱

根据与休眠芽系统同样的思路，可以制作群落的拉恩基尔叶面积生活型谱，又称叶级谱。

(3)叶面积指数

拉恩基尔进一步提出了叶面积指数(leaf area index)的概念，即：单位土地面积上的总植物叶面积。

(4)叶级谱与叶面积指数的运用

与休眠芽生活型谱一样，叶级谱与叶面积指数具有指示环境特点的作用，此外，其更多地应用于群落生产力的研究。

3.4.1.4 生活型与层片理论

(1)层片理论概述

1918 年，瑞典植物学家吉姆斯(H. Gams)提出了群落层片概念，建立了三级层片的群落结构理论，即群落的第一级层片是同种个体的组合，第二级层片是同一生活型不同植物的组合，第三级层片是不同生活型的不同种类植物的组合。

(2)层片理论的意义

考虑到第一级层片就是种群，第三级层片就是群落，吉姆斯层片理论的重要性在于明确构建了介于种群和群落之间的同一生活型不同植物组合的层片，凸显了生活型的地位和价值。因此，一般情况下，当讨论层片时，主要就是讨论生活型的问题。

(3)层片的特征

①同一个生活型的足够数量的有一定联系的植物构成一个层片；

②每一层片具有独特的内部环境；

③每一层片占据一定的空间和时间；

④占优势的层片外貌决定群落的外貌。

此外，显而易见的是，层片不同于通常的机械分层，通常的机械分层往往包括多个层片。如常绿夏绿阔叶混交林及针阔混交林等森林均可机械地划分为林冠、林中、林下、地被层，但从层片角度看，常绿夏绿阔叶混交林林冠层中包含常绿、夏绿两个层片，针阔混交林林冠层中包含针叶、阔叶两个层片。

3.4.2 季相

3.4.2.1 季相的概念

群落的外貌是处于不断变化之中的。在气候、地质灾害、人为干扰等不同动力推动下的群落外貌变化，其过程、结果、规律各不相同。群落对应季节的外貌称为季相。群落的季相随季节的交替而变化称为季相更替。

3.4.2.2 季相更替的类型

(1)模糊型

由于季节变化不明显，乔木层终年常绿，低纬度地带的热带、亚热带常绿阔叶林的季相更替不明显。

(2)分明型

①两季型。由于干、湿分明，季雨林呈现出明显的两季季相更替；由于冬、夏分明，极地地带也呈现出两季季相更替。

②四季型。由于四季分明，温带地区的群落往往呈现出四季变化。如，在温带草原，早春，植物开始发芽、生长；夏季，植物生长茂盛，百花盛开；秋末，植物开始干枯、休眠；冬季，植物全部枯黄。

事实上，季相并非严格意义上的季节性外貌，由于环境条件复杂多样，特别是受水热条件的影响，群落在一个季节当中也可能出现差异巨大的外貌变化，即一年中，群落可能出现四个以上的季相。

3.5 群落内部结构

结构，指组成整体的各组成部分的搭配和安排。群落结构包括种群的垂直格局、水平格局和时间格局。

3.5.1　群落的垂直格局

3.5.1.1　垂直格局的概念

群落各种群在垂直方向的分布特征，称为垂直格局。群落垂直格局的主要表现是群落种群的分层现象。垂直格局的根源是不同种群对生活资源，特别是光、水、食物条件的竞争适应。

3.5.1.2　典型群落的垂直格局

群落的分层现象普遍存在于陆地植物群落、水生植物群落和动物群落。

(1)陆地植物群落的垂直格局

①分层方法。严格地讲，群落的分层根据植物的休眠芽生活型谱确定，即不同休眠芽生活型植物占据不同的高度。实际处理中，往往将不同休眠芽生活型植物的幼苗归入其实际所逗留的层中，把藤本、攀缘植物(称层间植物，也称层外植物)和不同休眠芽生活型植物上的藻类、地衣、苔藓也归入其实际所逗留的层中。

②基本规律。森林中，热带森林的成层结构最为复杂，即层次最多；温带夏绿阔叶林的成层现象最为明显；寒温带针叶林的成层结构最简单。草原中，一般只分草本层、地表层和根系层三层。地下生物量主要受水因子制约，中生环境中，植物群落的地下成层与地上成层成“镜像”，即：位于地上高层的植物根系在地下扎得深，地下生物量集中在表土层；旱生环境中或气候干旱时，植物根系扎得深，地下生物量增加。

(2)水生植物群落的垂直格局

水生植物群落也有分层现象，其分层主要取决于光照、水温和溶解氧等的垂直分布情况。一般情况下，一个层次性很好的湖泊生物群落自上到下可以分为：循环性比较强的表水层(浮游生物活动的主要场所，光合作用也主要在这里进行)，水温变化较大的斜温层，水温变化小、密度最大的静水层，底泥层(动物、植物残体的腐败和分解过程主要发生在这一层)。

(3)动物群落的垂直格局

动物也有分层现象，其分层主要与食物有关。例如，在我国珠穆朗玛峰的河谷森林群落中，活动于森林最上层的是主要以滇藏方枝柏的种子为食的白翅拟蜡嘴雀，处于森林中层的是煤山雀、黄腰柳莺和橙胸鹟，而位于森林底层的是以地面苔藓和昆虫为食的血雉和棕尾红雉。应该指出，许多动物可同时利用几个不同的层次，但总有一个最喜好的层次。

3.5.1.3　垂直格局的意义

①有利于维持群落生产力。森林中，从树冠到地面依次为林冠层、下木层、灌木层、草本层和地表层，如果林冠层发达，则木材产量高，若林冠层比较稀疏，就会有更多阳光照射到森林的下层，下木层和灌木层的植物就会发育得更好，简言之，分层越多，群落的生产力越稳定。

②有利于保护生态环境和污染治理。群落成层性好、层次多，可缓冲雨水的冲刷，减少水土流失；多层次、多样性的植物，可具备更多的净化大气污染物的功能和提高消减噪

声污染的能力。

3.5.2 群落的水平格局

3.5.2.1 水平格局的概念与表现

(1)概念

群落内各种群在水平方向上的配置,称为群落的水平格局。

(2)表现

陆地群落的水平格局主要是由植物分布格局决定的。通常,群落植物不是均匀分布的,大多数是成群分布,且各个分布群的物种不一。在森林中,林下阴暗的地方是一些植物形成的小型组合,而林下较明亮的地方是另外一些植物形成的小型组合。在并不形成郁闭植被的草原群落,相互分离的禾本科密草丛中有与其伴生的少量其他植物,而草丛之间的地带,则由其他杂草和双子叶杂草所占据。群落内部的这种小型组合称为小群落(microcoenosis),而小群落的存在使群落整体在平面上表现为斑块相间,也称为镶嵌。这是群落水平格局的基本表现。

3.5.2.2 形成群落水平格局的主要原因

(1)植物群落基质环境的不均匀和食物的不均匀

土壤的物理性质、化学性质、水分条件是影响植物分布的主要环境因素。植物种群只能生长在适宜的地块上,并形成相对高密度集团。例如,在内蒙古草原上,常出现以锦鸡儿灌丛为基础的小群落,因为锦鸡儿灌丛聚积细土、枯枝落叶和雪,因而使其内部具有较好的水分和养分条件,形成一个局部优越的小环境,为其他物种入住创造了条件。而植物的不均匀,必然导致动物分布的不均匀,表现为斑块分布。

(2)物种的扩散习性

靠风力传播或鸟兽传播的种子植物可能散布得很远,但种子成熟后直接撒落在母株周围或较明显地靠根茎繁殖的植物,就会在其亲代周围形成群聚状植物团块。对于昆虫而言,由于产卵环境的特化,有卵孵化出来的幼体经常集中在一些较适宜于生长的生境中。

3.5.3 群落的时间格局

群落各种群在时间上的配置,称为群落的时间格局。它包含两个方面,一是群落演替过程中表现出的种群组成上的时间格局,二是群落中既有物种随年季昼夜节律表现出的种群活动上的时间格局。后者以动物的表现更为明显。例如,在湖泊浮游生物群落中,白天,当淡水藻类在阳光照射下在水的表面进行光合作用时,许多浮游动物沉到水的深处;夜晚,这些浮游动物洄游到水的上层来吃浮游植物或彼此互相为食;当太阳再升起时,它们又下沉到底层。又如,在夏日的亚热带森林中,黎明时,画眉、黄莺、杜鹃、小蠓、粉虱、野兔等开始出来活动;太阳升起后,蜻蜓、蜜蜂、蝴蝶、金花虫、蜘蛛、瓢虫、松鼠、老鹰、燕子开始觅食;傍晚,蛇、螃蟹、猫头鹰、老鼠以及各种蛾类昆虫等开始觅食、交配活动。

3.6 群落间结构

群落间结构指不同群落之间的组成成分的搭配和安排。自然条件下，群落与群落之间是没有刚性的界限的，而是以过渡地带相连，这种过渡地带称为群落交错区(ecotone)，又称生态过渡带或生态交错区。因此，群落间结构即指群落交错区的结构。

群落交错区形状受地形、土壤、气候和人为因子影响。如，崖上森林与崖下湖泊之间以崖壁过渡，称为断裂边缘，森林与草原以有林草地过渡，称为镶嵌状边缘。

群落交错区的非生物条件与被连接的群落的核心区域的非生物条件明显不同，尤其是大规模群落，这种差异特别突出。例如，作为森林与草原之间的过渡地带的森林草原，因风大、蒸发强，较森林内部干燥；对北森林南草原的森林草原来说，由于南向日照长度比北向日照长度长，所以，这类森林草原更加干燥。

群落交错区的生物种类通常包含被连接群落的已有物种以及群落交错区特有的物种，后者称为边缘种。形成这种物种构成现象的原因是，交错区内的环境与被连接群落的环境异质，为被连接群落所没有的植物定居提供了条件，进而吸引相应动物定居。推而广之，在群落交错区内，物种种类和种群密度等与被连接群落相比有较大变化的现象称为边缘效应(edge effect)。这种变化可能是物种种类和种群密度增加。要实现这种增加性边缘效应，必须具备以下几个条件：第一，交错区和被连接群落各自具有一定的面积，以维持环境异质性；第二，被连接群落的渗透力大致相当，以形成稳定的过渡带；第三，具有适应交错区生长的生物种类。在高度遭受干扰的过渡地带和人类创造的临时性过渡地带，由于生态位简单、生物群落适宜度低及种类单一可能发生近亲繁殖，增加性边缘效应不易发生。

群落交错区主要有如下功能：一是通道作用，为被连接群落之间的能量、物质、信息沟通提供通道；二是过滤作用，在允许被连接群落的某些组分通过的同时，阻滞另一些组分通过；三是源的作用，为被连接群落提供物质、能量和生物物种；四是库的作用，吸收、积累被连接群落输出的物质、能量和生物物种；五是栖息地作用，为边缘物种提供专属栖息地。

【讨论】

练习

1. 什么是生物群落？生物群落有何基本特征？
2. 举例说明生物群落具有形成群落环境的功能。
3. 群落形成需经历哪些阶段？每个发育阶段有何特征？
4. 群落演替与波动有何区别？影响群落演替的主要因素有哪些？
5. 如何确定一个生物群落中的优势种和建群种？
6. 物种多样性在不同生境有何变化趋势？影响物种多样性的因素有哪些？
7. 举例说明生物群落的垂直结构和水平结构。
8. 什么是群落交错区？什么是边缘效应？形成边缘效应必须满足的条件是什么？

9.如何运用生物群落的边缘效应原理来提高生产和环境保护效率？

【试验、实训建议项目】

一、植物群落数量特征抽样调查

为了描述群落特征，比较群落差异及进行群落分类，必须研究不同种群的数量关系，进行群落数量特征调查。

由于精力和财力有限，不可能对全部野外对象进行研究，只能选取一些具有代表性的地段作为样本，从样本分析得到对总体的推断。

在森林、灌丛、草地的抽样研究中常使用距离法。距离法根据具体的操作方法可以分为：

①中心点四分法：测定随机点到每个象限内的每种植物最近个体的距离。

②最近个体法：测定随机点到每种植物最近个体的距离。

③随机成对法：测定随机点到两边每种植物两个相对个体的距离。

④邻近法：测定每种植物的随机个体到最近同种个体的距离。

上述四种方法中，用得最多的是中心点四分法和随机成对法。本实训采用的是中心点四分法。

(一)实训目标

①学习利用抽样方法进行植物群落数量特征的野外调查。

②掌握植物群落数量特征的抽样调查与分析方法。

③加深对调查地区植物群落的种类构成特征、分布规律以及群落与环境的相互关系的认识。

④提高从事生态学野外调查工作的能力。

⑤培养学生的团体协作精神。

(二)选择实训场所

根据不同地区特点，选择适应的自然群落(如草原、灌丛、森林等)进行调查。

(三)实训形式

以小组为单位，在教师的指导下进行调查，并做好记录。

(四)实训备品与材料

田字架(边长1m)、钢卷尺(2m)、调查表、铅笔、橡皮、计算器、记录夹，记录表格。

(五)实训内容与方法

①在群落的典型地段上，随机确定10个样点。

②每两个学生一组，实施调查。

③将田字架的中心与任一随机样点重合，构成以随机样点为中心，田字架四边为数轴的直角坐标系。

④每一象限内，找到每种植物最靠近中心点的个体，测定该个体到中心点的距离、基面积(或覆盖面积)。

⑤重复步骤③、④，做完10个随机样点上的测定。

(六)注意事项

观察要仔细、认真，实事求是。

(七)实训报告要求

①整理、汇总各样点的调查资料,记入表3.3。

②计算群落数量特征值,记入表3.4。

(八)讨论

①比较各物种的优势度。

②影响物种组成及其数量特征的主要因素是什么?

表3.3 中心点四分法调查表

种名	有该种的随机样点数	该种的个体数	该种的总覆盖面积	该种的株距	该种的平均优势度

表3.4 中心点四分法群落数量特征值计算表

种名	密度	相对密度	优势度	相对优势度	频度	相对频度	重要值

二、群落的物种多样性测定

物种多样性是指物种水平上的生物多样性,是群落组织水平独特的、可以测定的生态学特征之一,反映了群落的稳定性和生产力。

本实训主要练习两种最常用和最著名的多样性指数,即Simpson和Shanon-Wiener指数的测定。

(一)实训目标

①进一步认识群落物种多样性与群落结构的关系。

②掌握两种多样性指数的测定方法。

③提高从事生态学野外调查工作的能力。

④培养学生的团体协作精神。

(二)实训场所

根据各地区的特点，选择适宜的植物群落(如草原、森林、灌丛等)地段进行抽样调查。

(三)实训形式

以小组为单位，在教师的指导下进行调查，并做好记录。

(四)实训备品与材料

$1m^2$ 样方框、铅笔、计算器。

(五)实训内容与方法

①每 2 名学生一组，在选定的群落里，测定样方中的种数及每种个体数。样方随机放置，重复取样 10 次。

②按群落类型整理数据并分别计算各群落的 Simpson 和 Shanon-Wiener 指数，将计算结果记入表 3.5。

(六)注意事项

观察要仔细、认真，实事求是。

(七)实训报告要求

①整理、汇总各样点的调查资料，记入表 3.5。

②计算群落的 Simpson 和 Shanon-Wiener 指数，记入表 3.5。

表 3.5 ________群落物种多样性记录计算表

植物种名	各样点中物种数量									
	1	2	3	4	5	6	7	8	9	10
Simpson 指数										
Shanon-Wiener 指数										

（八）讨论

比较不同群落的个体数量和物种多样性指数，分析群落物种多样性与环境的关系。

（九）附：Simpson 和 Shanon-Wiener 多样性指数计算公式

$$D = 1 - \sum_{i=1}^{S} \left(\frac{N_i}{N}\right)^2$$

式中　D——Simpson 多样性指数；

N_i——种 i 的个体数；

S——样地中生物种类数；

N——群落中全部物种的个体数。

$$H = -\sum_{i=1}^{S} \left(\frac{n_i}{N}\right) \log_2 \left(\frac{n_i}{N}\right)$$

式中　H——Shanon-Wiener 多样性指数；

n_i——种 i 的个体数；

S——样地中生物种类数；

N——群落中全部物种的个体数。

4 生态系统理论

本章提要

【教学目标要求】

1. 掌握生态系统的概念；了解生态系统的范围、生态系统概念的发展。

2. 掌握生态系统的组成，生产者、消费者、分解者的概念，食物链的概念及类型；熟悉生产者、消费者及分解者在生态系统中的作用；了解生态系统的结构、特征。

3. 掌握生态系统信息联系的类型以及初级生产、次级生产、生态效率、食物链浓集效应的概念。

4. 熟悉生态系统中能量流动的路径、能量流动的特点；了解生态系统的能量来源。

5. 了解生物有机体的生命与化学元素的关系、生物地球化学循环的概念；熟悉水循环、碳循环、氮循环和磷循环的过程；了解人类对水循环、氮循环的影响及环境效应。

6. 了解生态系统中信息传递的过程。

7. 掌握衡量生态平衡的要素以及正反馈、负反馈、生态平衡的概念；了解生态系统的稳定性、生态平衡失调及其原因。

【教学重点、难点】

1. 生态系统的概念，生态系统的组成，生产者、消费者及分解者的概念及作用，食物链的概念及类型，生态系统中能量流动的路径、能量流动的特点，人类对水循环、氮循环的影响及环境效应，生态系统信息联系的类型，初级生产、次级生产、生态效率、食物链浓集效应的概念。

2. 生物地球化学循环的概念以及水循环、碳循环、氮循环和磷循环的过程，生态平衡、正反馈、负反馈的概念，衡量生态平衡的要素。

4.1 生态系统概述

4.1.1 生态系统的概念

生态系统的概念是由英国植物生态学家 A. G. Tansley 于 1935 年首先提出的，后经 Lindman、Whittaker、Odum 和许多生态学者的逐步完善，已被公认为生态学界至今为止最重要的概念之一。

生态系统是指在一定的空间范围内，所有的生物成分和非生物成分通过物质循环和能量流动相互作用、相互依存而构成的一个生态学功能单位。任何一个生态系统，都是由生物和环境系统共同组成的，这就是它的结构特征。它所具有的物质循环、能量流动和信息联系功能，是生态系统整体的基本功能。

4.1.2 生态系统的范围

生态系统的范围可大可小，通常根据人们的研究目的和对象而定。在自然界，只要在一定的空间内存在生物和非生物两种成分，并能互相作用达到功能上的稳定性，哪怕是短暂的，这个整体就可以视为一个生态系统。因此在我们居住的地球上有许多大大小小的生态系统。最大的是生物圈，可看作是全球生态系统，它包括了地球上的一切生物及其生存条件。小的如一个湖泊、一个池塘、一片林地、一块草地都可看作是一个生态系统。除了自然生态系统以外，还有很多人工生态系统，如农田、果园、乡村、城市、自给自足的宇宙飞船和用于验证生态学原理的各种封闭的微宇宙（亦称微生态系统）。

4.1.3 生态系统概念的发展

生态系统这个概念是由英国植物生态学家 A. G. Tansley 于 1935 年首先提出的。他指出："生物与环境形成一个自然系统。正是这种系统构成了地球表面上各种大小和类型的基本单元，这就是生态系统"。后来，苏联植物群落学家 V. N. Sukachev 又从地植物学的研究出发，提出了生物地理群落的概念。他指出生物地理群落是指在地球表面的某一部分，由活的（植物、动物、微生物）和死的（岩石圈、大气圈、水圈）自然组分互相作用而构成的明确系统。这个系统获得并转化能量和物质，然后将其与相邻的生物地理群落及其他均匀自然体进行交换。V. N. Sukachev 和 A. G. Tansley 所使用的科学术语虽然不同，但生物地理群落和生态系统无论从形式还是内容基本上一致。所以，自 1965 年在丹麦哥本哈根会议上决定生态系统和生物地理群落是同义语后，生态系统一词便得到了广泛的使用。

对生态系统概念的发展做出重要贡献的生态学家，还有 Odum 家族的几位生态学家。E. P. Odum 和 H. T. Odum 及 W. E. Odum 都是当代著名的生态学家，他们对生态系统概念的发展做出过杰出的贡献。尤其是 E. P. Odum，自 20 世纪 50 年代以来，他就一直强调生态系统研究工作的重要意义，并在营养动态和能量流动方面提出了许多新思想和新方法。E. P. Odum 的《生态学基础》一书，对生态系统的发展起到了很大的推动作用。他提出的大小不同的组织层次谱系，进一步把生态系统的概念系统化。他认为，生态系统是生态学研究中的"基本功能单元"，生物和无生命环境及其之间的相互作用是维持人类在地球上生存所必需的。我国著名的生态学家马世骏也提出了社会—经济—自然复合生态系统模型。以上这些都表明，生态系统的概念还在不断地发展之中。

4.2 生态系统的组成、结构和特征

4.2.1 生态系统的组成

虽然客观存在的生态系统多种多样，但任何一个生态系统都是由非生物成分和生物成分两部分组成。

4.2.1.1 非生物成分

非生物成分包括太阳辐射能、无机物质、有机化合物、气候因素等，它们是生物成分存在的物质基础和生存环境。

(1)太阳辐射能

太阳辐射能包括来自太阳的直接辐射和散射辐射，也包括来自各种物体的热辐射和其他能源。

(2)无机物质

无机物质包括处于物质循环中的各种无机物质，如氧、氮、二氧化碳、水和各种无机盐等。

(3)有机化合物

有机化合物包括蛋白质、糖类、脂类和腐殖质等。

(4)气候因素

气候因素包括温度、湿度、雨、雪和风等。

4.2.1.2 生物成分

生物成分包括了生态系统中的所有生物种。为了研究的方便，生态系统中的所有生物按其在生态系统中的作用划分为三大功能类群，即生产者、消费者和分解者。

(1)生产者

生产者是指能利用简单的无机物质制造食物的自养生物，包括所有绿色植物、蓝绿藻和少数能进行化能合成作用的细菌。这些生物可以通过光合作用把水和二氧化碳等无机

物合成为碳水化合物，再进一步合成蛋白质和脂肪等有机化合物，并把太阳辐射能转化为化学能，贮存在合成有机物的分子键中。生产者通过光合作用不仅为本身的生存、生长和繁殖提供营养物质和能量，而且它所制造的有机物质也是消费者和分解者唯一的能量来源。生态系统中的消费者和分解者是直接或间接依赖生产者为生的，没有生产者也就不会有消费者和分解者。可见，生产者是生态系统中最基本和最关键的生物成分。太阳能只有通过生产者的光合作用才能源源不断地被输入生态系统，然后再被其他生物所利用。

(2)消费者

消费者属于异养生物，是依靠动植物为生的动物，它们归根结底是依靠植物为生(直接取食植物或间接取食以植物为食的动物)。直接吃植物的动物叫植食动物，又叫一级消费者(如蝗虫、兔、马等)；以植食动物为食的动物叫肉食动物，也叫二级消费者，如食野兔的狐和猎捕羚羊的猎豹等；后面还有三级消费者(或称二级肉食动物)、四级消费者(或称三级肉食动物)，直到顶位肉食动物。消费者在生态系统中的作用，一是传递物质与能量，如在草原生态系统中野兔就起着把青草中的有机物和贮存在有机物中的能量传递给肉食动物的作用；二是物质的再生产，如草食动物牛、羊可以把植物性蛋白质通过再生产转变成动物性蛋白质。

(3)分解者

分解者主要是细菌和真菌，它们也属于异养生物。分解者在生态系统中的基本功能是把动植物的残体、粪便和各种复杂的有机化合物分解为简单的化合物，最终分解为最简单的无机物并把它们释放到环境中去，供生产者重新吸收和利用。由于分解过程对于物质循环和能量流动具有非常重要的意义，所以分解者在任何生态系统中都是不可缺少的组成成分。如果生态系统中没有分解者，动植物残体、粪便等就会堆积起来，物质不能再循环，生态系统中的各种营养物质很快就会发生短缺，并导致整个生态系统的瓦解和崩溃。有机物质的分解过程是一个复杂的逐步降解的过程，除了细菌和真菌两类主要的分解者之外，其他大大小小的以动植物残体和腐殖质为食的各种动物在物质分解的总过程中也扮演着“初期清洁者”的角色，如专吃兽尸的兀鹫，食朽木、粪便和腐烂物质的甲虫、白蚁、皮蠹、粪金龟子、蚯蚓等。有人把这些动物称为大分解者，把细菌和真菌称为小分解者。严格来说，大分解者应归入消费者。

生态系统中的非生物成分和生物成分是密切交织在一起，彼此相互作用、相互影响的。

4.2.2 生态系统的结构

生态系统的结构一般包括形态结构(空间结构)、环境条件的动态结构(时间结构)和营养结构(食物链结构)三方面。

4.2.2.1 形态结构

从空间结构来分析，任何一个生态系统都具有垂直层次结构和水平层次结构。

(1)垂直层次结构

生态系统的垂直层次结构，一般可分为以下三个大层次：上层、中层和下层。上层即自养层绿色带，此层主要包括植物的茎叶部分。这一层以光能的固定、简单无机物的利用和复杂有机物的合成为其主要过程，又称光合作用层。中层即异养层动物带，主要包括植食动物、肉食动物和昆虫等。这一层以活的有机体的消费与转化为其主要过程。下层即异养层棕色带，包括土壤、沉积物、根、腐烂有机物、土壤微生物等。这一层以复杂有机物的分解、利用、重组为其主要过程。

除陆地生态系统以外，水生生态系统（湖泊、池塘等）的垂直分层现象也非常明显：如，大量的浮游植物集结在水的表层；浮游动物和鱼、虾等生活在水中，而大量的细菌、真菌和蚌类等底栖无脊椎动物却生活在底层的污泥层内外。

（2）水平层次结构

生态系统二维空间的水平结构，主要表现在种群的水平配置格局，即分布状况和多度，可分为均匀分布、团块分布和随机分布三种状况。除此之外，生态系统的水平结构还表现在不同类型或不同结构的生态系统镶嵌在一起，表现出多样的景观。

4.2.2.2　动态结构

生态系统的结构也会随时间不同而变化，这反映出生态系统在时间上的动态。这种动态可以从三个时间尺度上进行衡量：一是长时间量度，以生态系统进化为主要内容；二是中等时间量度，以群落演替为主要内容；三是以昼夜、季节和年份等短时间量度的周期性变化为主要内容。

4.2.2.3　营养结构

（1）食物链

生产者所固有的能量和物质，通过一系列的取食和被取食关系在生态系统中传递，生物之间存在的这种传递链条就称为食物链。Elton 是最早提出食物链概念的人之一，他认为由于受能量传递效率的限制，食物链的长度不可能太长，一般食物链都是由 4～5 个环节构成的。最简单的食物链是由 3 个环节构成的，如草→兔→狐。根据食物链能量流动的起点和生物成员取食方式的差异，食物链可分为捕食食物链、碎屑食物链和寄生食物链三种类型。

①捕食食物链是指以活体绿色植物为起点，然后是植食动物，进而到肉食动物的食物链。例如，草→兔→狐→狮。捕食食物链是人们最容易看到的，但它在陆地生态系统和很多水生生态系统中并不是主要的食物链。

②碎屑食物链，又称腐食食物链，是指以死的有机物质（如动物残体、枯枝落叶）为起点的食物链。先是死的有机物质被小型动物、细菌、真菌等所取食，然后再到它们的捕食者的食物链。例如，植物残体→蚯蚓→线虫类→节肢动物。在大多数陆地生态系统和浅水生态系统中，生物量的大部分不是被取食，而是死后被微生物所分解，因此能流主要是通过碎屑食物链进行的。例如，在潮间带的盐沼生态系统中，活植物被动物吃掉的大约只有 10%，其他 90%是在死后被腐食动物和小分解者所利用，这里显然是以碎屑食物链为主。据研究，一个杨树林的生物量除 6%是被动物取食外，其余 94%都是在枯死后被分解者所分解。

③寄生食物链是指以活的生物有机体为起点，以寄生方式生存的食物链。如哺乳动物→跳蚤→细滴虫（一种寄生原生动物）→细菌→病毒。在寄生食物链内，一般寄主的体

积最大，以后随着食物链寄生物的数量越来越多，体积越来越小。

(2)食物网

在生态系统中生物之间实际的取食和被取食关系并不像食物链所表达的那么简单，食虫鸟不仅捕食瓢虫，还捕食蝶、蛾等多种无脊椎动物，而且食虫鸟本身也不仅仅只被鹰隼捕食，同时也是猫头鹰的捕食对象，其鸟卵也常常成为鼠类或其他动物的食物。可见，在生态系统中的生物成分之间通过能量传递关系存在着一种错综复杂的普遍联系，这种联系像是一张无形的网把所有生物都包括在内，使它们彼此之间都有着某种直接或间接的关系，这就是食物网的概念。

一个复杂的食物网是使生态系统保持稳定的重要条件。一般认为，食物网越复杂的生态系统，其抵抗外力干扰的能力越强，也越不容易失调，因为一种物种消失了，捕食它的物种还可以以另一物种为食。而食物网越简单的生态系统，就越容易发生波动和毁灭。尤其是在生态系统功能上起关键作用的物种，一旦消失或受到严重破坏，就可能引起整个系统的剧烈波动。如构成苔原生态系统食物链基础的地衣，因大气中二氧化硫含量的超标，导致其生产力下降或遭到毁灭性破坏，就会对整个生态系统产生灾难性的影响。图 4.1 所示是温带草原生态系统的部分食物网。

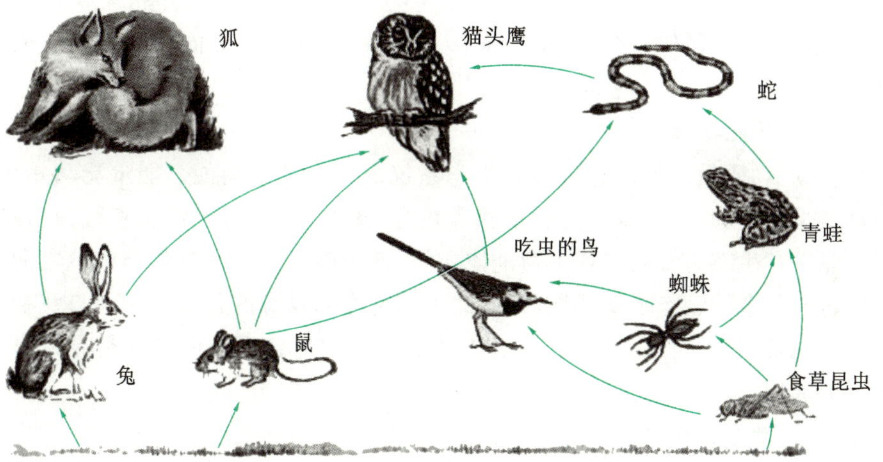

图 4.1 温带草原生态系统的部分食物网

食物链和食物网的概念很重要，生态系统中能量流动和物质循环是通过食物链和食物网进行的。食物链和食物网的概念的重要性还在于它揭示了环境中有毒污染物质转移、积累的原理和规律。通过食物链会使有毒物质在环境中扩散，增大其危害范围。生物还可以在食物链上将有毒物质浓度逐渐增大至百倍、千倍，甚至可以达到万倍、百万倍。生物富集作用也可供人类进行“生物冶金”和“生物治污”。前者指利用某些植物拥有的富集金属的特性，从植物中提炼金属。后者指利用某些植物富集吸收高浓度金属的特性，让它净化被有毒金属污染的土壤。

(3)营养级

为了使生物之间复杂的营养关系变得更加简明和便于进行定量的能流分析和物质

循环的研究，生态学家在食物链和食物网的基础上提出了营养级的概念。一个营养级是指处于食物链某一环节上的所有生物的总和。因此，营养级之间的关系已经不是一种生物和另一种生物之间的关系，而是处于某一营养层上的生物和处于另一营养层上的生物之间的关系。例如，作为生产者的绿色植物和所有自养生物都位于食物链的起点，它们共同构成第一个营养级。所有以生产者（主要是绿色植物）为食的动物都属于第二个营养级，即植食动物营养级。第三个营养级包括所有以植食动物为食的肉食动物。以此类推，还可以有第四个营养级（即二级肉食动物营养级）和第五个营养级。由于食物链环节数目是受到限制的，所以营养级的数目也不可能很多，一般限于 3～5 个。营养级的位置越高，归属于这个营养级的生物种类和数量就越少。

4.2.3 生态系统的特征

生态系统的基本特征主要表现在以下几个方面。

4.2.3.1 组成特征

从组成成分上来看，生态系统是由生物成分和非生物成分两部分组成的，而且这两部分是紧密相连、密不可分的整体。没有各生物和非生物成分及其相互联系和相互作用，就没有生态系统，任何一个成分或任何一个结构的变化都可能会影响其他成分或结构的变化。

4.2.3.2 功能特征

能量流动、物质循环和信息传递是生态系统的三大基本功能。能量流动是单向的；物质流动是循环式的；信息传递则包括营养信息、化学信息、物理信息和行为信息，这些构成了信息网。生态系统内部各生物个体之间、各种群之间以及生物与环境之间在结构和功能上具有复杂的动态平衡特征，并借助于系统内部自身的稳态机制和自我控制来调节和控制。通常，物种组成的变化、环境因素的改变和信息系统的破坏是导致自我调节失效的主要原因。

4.2.3.3 动态特征

生态系统是一个不断运动变化的系统，要经历从简单到复杂，从不成熟到成熟的发展过程。从系统科学的一般原理来看，这种运动变化包含着生态系统的整体功能、要素和结构三个方面，并且每一方面的运动变化都会作用和影响其他两方面的运动变化，也就是说，在了解、认识生态系统的发展、进化和演变规律的时候，应该综合了解、认识生态系统的整体功能、要素和结构三个方面的发展、进化和演变规律。

4.2.3.4 自我调节特征

生态系统内部具有自我调节能力以维持和发展自身。生态系统的内部结构越复杂，物种数目越多，自我调节能力也越强。但生态系统的自我调节能力是有限度的，当外界冲击超过一定限度后，调节作用就会减弱甚至丧失调节机制。

4.2.3.5 开放特征

所有的生态系统都是一个开放系统。它需要不断地从外界环境输入能量和物质，经过系统内的加工、转换之后，再向环境输出，从而维持系统的有序状态，维持系统的发展与进化(演替)。

4.3 生态系统的基本功能

任何一个生态系统都在不停地进行能量流动、物质循环和信息传递。能量流动、物质循环和信息传递构成了生态系统的基本功能。

4.3.1 生态系统的能量流动

生态系统的基本功能之一是能量的流动，它是生态系统的动力。

4.3.1.1 生态系统的能量来源

进入生态系统的能量，根据其来源途径不同，可分为太阳辐射能和辅助能两种类型。

太阳辐射能是生态系统中能量的最主要来源。太阳像一个巨大的“火球”，不断地向周围空间辐射出巨大的能量。真正被绿色植物利用的太阳能只占辐射到地面上的太阳能的1%左右。绿色植物利用这一部分太阳能进行光合作用制造的有机物质，每年可达1500亿～2000亿t，这是绿色植物提供给消费者的有机物产量。绿色植物通过光合作用把太阳能(光能)转变成化学能贮存在这些有机物质中，提供给消费者和分解者。

除太阳辐射能以外，对生态系统发生作用的一切其他形式的能量统称为辅助能。辅助能不能直接转换为生物化学潜能，但可以促进辐射能的转化，对生态系统中光合产物的形成、物质循环、生物的生存和繁殖起着极大的辅助作用。根据辅助能来源的不同可分为自然辅助能和人工辅助能两种类型。自然辅助能是指在自然过程中产生的除太阳辐射能以外的其他形式的能量，如潮汐能、风能、化学能等。人工辅助能是指人们在从事生产活动中有意识地投入的各种形式的能量，如农业生产中使用的化肥(化学能)、机械(机械能)、电力(电能)等。

4.3.1.2 生态系统能量流动的路径

生态系统中的能量流动是借助于食物链和食物网来实现的。能量流动从植物的光合作用固定太阳能开始直到分解者为止，实际上是一个能量的消耗过程。

生态系统中能量流动的主要路径为，能量以太阳能的形式进入生态系统，绿色植物通过光合作用将光能转化为化学能。在光合作用过程中，绿色植物(生产者)在光能的作用下，把吸收的二氧化碳和水合成碳水化合物，这就是光合产物；同时，也把吸收的光能固定在光合产物的化学键上。这种贮藏起来的化学能，一方面可以满足植物自身生理活动的需求，另一方面也可以满足其他异养生物的需要。以植物物质形式贮存起来的能量，以沿着食物链和食物网流动的形式通过生态系统，从绿色植物(生产者)转移到植食动物(一级消费者)，再由植食动物转移到肉食动物(二级消费者)……以动物、植物物质中的化学潜能形式贮存在系统中的能量，或作为产品输出，离开生态系统，或经消费者和分解者呼吸释放的热能自系统中丢失。生态系统是开放的系统，某些物质还可通过系统的边界输入，如动物迁移、水流的携带、人为的补充等。

1975年，Whittaker对不同生态系统中净初级生产量被动物利用的情况提供了一些平均数据，这些数据表明，热带雨林大约有7%的净初级生产量被动物利用，温带阔叶林为5%，草原为10%，开阔大洋为40%，海水上涌带为35%。

4.3.1.3 生态系统能量流动的特点

(1)生态系统中的能量流动严格遵循热力学定律

生态系统中的能量流动和转换，都遵循热力学第一定律和热力学第二定律。

热力学第一定律(能量守恒定律)指出，自然界中的能量既不能消灭，也不能凭空产生，而只能以严格的当量比例，由一种形式转化为另一种形式。生态系统中的能量变化符合能量守恒定律，例如，绿色植物可将光能转化为化学能，而植食动物吃了绿色植物，又可将其化学能转化为机械能，或其他形式的能。

热力学第二定律，简单地说，就是在一个封闭系统中，一切过程都伴随着能量的改变，在能量传递和转化过程中，总有一部分能量以热的形式散失，即能量传递和转化效率不可能是百分之百。由此可知，热力学第二定律决定着生态系统利用能量的效率。在生态系统中，绿色植物在自然条件下，光能利用率为1%左右。而且绿色植物获得的能量也不能被植食动物全部利用。

(2)生态系统中能量的流动是单向的

生态系统中能量的流动是单向的。如光能进入生态系统后，就再也不能以光能形式返回到太阳中去，而是以热能的形式不断地散失于环境之中。同样，消费者也不能把能量返还给绿色植物。由此可见，能量在生态系统中的流动是单向的，不可逆的。

(3)能量在生态系统内的流动过程中是逐级递减的

从太阳辐射能到被生产者固定，再经植食动物，到肉食动物，再到大型肉食动物，能量是逐级递减的。例如，英国的生态学家Lawrence Slobodkin在实验室内研究了由藻类(生产者)、小甲壳动物(一级消费者)和水螅(二级消费者)所组成的一个实验生态系统，得出了如下结论：能量从一个营养级传递到另一个营养级的转化效率大约是10%。总结迄今为止所进行的各种研究表明：在生态系统能流过程中，能量从一个营养级到另一个营养级的转化效率在5%～30%之间。平均说来，从植物到植食动物的转化效率大约是10%，从植食动物到肉食动物的转化效率大约是15%。

生态系统能流过程中，能量逐级递减的原因如下：①各营养级消费者不可能百分之百地利用前一营养级的生物量；②各营养级的同化作用也不是百分之百的，总有一部分不被同化；③生物在维持生命的过程中进行新陈代谢，总要消耗一部分能量，这部分能量变成热能而耗散掉。因此，生态系统要维持正常的功能，就必须有永恒不断的太阳能输入，用以平衡各营养级生物维持生命活动的消耗，只要这个输入一中断，生态系统就会丧失其功能。

(4)能量在流动中质量不断提高

能量在生态系统中流动，是把较低质量的能转化为另一种较少的但质量较高的能。在太阳辐射能输入生态系统后的能量流动过程中，能的质量是逐步提高和浓集的。

4.3.1.4 生态系统中的初级生产、次级生产

生态系统中能量的流动包括初级生产和次级生产两个主要过程。为了论述的方便，我们先来介绍几个有关的概念。

(1)生产、生产力、生产量、生物量

①生产是指生物积累能量的过程。

②生产的速率或能力称为生产力，即单位时间内生产有机质的速率，常用 g(干重)/(m^2·a)来表示。

③生产量通常用每年每平方米所生产的有机物质干重[g/(m^2·a)]或每年每平方米所固定的能量值[J/(m^2·a)]来表示。在应用中，生产、生产力和生产量常混用。

④生物生产有机物质的总量称为生物量，包括活的有机体和死的有机体。如植物的生物量是指根、茎、叶、花、果实、种子及枯死、凋落的部分。常用单位面积上的生物重量(干重或湿重)或所含的能量来表示，单位是 g/m^2 或 J/m^2。

(2)初级生产

生态系统中的能量流动开始于绿色植物的光合作用和绿色植物对太阳能的固定，它是整个生态系统能量流动过程的起点。所以，绿色植物的生产称为初级生产(也称第一性生产)，它是指生产者能量积累的过程。

①总初级生产量：在初级生产过程中，植物固定的全部能量，也就是包括呼吸消耗在内的全部生产量，称为总初级生产量。

②净初级生产量：在初级生产过程中，植物固定的能量有一部分被植物自己呼吸消耗掉了，剩下的可用于植物生长和生殖，这部分生产量称为净初级生产量。净初级生产量是可提供给生态系统中其他生物(主要是各种动物和人)利用的能量。通常用每年每平方米所生产的有机物质干重[g/(m^2·a)]或每年每平方米所固定的能量值[J/(m^2·a)]来表示。

下面介绍几种常用的测定初级生产量的方法：

①收割法。这是一种测定初级生产量的最常用和最古老的方法，定期或一次收割，然后称重(湿重和干重)。定期收割包括收集地上部分与地下部分以及枯枝落叶等。

②氧气测定法。根据光合作用和呼吸作用中氧气含量的变化，来测定水生生态系统中浮游植物的初级生产力，测定方法是“黑-白瓶”法。

③CO_2 测定法。由于 CO_2 是光合作用原料和呼吸产物，所以可通过测定 CO_2 的变化来测定光合作用强度并估算生产力，所用仪器是“CO_2 红外气体分析仪”。

④pH 测定法。通过测定 pH 值的变化来计算水生生态系统的初级生产力。原理主要是浮游植物的光合作用和呼吸过程会引起 CO_2 含量的变化，CO_2 含量的变化又会导致 pH 值的变化。

⑤同位素标记法。应用放射性同位素^{14}C 来测定植物对^{14}C 的吸收速度，从而计算初级生产力。

⑥叶绿素测定法。主要是依据植物的叶绿素含量与光合作用量和光合作用率之间的相关关系进行测定。测定的具体程序是对植物进行定期取样，并在适当的有机溶剂中提取其中的叶绿素，然后用分光光度计测定叶绿素的浓度。由于假定每单位叶绿

素的光合作用率是一定的，所以依据所测数据就可以计算出取样面积内的初级生产量。

由于生态条件的不同，地球上各种生态系统的初级生产量差别很大，如表 4.1 所列。总体来说，全球初级生产量的分布有如下特点：陆地生态系统的初级生产量比海洋大；陆地上的初级生产量有随纬度增加逐渐降低的趋势，以热带雨林为最高，接着按热带常绿林、温带落叶林、北方针叶林、稀树草原、温带草原、冻原的顺序逐渐降低；海洋中的初级生产量由河口湾向大陆架和大洋区逐渐降低。

表 4.1 地球主要生态系统的净初级生产量比较(引自 Whittaker，1970)

生态系统类型	面积 ($10^6 km^2$)	平均净初级生产力 [g(干重)/(m^2·a)]	世界净初级生产量 [10^9 t(干重)]
湖、河	2	500	1.0
沼泽	2	2000	4.0
热带森林	20	2000	40.0
温带森林	18	1300	23.4
北方森林	12	800	9.6
林地和灌丛	7	600	4.2
热带稀树草地	15	700	10.5
温带草原	9	500	4.5
冻土带	8	140	1.1
荒漠密灌丛	18	70	1.3
荒漠、裸岩冰雪	24	3	0.07
农田	14	650	9.1
陆地总计	149	730	109.0
开阔大洋	332	125	41.5
大陆架	27	350	9.5
河口	2	2000	4.0
海洋总计	361	155	55.0
地球总计	510	320	164.0

在任何一个生态系统中，净初级生产力都是随着生态系统的发育而变化的。例如，一个栽培的松林在生长到 20 年的时候，净初级生产力达到最大，即达到 22000kg/(ha·a)，当生长到 30 年的时候，就下降到 12000kg/(ha·a)。一般说来，林地发育到秆材期的时候生产力达到最大。此后随着树龄的增长，总初级生产量中用于呼吸的会越来越多，而用于生长的会越来越少，即净初级生产量越来越少。

(3)次级生产

次级生产也称第二性生产，是生态系统中初级生产以外的生物有机体的生产，即消费者和分解者利用初级生产所制造的物质和贮存的能量进行新陈代谢，经过同化作用转化为自身物质和能量的过程。动物的肉、蛋、奶、毛皮、骨骼等都是次级生产的产物。

次级生产量是指除初级生产者之外的其他生物有机体的生产量，表现为动物和微生物的生长、繁殖和营养物质的贮存。次级生产量的一般生产过程可概括于图 4.2 所示的图解中。

- 食物种群
  - 动物得到的
    - 动物吃进的
      - 被同化的
        - 次级生产量
          - 被更高营养级取食
          - 未被取食
        - 呼吸代谢
      - 未被同化的
    - 动物未吃进的
  - 动物未得到的

图 4.2　次级生产量的一般生产过程

上述图解是一个普适模型，它可应用于任何一种动物，包括植食动物和肉食动物。对植食动物来说，食物种群是指植物(初级生产量)，对肉食动物来说，食物种群是指动物(次级生产量)。肉食动物捕到猎物后往往不是全部吃下去，而是剩下毛皮、骨头和内脏不吃。所以能量从一个营养级传递到下一个营养级时往往损失很大。

下面介绍几种常用的估算次级生产量的方法：

①利用动物生理学的方法，在室内或野外投放食物，根据剩余量求得摄食量，再根据粪尿量等计算出同化量，即同化量＝摄食量－粪尿量。这种方法通常在个体水平上进行，不易确定种群和群落的生产力。

②测定个体生产量和后代的生产量来估算生产力。这种方法对饲养的生物动物量易测定，对野生动物就很难测定。

③按动物的平均日生长率来估算生产力。

④根据周转率来估计生产力。

4.3.1.5　生态系统中的生态效率

生态效率是指各种能流参数中的任何一个参数在营养级之间或营养级内部的比值，常以百分数表示。这种比值关系，在生产力生态学研究中是很重要的。对估计各个环节的能量传递效率也很有用。

(1)营养级位内的生态效率

①同化效率

同化效率 = 被植物固定的能量 / 植物吸收的日光能

或　同化效率 = 被动物消化吸收的能量 / 动物摄取的食物能

一般肉食动物的同化效率比植食动物的要高些，因为肉食动物的食物在化学组成上更接近其本身的组织。

②生长效率

生长效率＝n 营养级的净生产量/n 营养级的同化能量

式中　n 营养级的同化能量——对动物来说是指 n 营养级的动物消化道内被吸收的能量，对植物来说是指 n 营养级的植物在光合作用中所固定的日光能。

通常植物的生长效率大于动物的，大型动物的生长效率小于小型动物的，年老动物的生长效率小于幼年动物的，变温动物的生长效率大于恒温动物的。

(2)营养级位之间的生态效率

①消费或利用效率

$$消费或利用效率=(n+1)营养级的摄入量/n营养级的净生产量$$

消费效率(或利用效率)可用来量度一个营养级位对前一营养级位的相对采食压力，此值一般在25%～35%之间。利用效率的高低，说明前一营养级位的净生产量被后一营养级位同化了多少，即被转化利用了多少。

②林德曼效率

$$林德曼效率=(n+1)营养级摄取的食物/n营养级摄取的食物$$

通过对不同生态系统的林德曼效率实测表明，不同类型的生态系统中林德曼效率相差较大，如海洋食物链的林德曼效率在有些情况下可大于30%，有些湖泊的林德曼效率在10%左右，而非洲草原田鼠营养环节的林德曼效率只有0.3%。

4.3.2　生态系统的物质循环

4.3.2.1　生物有机体的生命与化学元素

生物有机体生命的维持不仅需要能量的供应，而且还需要物质的供应。物质是由化学元素组成的，人类已发现的100多种化学元素中，现已查明有30～40种是生物有机体生命活动所需要的。这些元素按生物有机体需要量的大小可分为两大类，即大量元素和微量元素。

生物有机体需要量较大的元素，称为大量元素，如碳、氧、氢、氮、磷、钾、钙、镁等。尤其是碳、氧、氢、氮四种元素，在生物体的组成中占95%以上，因此又被称为基本元素或能量元素。

生物有机体需要量较少的元素，称为微量元素，如锌、硼、锰、钼、钴等。生物有机体对这些元素的需要量虽然很少，但它们也是不可缺少的，如缺少则会影响正常的生长发育。有的微量元素是所有有机体都需要的，有的是某些物种所需要的。

4.3.2.2　生物地球化学循环

如果说生态系统的能量主要来源于太阳，那么所需的物质则是由地球供应的。生态系统中的能量流动是单向的，不能返回太阳。生态系统内物质的流动则是循环式的，各种物质都能以被植物利用的形式重返环境(图4.3)。生态系统的物质循环，实际上是生物地球化学循环。

生物所需要的元素多以无机物的形式存在于空气、水、土壤、岩石中，被植物吸收之后，在植物体内结合成有机物形式，并通过食物链从一个营养级传递到下一个营养级，最后所有生物残体及废物被分解者分解，将这些元素释放到环境中，再被植物重新吸收利

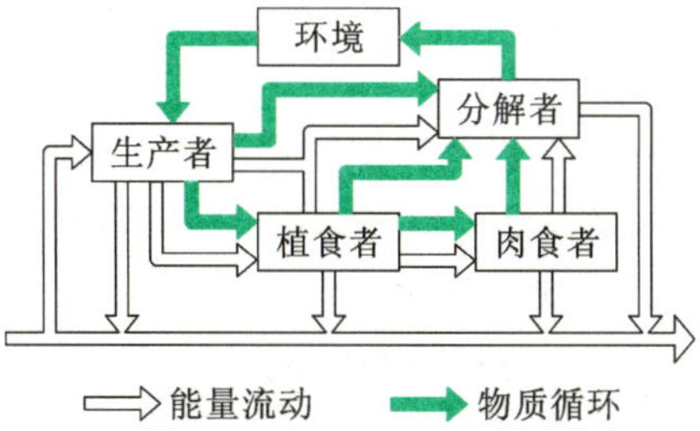

图 4.3 生态系统中的能量流与物质流特征的比较

用。这样,矿物养分在生态系统内一次一次地被循环利用,从生态系统的非生物部分(环境)流入生物部分,然后又回到非生物部分(环境),这就是生态系统中的物质循环,又称为生物地球化学循环。

生物地球化学循环可分为水循环、气体型循环和沉积型循环三种类型。在气体型循环中,物质的主要储存库是大气和海洋,其循环与大气和海洋密切相关,具有明显的全球性,循环性能最为完善。凡属于气体型循环的物质,其分子或某些化合物常以气体形式参与循环过程,属于这类的物质有氧、二氧化碳、氮、氯、溴和氟等。参与沉积型循环的物质,其分子或化合物绝无气体形态,这些物质主要是通过岩石的风化和沉积物的分解转变为可被生态系统利用的营养物质,而海底沉积物转化为岩石圈成分则是一个缓慢的、单向的物质移动过程,时间要以数千年计。这些沉积型循环物质的主要储存库是土壤、沉积物和岩石,而无气体形态,因此这类物质循环的全球性不如气体型循环表现得那么明显,循环性能一般也很不完善。属于沉积型循环的物质有磷、钙、钾、钠、镁、铁、锰、碘、铜、硅等,其中磷是较典型的沉积型循环物质,它从岩石中释放出来,最终又沉积在海底并转化为新的岩石。气体型循环和沉积型循环虽然各有特点,但都受到能流的驱动,并都依赖于水的循环。

4.3.2.3 水循环

水是最活跃的中性溶剂,水是所有营养物质的介质,营养物质的循环和水循环不可分割地联系在一起。水在生态系统的物质循环和能量传递中起着非常重要的作用,可以说没有水循环就没有生物地球化学循环。

(1)水循环概述

水循环是指地球上各种形态的水在太阳辐射和重力作用下,通过蒸发、水汽输送、凝结降水、下渗、径流等环节,不断发生相态转换和周而复始的运动的过程。

从全球角度看,这个循环过程可以设想为:从海洋的蒸发开始,蒸发形成的水汽大部分留在海洋上空,少部分被气流输送至大陆上空,在适当的条件下这些水汽凝结成降水。海洋上空的水汽凝结后降落回到海洋。陆地上空的水汽凝结后降落至地表,一部分形成地表径流,补给河流和湖泊;一部分渗入至土壤与岩石空隙中,形成地下径流。地表径流和地下径流最后都汇聚流入大海。由此构成全球性的和连续有序的水循环系统。通常把发生在海洋与陆地之间的全球性水循环称为大循环或外循环。把发生在海洋与海洋上空大气之间,或陆面与陆地上空大气之间的水循环,称为小循环或内循环。自然界的水循环是很复杂的,有不同规模、不同时间尺度、不同形式的水循环。生物在水循环过程中所起的作用很小，虽然植物在光合作用中要吸收大量的水，但是植物通过呼吸和蒸腾作用又把大量的水送回了大气圈。

降水和蒸发的相对和绝对数量以及周期性对生态系统的结构和功能有着极大影响，世界降水的一般格局与主要生态系统类型的分布密切相关。而降水分布的特定格局又主要是由大气环流和地貌特点所决定的。

水循环的另一个重要特点是，每年降到陆地上的雨、雪大约有35%又以地表径流的形式流入了海洋。值得特别注意的是，这些地表径流能够溶解和携带大量的营养物质，因此它常常把各种营养物质从一个生态系统搬运到另一个生态系统，这对补充某些生态系统营养物质的不足起着重要作用。由于携带着各种营养物质的水总是从高处往低处流动，所以高地往往比较贫瘠，而低地比较肥沃，例如，沼泽地和大陆架就是最肥沃的低地，也是地球上生产力较高的生态系统之一。

各种形式的水体在参与水循环过程中全部被更换一次所需的时间不同，即水的周转期（更替周期）不同。如冰川水的周转期为8600年；地下水的周转期为5000年；江河水的周转期为11.4d；大气水更新的速度更快，平均循环周期只有8d；植物体内水分的周转期最短，夏天为2～3d。植物体含水量虽小，但流经植物体的水分数量却是巨大的。例如，水稻在生长盛期，每天每公顷大约吸收70t水，其中大约5%用于维持原生质的功能和光合作用，95%以水蒸气和水珠的形式，从叶片的气孔中排出。水体中水的周转期是反映水循环强度的重要指标，也是反映水体水资源可利用率的基本参数。从水资源永续利用的角度看，水体的储水量并非全部都能利用，只有积极参加水循环的那部分水量才能利用。利用后能迅速得到补充的水量才能算作可利用的水资源量。可利用水量的多少，主要取决于水体中水循环的速度和更换周期的长短。水的循环速度愈快，更换周期愈短，可开发利用的水量就愈大。另外，从以上也可看出植物体正常的生长发育对水循环的依赖性。

（2）人类对水循环的影响

人类对水循环的影响是多方面的。如人类大量地砍伐森林，使植被可蒸发、蒸腾的水量减少，从而使地表径流增加，并引起水土流失；人类通过修筑水库、塘堰扩大自然蓄水量，通过围湖造田使自然蓄水容积减小；大量工业废水、生活污水进入水体后造成水污染，并继而污染土壤和地下水；大城市和一些人口比较集中的地方，地面多是水泥、沥青、石块等不易透水的物质，降水后很快就形成地表径流而流失，减少了渗入土壤中的水量；人类对地下水的过度开采利用，使地下水位不断下降，并导致水质变差，如目前我国许多人口集中地区的地下水分布出现“降落漏斗”。人类经常在局部范围内考虑水的问题，实际上这是一个全球性的问题，局部地区水的管理计划可以影响整个地球。现在，人类已经强烈地参与了水的循环，致使自然界可以利用的水资源减少，水的质量也已下降。

4.3.2.4 碳循环

（1）碳循环概述

碳对生物和生态系统的重要性仅次于水，它占生物体重量（干重）的49%。

岩石圈和化石燃料（石油和煤）是地球上两个最大的碳储存库。最大量的碳被固结在岩石圈中，其次是在化石燃料中，这两个碳储存库的含碳量约占地球上碳总量的

99.9%，仅煤和石油中的含碳量就相当于全球生物体含碳量的50倍。但这两个最大的碳储存库中的碳对生产者来说是不可利用的无效碳。在生物学上有积极作用的碳储存库是大气圈库、水圈库和生物库，库中的碳在生物和无机环境之间迅速交换，这三个碳库容量小而活跃，实际上起着交换库的作用。

物质的化学形式常随所在库而不同。例如，碳在岩石圈中主要以碳酸盐的形式存在，在大气圈中以二氧化碳和一氧化碳的形式存在，在水圈中以多种形式存在，在生物库中则存在着几百种被生物合成的有机物质。

在生态系统中，碳循环的基本过程是从大气中的 CO_2 开始的。绿色植物通过光合作用从大气中吸收碳，结合到碳水化合物的分子中，然后随食物链移动，经过各级消费者和分解者的最终分解再进入大气。另外，陆地上的碳酸盐（主要是碳酸钙）也被缓慢风化或淋溶。木材、石油、煤炭等的形成与利用也使碳以 CO_2 的形式进入大气中。这样，返回大气中的 CO_2 再次被绿色植物吸收，又开始新的循环（图4.4）。

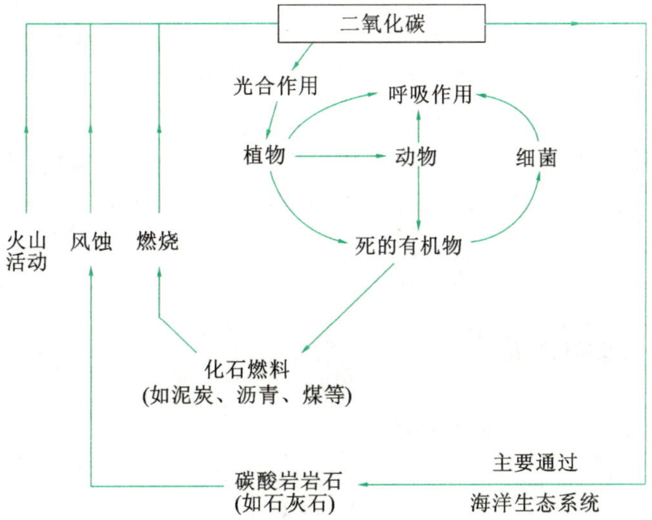

图4.4　生态系统中的碳循环

在碳循环中，森林生态系统是碳的最主要吸收者；有机物质的分解，动植物的呼吸，含碳物质的燃烧，岩石风化及火山喷发等补充了大气中的 CO_2。因此，一般来说，大气中 CO_2 的浓度基本上是恒定的。

(2)人类对碳循环的影响

自工业革命以来，人类在生活和工农业生产活动中大量地燃烧化石燃料，使 CO_2 排放量大幅度增加。另一方面，人类大量砍伐森林使森林面积不断缩小，植物吸收利用的 CO_2 量越来越少，使得大气中 CO_2 含量呈上升趋势。CO_2 浓度增高致使温室效应增强，引起全球气候变暖。

4.3.2.5　氮循环

(1)氮循环概述

氮是一切生物体不可缺少的重要元素，是氨基酸、蛋白质和核酸的重要成分。

氮主要以 N_2 的形式贮存在大气中，其含量约占大气体积的 78%，总量约为 38×10^6 亿 t。但 N_2 属于惰性气体，不能为一般生物直接利用。因此，氮的储存库对于生态系统来说，并不具有决定性意义。必须通过固氮作用将游离氮与氧结合成为亚硝酸盐和硝酸盐，或与 H 结合成 NH_3，才能为大部分生物所利用。因此，氮只有被固定后，才能进入生态系统，参与循环。

天然固氮的主要途径有两条：一是通过雷电、自然电离等现象，把大气中的氮氧化为硝酸盐及其他含氮的氧化物，随着降水进入地球表面；二是生物固氮，主要是通过固氮微生物的作用来实现，土壤中生存着一些特定类型的微生物，能够直接将分子态 N_2 同化为自身所需的氮源。由于这种固氮作用，大量氮素进入生态系统中。固氮微生物可分为共生和自生两种类型，从固氮量来看，共生的固氮量最大，如与豆科植物共生的根瘤菌具有很强的固氮作用。此外，工业固氮也发展非常迅速。

被固定的氮，主要以硝酸盐形式存在，被绿色植物吸收，并转化为氨基酸，合成蛋白质，然后又转化为消费者(动物)的各种类型的氨基酸和蛋白质。动物的排出物(尿和粪便)和动植物的尸体被细菌和真菌所分解，释放出氨。氨可能以气体形式散失于大气中，或者先后被亚硝化细菌和硝化细菌转变为亚硝酸盐和硝酸盐，或者直接被植物所利用。硝酸盐可能被植物所利用，也可能被淋溶走，然后经过河流、湖泊，最后到达海洋，为水体生态系统所利用。海洋中的生物固氮，除了参与生物循环以外，还有部分沉入深海，积累于储存库中，这样就暂时离开了循环，这部分氮的损失由火山喷发到空气中的气体来补偿(图 4.5)。

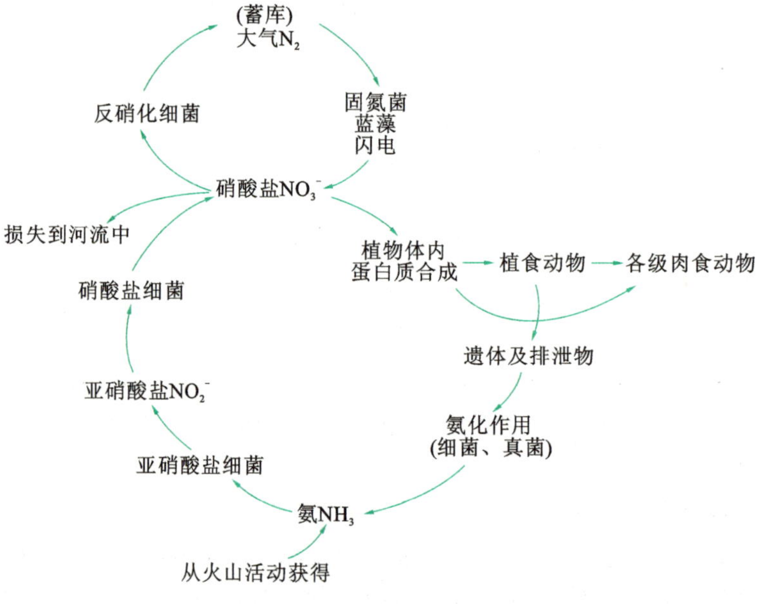

图 4.5　生态系统中的氮循环

氮循环中的四种基本生物化学过程：①固氮作用，是把大气中的 N_2 转变为植物可以吸收利用的氮的过程，通过固氮微生物或雷电、自然电离等现象完成。②氨化作用，是将蛋白质、氨基酸、尿素以及其他有机含氮化合物转变成氨和氨化合物的过程，由氨化细菌、真菌和放线菌完成。③硝化作用，是将氨化物和氨转变成亚硝酸盐、硝酸盐的过程。

④反硝化作用，又称脱氮作用，指反硝化细菌将硝酸盐还原为 N_2、NO、N_2O 等气态氮素的过程。

(2)人类对氮循环的影响

人类对氮循环的影响及环境效应主要有以下 3 个方面：

①工业固氮(制造化肥)大为增加，使氮循环的量加大。农业生产中过多地施用氮肥，植物不能充分吸收，流入池塘、湖泊、海湾等水体导致水体的富营养化。

②化石燃料燃烧排放的氮氧化物，输入大气造成空气污染，如氮氧化物(NO_x)进入大气，在可见光的条件下，可能会引发光化学烟雾。此外，N_2O 是一种温室气体，每摩尔吸收红外辐射的能力约为 CO_2 的 110～200 倍，会引发温室效应。另外，NO 及 N_2O 也是破坏臭氧层的物质。

③人类过度开发利用，破坏自然生态系统中的氮素平衡，如人类砍伐森林后使土地裸露，促进硝化作用，加速硝酸盐从生态系统外流。

4.3.2.6　磷循环

(1)磷循环概述

磷是生物体中高能磷酸键的重要组成成分，而高能磷酸键为细胞内一切生化作用提供能量。因此，磷是生物必需的重要元素。磷没有任何气体形式或蒸汽形式的化合物，因此是比较典型的沉积型循环物质，这种类型的循环物质实际上都有两种存在相：岩石相和溶盐相。这类物质的循环都是以岩石的风化开始，终于水中的沉积(图 4.6)。

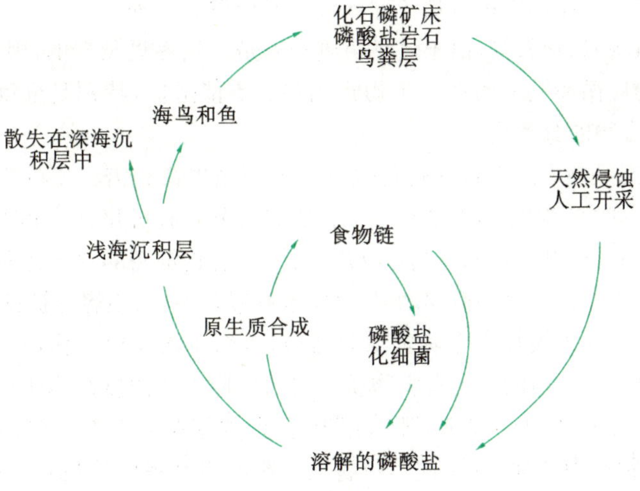

图 4.6　生态系统中的磷循环

磷的主要储存库是天然磷矿。由于风化、侵蚀作用和人类的开采活动，磷才被释放出来。溶解于水中的磷酸盐会经由植物、植食动物和肉食动物在食物链之间流动，待生物死亡和分解后又重返环境。在陆地生态系统中，磷的有机化合物被细菌分解为磷酸盐，其中一些磷酸盐又被植物吸收，而另一些磷酸盐则会与土壤中的钙、铁、铝等元素结合形成难溶的磷酸盐，这些难溶的磷酸盐不能被植物利用而被固结在土壤中。陆地上的一部分磷会随水流进入湖泊和海洋。

进入海洋中的磷酸盐一部分沉积在浅海，通过浮游生物、鱼、海鸟和人以及其他吃海鸟的动物这样一条食物链关系，又可回到陆地。但这一部分很少，进入海洋中的磷大部分成为难溶的磷酸钙沉积在深海处。沉积在深海处的磷，只在某些具有上涌流的海区，如秘鲁海流，有一些回收。大部分沉积于深海处的磷，只能通过地壳上升，将含有磷酸盐的矿藏升到海平面以上，才能再次进入生物圈，否则就脱离了循环。所以可以说，磷循环基本上属于不完全的循环。磷循环比较简单，没有大气的参加。当磷离开生物圈的循环过程时，也不易返回来。

(2)人类对磷循环的影响

人类的活动已经改变了磷的循环过程。由于农作物耗尽了土壤中的天然磷，人们便不得不施用磷肥。磷肥的大量施用，使磷资源面临枯竭的威胁，由于磷循环的特殊性，磷很可能成为未来发生供应短缺的元素。再有，磷矿石、磷肥中含有重金属和放射性物质，长期大量施用，会使土壤被污染。一些含磷的洗涤剂进入水体也会导致水体的富营养化。

4.3.2.7　污染物质的循环

进入生态系统后在一定时间内直接或间接地对人或生物造成危害的物质称为有毒物质或污染物。

造成环境污染的物质，其中有很多都是大自然中原来就有的，并且是参与生态系统物质循环的物质。例如，燃烧化石燃料排放的碳、氮、硫的氧化物。污染物中还有一些物质，虽然也参与生态系统的物质循环，但在自然状况下是微量的，而且不是十分活跃。例如，汞、镉、铅等。作为有机类污染物，如生活污水中的耗氧有机物、烃类、酚类等，它们本是生物代谢产物，在自然界物质循环中都可被各种分解者所分解。另外，人工合成的有机化合物，如有机氯农药、多氯联苯、塑料等，由于这些物质本来是自然界里没有的，因而，当它们出现在生态系统中时，物质循环链上的各种生物集团多数不能适应，特别是分解者这个营养级中缺乏对这些新化合物的分解能力。

污染物在生态系统中的迁移和转化也基本上遵循生命必需元素的生物地球化学循环的基本途径。但一些有毒物质，尤其是人工合成的大分子有机化合物和不可分解的重金属元素，在环境中具有持久性，它们像其他物质一样，在食物链营养级上进行循环流动。与其他物质不同的是，当它们沿食物链移动时，既不被呼吸消耗，又不容易被排泄，而是浓集在有机体的组织中，这种现象被称为食物链浓集效应，也叫生物学放大作用。由于这种浓集效应，许多高等生物有机体内的有毒有害物质比周围环境中的浓度高出千倍、万倍，甚至更多倍。如，水体中存在污染物甲基汞，那么甲基汞就会在水生生态系统组成的水—藻—昆虫—鱼—鸟的食物链中传递，处于起点位置的藻类对甲基汞的浓集系数很高，必然使得处于食物链上端的鱼类和鸟类中甲基汞的浓度更高。修瑞琴等人研究表明，海洋硅藻在0.001mg/L的甲基汞溶液中，经过12h甲基汞的富集浓度可达3.809mg/kg，浓缩倍数可达3809倍。不同硅藻对甲基汞的富集能力不同，水温升高，硅藻对甲基汞的富集能力及富集速度都会迅速提高。郭立书等人研究了“一松江”中不同种类的鱼的富集作用。他们的研究指出：鱼对总汞的富集倍数为251～771倍；鱼对甲基汞的浓缩倍数为10万～20万倍，如表4.2所列。由此可知，受汞污染的鱼、贝类对人具有特别严重的危险性，这也正是环境污染造成公害的原因。同样，一些人工合成的有机化合物，如DDT，也会通过植物—动物—人的食物链进行传递，对人类的健康也带来严重的威胁，如表4.3所列。

表 4.2 鱼对总汞和甲基汞的富集能力(浓缩倍数)

地区	指标	水体汞含量(mg/L)	鲤鱼含汞量(mg/L)	浓缩倍数	鲶鱼含汞量(mg/L)	浓缩倍数
长春岭—薄荷台	总汞	0.77×10^{-3}	0.193	251	0.5666	736
	甲基汞	1.77×10^{-6}	0.141	79661	0.389	219774
南涝洲—四方台	总汞	0.58×10^{-3}	0.27	466	0.447	771
	甲基汞	1.71×10^{-6}	0.232	135673	0.345	201754
三岔河—召源	总汞	0.95×10^{-3}	0.345	363	0.632	665
	甲基汞	2.15×10^{-6}	0.232	107907	0.517	240465

表 4.3 DDT 残留量

生物	DDT 残留量(g/t)
水	0.00005
浮游生物	0.04
银边鳉鱼	0.23
羊头鱼鲷	0.94
小梭鱼(捕食性鱼)	1.33
针鱼(捕食性鱼)	2.07
鹭(食小动物)	3.57
燕鸥(食小动物)	3.91
鲱鸥(食废动物)	6.00
鱼鹰(鹗)卵	13.8
秋沙鸭(食鱼鸭)	22.8
鸬鹚(食大鱼)	26.4

生物圈中的物质是有限的。原料、产品和废物的多重利用和循环再生是生态系统长期生存并不断发展的基本对策。物质在其中循环往复,被充分利用。因此,亿万年来,尽管生物圈每年造成了 2000 亿 t 的碳和有机物质循环,产生了 1000 亿 t 的氧,消耗了数百万吨的重金属,却从不会造成原料短缺或废物处理的难题,绝不会出现毁灭的危险。

我们所说的污染物往往本是生产中的有用物质,有的甚至是人和生物必需的营养元素。但如没有充分利用而大量排放,或不加以回收和重复利用,就会成为环境中的污染物。所以,从生态学角度分析,环境污染问题、资源短缺问题的内部原因就在于系统缺乏物质和产品的这种循环再生机制,大量的物质、能量以废弃物的形式滞留在环境中造成严重的环境问题。其实,一个功能完善的生态系统,应该包括生产、消费和还原三大功能。而人类社会只有生产和消费两大功能,缓冲能力全靠自然生态系统去完成,而自然生态系统的还原自净能力是有限的,这样就造成了一系列的环境问题。

4.3.3 生态系统的信息传递

在生态系统中除物质流和能量流外，还有信息流。信息是实现世界物质客体间相互联系的形式，所以，信息以相互联系为前提。没有联系也就不存在什么信息。每一个信息过程都有三个基本环节：信源（信息产生）、信道（信息传输）、信宿（信息接收）。多个信息过程相连就使系统形成信息网，当信息在信息网中不断被转换和传递时，就形成了信息流。

在生态系统中，种群与种群之间，同一个种群内部个体与个体之间，甚至生物和环境之间都可以表达、传递信息。信息有物理信息、化学信息、营养信息和行为信息四种。信息通过多种方式的传递把生态系统的各组分联系成一个整体，具有调节系统稳定性的功能。

4.3.3.1 生态系统中信息的类型

（1）物理信息

物理信息是以物理因素引起生物之间感应作用的一类信息，包括光信息、声信息、颜色信息等。如青蛙的鸣叫、狮虎的咆哮、蝴蝶的飞舞、花的颜色等都起着吸引异性、种间识别、威吓、警告等信息作用。萤火虫通过闪光来识别它的同伴，雄性丽红眼蛙通过响亮的鸣声来吸引异性。动物学家发现鸡蛋的胚胎在出壳前三天就开始用声信号同母鸡进行对话。小老鼠出生后两周内用超声波与母老鼠联系。蟋蟀通过刮擦其小搓板似的前翅基部，发出颤音，以表明它的存在和勇敢。这颤音包含两种意思：一是叫雌蟋蟀到来；二是警告其他雄性竞争对手离得远一点。传粉动物能被一定颜色的花吸引而降落到花上，再由花瓣上的斑点、条纹等导向花蜜处，如蜜蜂最喜欢的颜色是黄色和蓝色，白色的槐树花也较喜欢，而蜂鸟对红色敏感，它们喜欢像木槿那样明快的深红色的花。

（2）化学信息

生物在其代谢过程中会分泌出一些物质，如酶、维生素、生长素、抗生素、性引诱剂等，经外分泌或挥发作用散发出来，被其他生物所接受而传递。这种具有信息作用的化学物质很多，主要是次生代谢物，如生物碱、萜类、黄酮类、非蛋白质有毒氨基酸等。这些物质虽然量不多，但作为信息传递媒介却深深地影响着生物种间与种内的关系。有的相互克制，有的相互促进，有的相互吸引，有的相互排斥。

某些植物的次生代谢物释放到环境中，能促进或抑制附近植物生长的现象称异株克生或化感现象。小麦的次生代谢产物丁布对马唐、反枝苋、野燕麦等杂草的根、茎及种子萌发均有明显的抑制作用。水稻通过向环境中释放酚类、萜类、含氮化合物和其他化感物质，对稗草等稻田杂草产生抑制作用。

信息素是昆虫种间或个体间行为通信的一种“语言”，它要比视觉和味觉重要得多。昆虫可释放多种功能特异的信息素，诸如性信息素、聚集素、告警素和追踪素等，不同的信息素刺激和诱导昆虫产生一系列与生命活动息息相关的行为。近几年来，许多化学家重新研究和发现了昆虫信息素的完整“化学语言”，而昆虫学家们则从行为表达的意义上来翻译这些“化学语言”的行为含义。鞘翅目若干种类释放聚集素，其主要行为功能是引诱同种其他个体定向至释放源聚集，以在适宜和足够的食源上聚集取食；而棉铃象甲借聚集素聚集于棉花作物上，主要是获得适宜和足够的越冬场所。膜翅目中的蚁类外出觅食时，从其腹末端沿途撒布一种追踪素，当返巢时，利用触角上的化感器辨认痕迹，循迹无误地返巢。有一种蜜蜂 Apis mellifera，工蜂的螯刺口器分泌一种异戊酸乙酯告警素，刺激工蜂产生保卫蜂巢的特殊行为反应，诸如工蜂聚集，摆出攻击姿势，剧烈摆动触角，瞬间打开毒刺，向侵犯者冲击等。这类行为发生后，随即会招引附近蜂箱的工蜂相继聚集，越集越多。鳞翅目雌蛾释放性信息素诱导雄蛾沿信息素气迹定向至雌蛾栖息地；而当雄蛾接近雌蛾时，雄蛾释放雄性信息素刺激雌蛾采取交尾接受行为。

亚洲象的雌性在排卵前释放信息素吸引雄性并使之兴奋。美国的 Rasmussen 等在 1996 年成功地从 3000L 雌性象的尿中分离出了信息素。此信息素如图 4.7(a)所示，是(Z)-7-十二碳烯乙酸酯和(E)-7-十二碳烯乙酸酯 97∶3 的混合物。而诱发雄性家鼠攻击性的信息素，也在 1986 年被美国的 Novotny 发现，如图 4.7(b)所示。

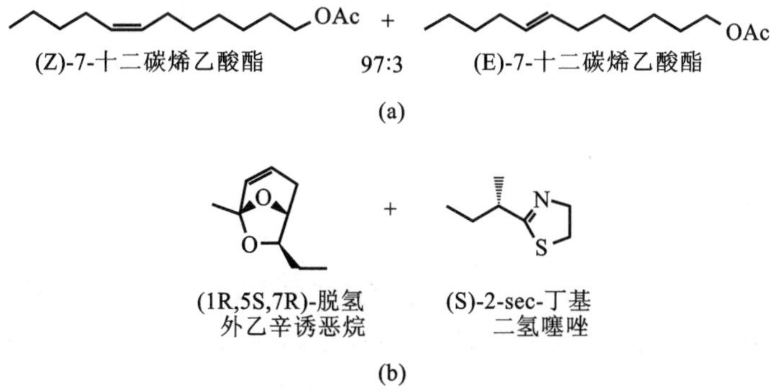

图 4.7 哺乳类的信息素

(a)亚洲象雌性的信息素；(b)家鼠雄性的信息素

人们对一种黏液细菌 Stigmatella aurantiaca 进行了详细研究后发现，这种细菌在营养状态好的时候作为革兰阴性菌以单细胞状态存在，但是，当没有了营养源的时候，大多数细胞开始集聚形成有柄的蘑菇一样的子实体。1998 年德国的 Plaga 等发现，使细胞开始进行集聚的聚集信息素，是羟基酮的斑点酮。

(3)营养信息

通过营养关系，把信息从一个种群传递给另一个种群，或从一个个体传递给另一个个体，即为营养信息。从定义可知，食物和养分就是一种营养信息。例如，田鼠是老鹰的食物，田鼠便是老鹰的营养信息。田鼠多的地区老鹰也多，田鼠少时饥饿的老鹰就会飞到其他地方去觅食。又如云杉林中的松鼠的消长，云杉种子丰收的次年，由于食物充沛，松鼠种群达到高峰。接下来 2～3 年，云杉种子歉收，松鼠种群数量也随之下降。因此，在某种意义上，食物链、食物网就代表着一种信息传递系统。

(4)行为信息

有些动物可以通过特殊的行为方式向同伴或其他生物发出识别、威吓、挑战等信息，这些信息传达方式称为行为信息。如草原上的鸟，当出现“敌情”时，雄鸟急速起飞，扇动两翅，给雌鸟发出警报。不同物种之间，也同样会有行为信息的表现。如一种叫双领鸻的鸟，当其遇到“敌情”时，显得很冷静、很有智慧。比如，它看到你时，不会紧张，不会快速逃走，也不和你对峙，而是假装受了伤似的拖着翅膀，摇摇摆摆地和你保持一定距离向前方跳跃，把你从它的巢穴引开。如果你没上当，冲着它的巢穴走去时，它会一跛一拐可怜地绕着你转。一旦你被彻底引开，它会迅速地飞得无影无踪。

4.3.3.2 生态系统活动中的信息传递过程

生态系统中能量流和物质流通过个体与个体之间，种群与种群之间，生物与环境之间的信息传递来协调。如动物之间的信息传递是通过其神经系统和内分泌系统进行的，贯穿于生物的取食、居住、社会行为、防护、性行为等过程。

(1)取食

食草动物通过眼睛感觉辨别环境中不同植物的颜色特征，从而取食它所需要的植物。在取食过程中，通过口腔的感触辨别食物的味道，然后取食所需要的食物，排除不需要的部分。肉食动物不但用眼睛辨别、追捕它所需要的动物，同时还用耳朵对声音的反应，来追捕它的敌人，从而获取食物或召集同伴战胜敌人而取食。

(2)居住

动物总是栖息在最有利于生活、生存的环境中，这是通过一系列感觉器官，将环境中的光、温、水、气等信息反映到神经系统，经过综合分析而决定的。食物信息发生变化也会引起生物居住地的改变。

(3)防护

各种生物为了求得生存，在长期适应环境的过程中，形成了多种多样保护自身安全，不受天敌伤害的防护本领。如利用保护色、警戒色、恐吓、假死、烟幕术、拟态等行为来保护自己。

各种生物的体形和体色都有尽量与其生存环境相一致的特征。这一特征是防御“敌人”的一种自然保护色。生物具有寻找与其体色相同的环境居住下来的机能，以此来迷惑敌人免遭杀害。蝗虫、蚱蜢当秋冬杂草枯黄的物理信息传到虫体，反映到大脑时，大脑指示体躯的皮肤改变颜色使之与草色相一致，从而保护其免遭敌害。有的动物以其特别的姿态变化来吓唬敌人得到保护。如螳螂临近危险时，身体耸立，张开网状的大翅膀，高高举起两把带挠钩的大刀，摆出一副要砍向敌人的架势，面目狰狞可怕，吓得敌害只好转身而逃；南美洲有种叫卡里果的蝴蝶，后翅上有个色彩、形状像猫头鹰的图形，飞行时要是被鸟儿追捕，它立即把后翅朝上、头朝下，摆出恐吓姿势，鸟儿看见了，误认为是凶恶的猫头鹰，吓得不敢再追。海洋生物乌贼遇到敌人时，喷出黑液赶跑敌人；放屁虫受到惊扰或遇到天敌时，就会排出一股带硫黄味的气体，连气带雾进行攻击，自己乘机逃之夭夭。欧洲山地有种凤蝶，遇到敌害时，立即一动不动躺在地上装死，即使被捡起来，抛来抛去，也毫无反应，敌人走后，它再“醒”来远走高飞。瓢虫被鸟类啄食时，体内分泌出强心苷，使鸟感到难以下咽而将其吐出；一些植物被啃食后，也会分泌出单宁或其他动物厌恶的次生代谢物质。

(4)性行为

生物在其繁衍后代的过程中都有特殊的性行为。某些生物能分泌与性行为有关的物质散发到环境中引诱异性。这种化学信息只有同类生物才能感触到，尤其是同类生物的异性对其特别敏感。鳞翅目昆虫，雄蛾在腹部或翅上的毛刷状器官有性分泌腺，可分泌性外激素以引诱异性，达到交配的目的。有的生物是雌性分泌性外激素引诱雄性；有的生物则是雄性分泌性外激素引诱雌性；还有的生物，两性都能分泌性外激素。一般来说，雌性分泌的性外激素引诱力较强，引诱的距离较远；雄性分泌的性外激素引诱力较弱，引诱的距离较近。引诱的距离，按 Wright 计算大致在 1km 之内。

4.4 生态系统的平衡及其调控机制

4.4.1 生态系统的稳定性及其调控机制

我们知道，一般情况下，无论是自然生态系统，还是人工生态系统，几乎都属于动态的开放系统。只有人工建立的完全封闭的宇宙舱生态系统才归属于封闭系统。开放系统必须依赖于外界环境的输入，但生态系统在与环境因素之间进行物质和能量的交换过程中，也会不断受到外界环境的干扰和负面影响。然而，一切生态系统对于环境的干扰所带来的影响和破坏都有一种自我调节、自我修复和自我延续的能力。生态系统的这种抵抗变化和保持平衡状态的倾向叫作生态系统的稳定性或“稳态”。

生态系统的稳定性主要是通过系统的反馈调控来实现的。当生态系统中的某一成分发生变化时，它必然会引起其他成分出现一系列相应的变化，这些变化又会反过来影响最初发生变化的那种成分，使其变化减弱或增强，这种作用过程称为反馈。反馈分为负反馈和正反馈两种类型。

负反馈是指使系统输出的变动在原变化方向上减速或逆转的反馈。其作用的结果是促使生态系统达到稳态和保持平衡。例如，草原植食动物迁入、繁殖，使数量增加，从而使得草原植物被过度啃食而减少，而植物生产量的减少，反过来又会抑制植食动物种群和个体数量增加。正反馈与负反馈相反，是指系统输出的变动在原变动方向上被加速的反馈。其作用结果常常是使生态系统进一步远离平衡状态或稳态。例如，一个湖泊生态系统受到污染，导致鱼类死亡而数量减少，鱼类死亡后又会进一步加重污染，并引起更多的鱼类死亡，使得湖泊污染越来越严重，鱼类死亡也会加剧。但在自然生态系统中，正反馈也是生物生长过程和存活所必需的，如在生物生长过程中个体越来越大，在种群持续增长过程中，种群数量不断上升，这都属于正反馈。正反馈存在的时间一般较短，从长远看，生态系统中的负反馈和自我调节总是起着主要作用。

4.4.2 生态平衡

4.4.2.1 生态平衡的概念

由于生态系统具有负反馈的自我调节机制，所以当生态系统受到外界干扰破坏时，只要不过分严重，一般都可通过自我调节使系统得到修复，维持其稳定与平衡。

生态平衡是指生态系统通过发育和调节所达到的一种稳定状态，它包括结构上的稳定，功能上的稳定和能量输入、输出上的稳定。生态平衡是一种动态平衡，因为能量流动和物质循环总在不间断地进行，生物个体也在不断地进行更新。在自然条件下，生态系统总是按照一定规律朝着种类多样化、结构复杂化和功能完善化的方向发展，直到使生态系统达到成熟的最稳定状态为止。

4.4.2.2 衡量生态平衡的三个基本要素

衡量一个生态系统是否处于生态平衡状态，主要从以下三个方面进行考虑。

①时空结构上的有序性。时间有序性主要是指生命过程和生态系统演替发展的阶段性，功能的延续性和节奏性。空间有序性是指结构有规则地排列组合，小至生物个体的各器官的排列井然有序，大至宏观生物圈内各级生态系统的排列，以及生态系统内各种成分的排列都是有序的。

②能流、物流的收支平衡。系统既不能入不敷出，造成系统亏空，又不应入多出少，导致污染和浪费。

③系统自我修复、自我调节功能的保持，抗逆、抗干扰、缓冲能力强。生态平衡状态是生物与环境高度适应、环境质量良好，整个系统协调和统一的一种状态。

4.4.2.3 生态平衡失调及其原因

(1)生态平衡失调概述

生态系统是一个反馈系统，具有自我调节的机能。但是，这种机能是有一定限度的。在不超过该生态系统的生态阈值和容量的前提下，它可以忍受一定的外界压力。当压力解除后，它能逐步恢复到原有的水平。相反，如果外界压力超过该生态系统的生态阈值，它的自我调节能力便会降低，甚至消失，最后导致生态系统衰退或崩溃。这就是人们常说的“生态平衡失调”或“生态平衡破坏”。

(2)造成生态平衡失调的原因

造成生态平衡失调的原因有自然和人为两方面的因素。自然因素，如火山爆发、地震、海啸、暴风雨、洪水、泥石流、气候变化等，这些因素可造成局部或大区域的环境系统或生物系统的破坏或毁灭，导致生态系统的破坏或崩溃。人为因素，如滥伐森林、开垦草原、围湖造田、修建大型工程、污染环境、人为引入或消灭某些生物等。当前，世界范围内广泛存在的水土流失、土地沙漠化、草原退化等环境问题都是人类不合理利用自然资源引起生态平衡破坏的表现。20世纪以来，工农业生产中有意或无意地使大量污染物进入环境，从而改变了生态系统的环境因素，影响了整个生态系统。由此造成的空气污染、水污染、土壤污染、固体废弃物污染等也是生态平衡遭到破坏的重要原因。

【讨论】

练习

1. 什么是生态系统？简述生态系统概念的发展历程。
2. 生态系统的组成成分有哪些？说明各组成成分的作用。
3. 什么是食物链？简述食物链的类型。
4. 生态系统有哪些特征？
5. 什么是初级生产、次级生产、生态效率？
6. 什么是生物地球化学循环？什么是生物学放大作用？

7. 生态系统的能量流动有何特点？简述人类活动对水循环、碳循环、氮循环的影响及环境效应。

8. 简述生态系统信息联系的类型和生态系统中信息传递的过程。

9. 什么是生态平衡、反馈、正反馈、负反馈？衡量生态平衡的基本要素有哪些？导致生态平衡失调的原因有哪些？

【试验、实训建议项目】

1. 观察校园内或校园外绿地生态系统：4 人一组，观察校园内或校园外绿地生态系统的形态结构并拍照、制作 PPT，然后由 1 名学生讲解。

2. 生态平衡问题研讨：围绕生态平衡失调表现、原因、修复等进行调研讨论。

5 生态规划

扫码领取
☑案例清单
☑课件收藏夹
☑试题资源库
☑拓展学习包

本章提要

【教学目标要求】

1. 理解生态规划的定义和内涵；
2. 了解生态规划的类型和内容；
3. 熟悉生态规划编制的原则和程序。

【教学重点、难点】

1. 生态规划的内容；
2. 生态规划的类型。

5.1 生态规划概述

5.1.1 生态规划的概念

目前，各种环境问题和环境与发展的关系问题正困扰着人类社会。其中最重要的问题是人口的剧增，使得地球生命支持系统承受着越来越大的压力。与此紧密相关的另一个问题是人类对地球上资源的大量开发和不合理利用，致使各种资源不断减少，生态破坏和环境污染问题日趋严重，自然生态系统对人类生存和发展的支持和服务功能正面临严重的威胁。造成上述问题的原因是复杂多样的，人类的无知和贪婪是一个重要的方面，所幸的是，人们越来越认识到环境与发展问题的重要性，以及生态学的基本原理是适合人类与环境协调发展的重要原理，注意到那些危害人类生存环境的、急功近利的、非理智的活动正是与生态学原理和目标背道而驰的。因而，通过编制和实施规划来协调人与自然环境和自然资源之间的关系日益受到人们的重视，各种规划得以迅速发展。

规划是人们通过思考来安排其未来行为的过程。规划包含两层意思：一是描绘未来，即人们根据对规划对象现状的认识所作的对未来目标和发展状态的构思；二是行为决策，即人们为达到或实现未来的发展目标所采取的时空顺序、步骤和技术方法的决策。

人们往往根据现有的知识和对现状的分析认识，来对规划对象的未来发展状态和实施方案进行选择。即以思想、决策和行动的确定性应对现实和未来的不确定性。由于规划对象本身的差异，以及人们对其认识和开发利用方式的不同，规划方案也是多样的，生态规划即是诸多规划中的一类。

由于生态规划工作起步晚、发展迅速、应用的领域和范围不断扩大，研究梳理尚不系统，对生态规划的概念至今尚无统一的认识。不同学者在不同时期结合各自的研究工作对生态规划提出多种定义。

芒福德(L. Mumford)等对生态规划的定义为：综合协调某一地区可能或潜在的自然流、经济流和社会流，以为该地区居民的最适生活奠定适宜的自然基础。

现代生态规划奠基人麦克哈格(I. McHarg)认为：生态规划是在没有任何有害的情况下，或多数无害条件下，对土地的某种可能用途，确定其最适宜的地区。符合此种标准的地区便认定为本身适宜于所考虑的土地利用。利用生态学理论而制定的符合生态学要求的土地利用规划称为生态规划。

我国著名生态学家王如松认为：生态规划就是要通过生态辨识和系统规划，运用生态学原理、方法和系统科学手段去辨识、模拟、设计生态系统内部各种生态关系，探讨改善系统生态功能，促进人与环境关系持续协调发展的可行的调控政策。本质是一种系统认识和对人与环境关系的复合生态系统的重新安排。

欧阳志云从区域发展角度指出：生态规划系指运用生态学原理及相关学科的知识，通过生态适宜性分析，寻求与自然和谐、与资源潜力相适应的资源开发方式与社会经济发展途径。

王祥荣认为：生态规划是以生态学原理和规划学原理为指导，应用系统科学、环境科学等多学科手段辨识、模拟和设计人工复合生态系统的各种关系，确定资源开发利用与保护的生态适宜度，探讨改善系统结构与功能的生态建设对策，促进人与环境关系持续、协调发展的一种规划方法。

《环境科学辞典》对生态规划的定义是：为保证自然资源最适当的利用，环境不受污染破坏，生产得以持续发展，用生态系统的观点对农业、林业、牧业、副业、渔业、工矿交通业以及住宅、行政、文化设施等的合理布局与安排。

全国科学技术名词审定委员会审定的生态规划定义为：运用生态学原理，综合地、长远地评价、规划和协调人与自然资源开发、利用和转化的关系，提高生态经济效率，促进社会经济可持续发展的一种区域发展规划方法。

可以看出，不同学科和领域对生态规划有不同的理解，早期生态规划多集中在土地空间结构布局和合理利用方面，而随着生态学的不断发展和向社会经济各个领域的广泛渗入，特别是复合生态系统理论的不断完善，生态规划已不局限于土地利用规划、空间结构布局等方面，而是逐步扩展到经济、人口、资源、环境等诸多方面。

综上所述，生态规划有广义和狭义之分。广义的生态规划是“生态理论指导的规划”，即把生态的原理、方法融入其他操作性规划（如景观建筑规划、土地利用规划、园林规划等）中，并规定自然生态系统应达到的状态功能目标。狭义的生态规划是“自然生态系统保护与建设的规划”，即在定性描述和分析与定量测算和模拟的基础上，针对欲达到的自然生态系统的状态目标，构建、设计的可实施的对策、措施、工程。

5.1.2 生态规划的类型

综合生态规划实践成果，可以勾画出生态规划的体系概貌，如图 5.1 所示。

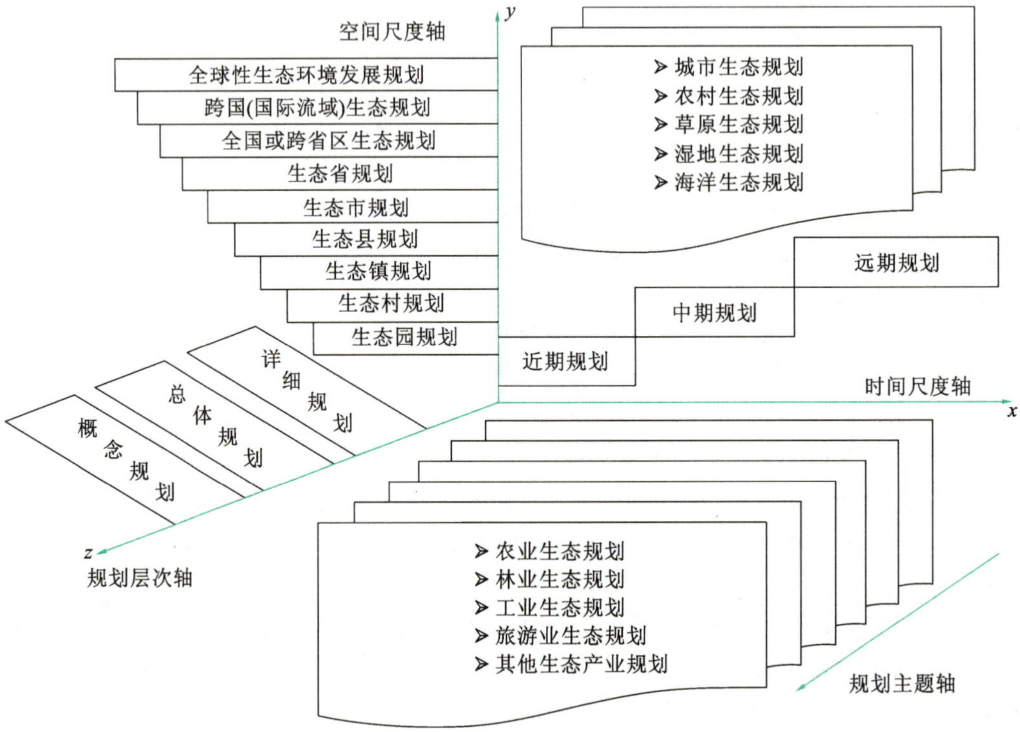

图 5.1 生态规划的多维分类体系

图中，y 轴左侧是按空间分类的狭义生态规划，y 轴右侧是按环境类别或要素分类的狭义生态规划；z 轴右侧是按主题分类的广义生态规划。不论是广义生态规划，还是狭义生态规划，都可以有近期规划、中期规划、远期规划和概念规划、总体规划、详细规划。

5.1.3 生态规划的地位及与其他规划的关系

5.1.3.1 生态规划的地位

综合上述关于生态规划发展与概念的研究成果，可以勾画出狭义生态规划在整个规划体系中的地位，如图 5.2 所示。

从规划层位来看，生态规划必须以上位区划的成果作为基本依据，必须遵循上位区划或规划的功能定位及其基本要求。除生态区划、生态功能区划、主体功能区规划外，行政区划、经济区划、自然区划、农业区划、海洋功能区划、城镇体系规划、土地利用总体规划、社会经济中长期发展规划等也具有上位区划或规划的性质。

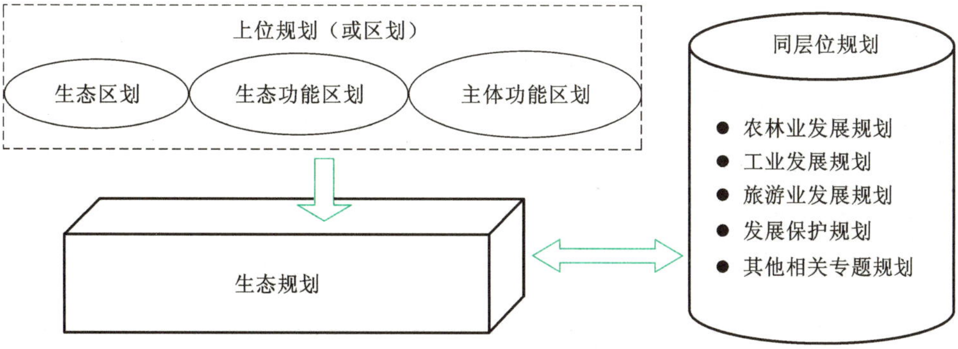

图 5.2 生态规划所处的层位关系

同时，生态规划还必须与同层位的专题规划或其他行业发展规划相衔接和协调，如农业发展规划、林业发展规划、工业发展规划、旅游业发展规划、环境保护规划、交通与基础设施建设规划、水利规划等，确保不发生根本性否定的冲突。

5.1.3.2 生态规划的重要上位区划或规划

(1)生态区划

①生态区的概念

生态区是指，在对生态系统客观认识和充分研究的基础上，应用生态学原理和方法揭示自然区域的相似性和差异性规律并进行整合和分异后，划分的区域生态环境单元。

②现行全国生态区划

20 世纪 90 年代末，中国科学院生态环境研究中心完成了全国生态区划。该区划将我国分为 3 个"生态大区"(即东部湿润、半湿润生态大区，西北干旱、半干旱生态大区和青藏高原生态大区)、13 个"生态地区"(即东部 6 个、西部 4 个、青藏高原 3 个)、57 个"生态区"(即东部 35 个、西部 12 个、青藏高原 10 个)。

(2)生态功能区划

2015 年 11 月，原环境保护部和中国科学院共同完成了《全国生态功能区划(修编版)》。该区划将我国生态功能区分为 3 个生态功能大类(即生态调节、产品提供、人居保障)、9 个生态功能类型(即生态调节的水源涵养、生物多样性保护、土壤保持、防风固沙、洪水调蓄 5 个类型，产品提供的农产品提供和林产品提供 2 个类型，人居保障的人口和经济密集的大都市群和重点城镇群 2 个类型)，划定了 242 个生态功能区(即生态调节功能区 148 个、产品提供功能区 63 个、人居保障功能区 31 个)。详见表 5.1。

表 5.1 全国陆域生态功能区类型统计表

主导生态系统服务功能		生态功能区(个)	面积(万平方千米)	面积比例(%)
生态调节	水源涵养	47	256.85	26.86
	生物多样性保护	43	220.84	23.09
	土壤保持	20	61.40	6.42
	防风固沙	30	198.95	20.80
	洪水调蓄	8	4.89	0.51

续表 5.1

主导生态系统服务功能		生态功能区(个)	面积(万平方千米)	面积比例(%)
产品提供	农产品提供	58	180.57	18.88
	林产品提供	5	10.90	1.14
人居保障	大都市群	3	10.84	1.13
	重点城镇群	28	11.04	1.15
合计		242	956.28	100.00

注:本区划不含香港特别行政区、澳门特别行政区和台湾省。

该区划还特别指出了各生态功能类型区存在的主要生态问题及其生态保护主要方向。

(3)主体功能区规划

①主体功能区的概念

主体功能区是指,根据不同区域的资源环境承载能力、现有开发强度和发展潜力,统筹谋划人口分布、经济布局、国土利用和城镇化格局,明确了主体功能的区域。

②现行全国主体功能区规划

2011 年 6 月,国务院发布了《全国主体功能区规划——构建高效、协调、可持续的国土空间开发格局》。该规划在国家和省级两个层面,将我国国土空间按开发方式分为优化开发区域、重点开发区域、限制开发区域和禁止开发区域,按开发内容分为城市化地区、农产品生产区和重点生态功能区。详见图 5.3。

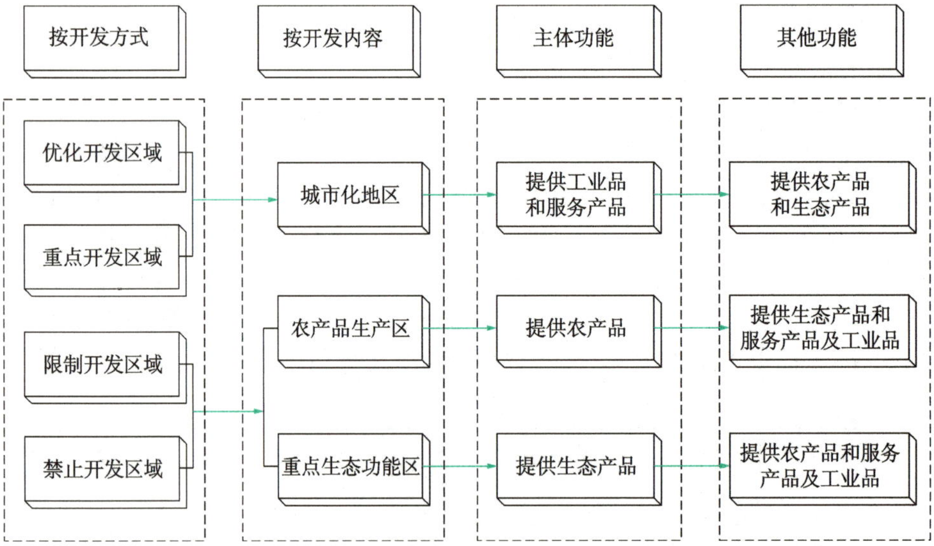

图 5.3　主体功能区分类及其功能

该规划确定了主体功能区开发的共同原则:优化结构、保护自然、集约开发、协调开发、陆海统筹;提出了构建“两横三纵”为主体的城市化战略格局、“七区二十三带”为主体的农业战略格局、“两屏三带”为主体的生态安全战略格局的战略任务;明确了国家层面的重点开发区域18个，限制开发的农产品“七区二十三带”和重点生态功能区25个，禁止开发区域1443处。

(4)国民经济和社会发展规划

国民经济和社会发展规划是国家或地区在较长一段历史时期内经济和社会发展的全局安排。它规定了经济和社会发展的总目标、总任务、总政策以及发展的重点、所要经过的阶段、采取的战略部署和重大的政策与措施。生态规划必须遵循国民经济和社会发展规划对合理开发利用资源、防止环境污染、保持生态平衡、实现区域社会—经济—环境协调可持续发展的基本要求。

(5)经济区划

经济区划是按照地域经济的相似性和差异性，划定不同地域范围、不同内容、不同层次和各具特色的经济区。生态规划应从原料基地和生产基地合理安排与建设、形成产业链、促进社会—经济—环境协调可持续发展等方面支撑经济区划。

(6)国土规划

国土规划是对国土资源的开发、利用、治理和保护进行全面规划。它着重考虑土、水、矿产和生物等自然资源的开发利用和工业、农业、交通运输业的布局。生态规划要通过环境资源的生态适宜性分析和评价等工作，为国土规划提供技术支持和科学依据。

(7)城市规划

城市规划是在确定城市性质、规模、空间发展方向的前提下，对城市土地、空间布局、各项建设及城市经济和社会发展进行综合部署。生态规划应对城市规划致力于人与自然的和谐共存提供支持(表5.2)。

表5.2 传统城市规划与生态规划的比较

比较项目	传统城市规划	生态规划
规划思想与目标	人类中心论、为经济建设服务、追求经济效益最大化	生态文明观、可持续发展观，协调人地关系，追求三大效益的统一
规划思维方式	线性思维模式、机械论、还原论	网络思维方式、整体观与系统观
规划价值观	资源环境是无限和无价的，可无偿利用	资源环境是有价和有限的，承认生态系统服务价值与资源环境成本
规划理论基础	经济学、规划学、城市学、建筑学、工程学等	生态学、生态经济学、生态规划学、生态工程、系统论等
规划依据	国家计划，“自上而下”	强调生态承载力与生态适宜性，“自下而上”和“自上而下”两种方法兼用
规划方法与手段	有形的“硬”规划、均质规划，采用分解还原方法	综合性“软硬兼施”规划、“异质”规划，采用系统综合方法
规划内容	城市功能、空间布局、用地规模与控制、生产与生活项目、硬质景观等	生态产业、生态环境建设工程、生态基础设施、生态社区、生态文化等
规划决策方式	领导、专家、利益相关者等	专家、利益相关者(含领导)、全民参与

5.1.3.3 生态规划的主要同层位规划

与生态规划同层位的是各种专业规划，它们是各行业部门所制定的本行业或部门今后一段时期内发展的内容、目标和进度安排，主要有区域、流域、海域的建设、开发利用规划，工业、农业、畜牧业、林业、能源、水利、交通、城市建设、旅游、自然资源开发的专项规划。这些规划具有较强的针对性和操作性，但多突出提高生产性，兼顾生活性，在生态性方面往往语焉不详。

而生态规划则要担负起从生态系统的整体协调发展出发，以生态适宜性评价为基础，安排环境资源在不同行业与部门之间的分配，从而能充分发挥资源的潜力，促进不同行业与部门协调持续稳定发展。从这个意义上说，生态规划对各专业规划起着指导、规范和约束的作用。

5.1.3.4 生态规划的主要展现形式

生态规划不仅如前所述尚无统一的概念，也无公认的标准的展现形式，截至目前，其主要展现形式有生态环境保护规划、生态建设规划、生态环境规划三种专项规划以及其他专项规划中的生态规划。

(1)生态环境保护规划

生态环境保护规划是以保护环境和自然资源为目的制订的长远计划，又称自然保护规划。该规划的主要内容包括：调查与评价生态环境和自然资源、预测生态环境和自然资源发展趋势、确定保护目标和实施方案。其保护目标主要为人类生存与发展所依赖的生物资源、生态过程和生命支持系统、自然历史遗迹等，实施方案包括采取的措施、相应的投资、支持与保障条件。

(2)生态建设规划

生态建设规划是以维护生态系统应有功能为目的制定的规划。该规划的主要内容包括：调查区域生态环境和生物资源、分析评价生态环境生态系统现状和区划生态环境功能、识别主要生态环境问题、预测生态环境变化、确定生态建设工程与政策措施。

(3)生态环境规划

生态环境规划是以实现经济、社会、生态环境效益协调统一为目标的规划，是传统型环境规划的发展版。在传统环境规划调查评价、预测、区划环境，设定环境目标，设计生产力布局与产业结构、自然保护与环境综合整治方案的常规内容之外，生态环境规划特别关注分析生态系统物质流动过程与环节、选择设计资源开发利用途径与方式。

对比发现，前两种规划侧重于保护与建设生态系统，后一种规划更关注保护与开发利用自然资源。

5.1.4 生态规划的基本内涵与主要目标

5.1.4.1 基本内涵与内涵问题

(1)基本内涵

前面的讨论显示，不论是生态规划的上位规划，还是专项的生态规划，抑或是生态规划的同层位规划中关于生态环境和自然资源的篇章，都具有共同的内涵，即：以认知并尊重生态关系为前提，综合考虑与安排区域的经济、社会、环境、资源等系统，解决人口—资源—环境—发展的矛盾，提高人的生产与生活水平，促进人与自然的和谐发展。换言之，生态规划既不单纯追求经济效益最大化，也不追求短期效益最大化，而是全面追求生产稳定、生态发展和生活舒适及其可持续。

(2)内涵问题

为体现上述内涵，生态规划必须明晰以下一个或多个问题：

①规划区的生态环境容量与资源承载力；

②规划区土地利用的生态适宜性、生态敏感性、生态脆弱性、生态风险以及生态系统服务功能分析评价，以及在此基础上的功能分区与生态布局；

③规划拟建产业、项目的环境友好性分析，以及在此基础上的最优化选择；

④需专列或配置的生态保护、生态恢复、生态环境工程以及环境污染治理、生态文化建设项目；

⑤评价规划的环境影响、预测风险、分析经济可行性。

5.1.4.2 主要目标与目标要求

(1)主要目标

任何规划都会设定其目标，生态规划的主要目标包括以下 3 个：

①景观生态功能格局的顶层优化目标；

②“生态、生产、生活”功能的提升状态水平目标；

③人地关系动态协调的可持续发展目标。

(2)目标要求

①景观生态功能格局顶层优化的目标要求

在宏观空间上，首先，要通过对规划区的景观生态格局和生态适宜性进行分析，确定符合生态学要求的生态功能分区与空间布局，以保证规划区复合生态系统的物流、能流、信息流等的畅通运转和高效利用。其次，要实现规划区与其周边地区之间在整体空间上的合理景观布局。例如，有些河流、山脉等大尺度的地形地貌是跨区域的，因此，景观生态功能格局不仅要着眼于其在规划区内的空间布局的合理性，还要兼顾其在规划区外的地理空间联系和景观生态形态与价值。

②“三生”功能提升状态水平的目标要求

生态规划必须兼顾“生态功能、生产功能和生活功能”三者的全面提升及其之间的协调整合，即生态规划是区域生态系统结构与功能完整性的规划，而不是单一、孤立的生态型规划、生产型规划或者生活型规划。如图 5.4 所示。

生态功能为生态系统所固有的功能，如固碳功能、释氧功能、保持水土功能、改善小气候功能等，是区域自然—经济—社会复合生态系统维持和可持续发展的基础。生态规划对生态功能的基本目标要求是，对生态系统实施有效的保护、恢复、建设，生态系统的规模、结构日趋强大、稳定，生态系统产出的公共生态产品数量和质量稳定提升。

生产功能是利用自然生态系统的基础生产力，加之人类劳动力、科学技术手段以及相关的生产资料投入，为人类衣食住行提供生产与生活资料的能力。生态规划对生产功能的基本目标要求是，生产项目的设置安排不能简单地追求经济生产力，而是要在“在保

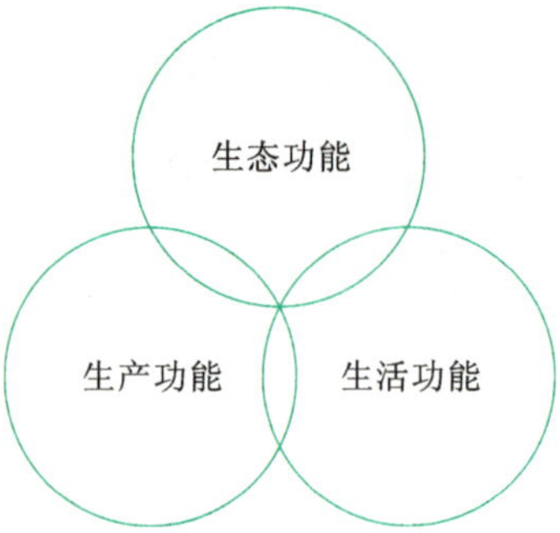

图 5.4 生态规划中的“三生”服务功能

护中利用”“在利用中保护”的基础上获得生产力。

生活功能则是指在生态和生产功能的基础上，生态系统为人类提供的必要的生存环境、休闲度假、观光旅游、科普教育、文化娱乐、亲近自然、康体养性等方面的服务功能。生态规划对生活功能的基本目标要求是，生活空间与人类需要相匹配，生活资源与服务获取便捷稳定，生活环境质量稳定向好。

事实上，由于被规划事物往往同时具有多种功能，生态规划可以给一个事物在多个方向上设定目标要求。例如，农业、林业、草业、水产业，乃至现代的生态工业，不仅具有物质生产功能，还具有基础生态功能和文旅服务功能，因此，生态规划可以规定它们的生产目标要求，也可以明确对它们在观光旅游、休闲度假和文化娱乐方面的目标要求。

③人地关系动态协调可持续发展的目标要求

处理好近期目标和中长期目标之间的关系，兼顾到当代人和后代人之间在资源环境开发利用上的协调与分配，充分考虑基于社会经济发展和科技进步对已规划的建设项目进行适时的调整与优化。

5.1.5 “生态生产力”与生态规划

5.1.5.1 “生态生产力”的概念

传统的生产力的定义认为，“生产力是人们解决社会同自然矛盾的实际能力，是人类征服和改造自然使其适应社会需要的客观物质力量”。这个定义，把人类脱离到生态系统之外，凌驾于自然之上，将人与自然的关系敌对化，不符合人与自然和谐共生的“生态文明”思想。近年来，学术界提出了“生态生产力”的概念。

狭义地讲，生态生产力即生物和生态系统的生产力，是指生态系统从外界环境中吸收生命过程所必需的物质和能量并转化为新的生物质和生物能量的能力，主要包括初级生产力、次级生产力和系统生产力(即自然生产力)。广义上讲，生态生产力是由自然资源、生态环境、科学技术、人类社会治理等系统等相互耦合而形成的一种具有放大效应的最优生产力。如图 5.5 所示。

生态生产力包括：

(1)生态服务产品生产力。主要指自然生态系统生产有形或无形的环境产品的能力。如氧气、土壤肥力、水土保持、适宜气候、绿色环境、清洁水体、物流—能流—信息流

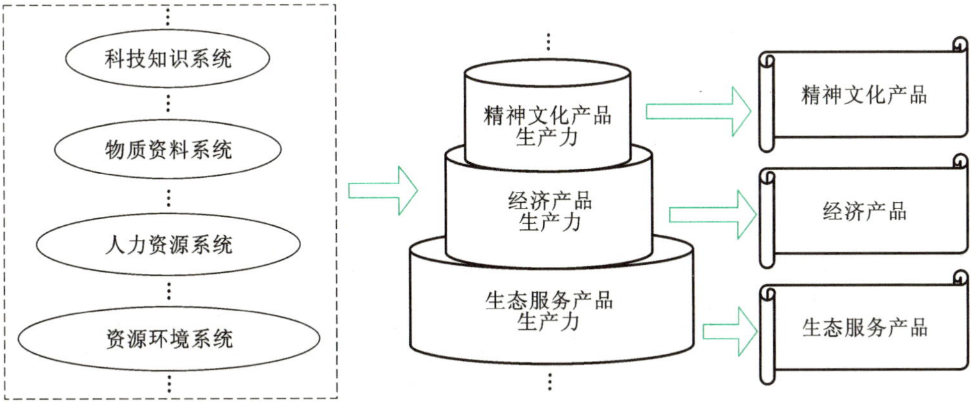

图 5.5 生态规划中的生态生产力的概念框架

等支撑人类、生物、生态系统的生存、维护与更新的非消费用实物或非实物。

(2)经济产品生产力。主要指人类开发利用生态系统生产有形的物质产品的能力。如粮食、蔬菜、瓜果、畜禽、蛋奶、纤维、木材、药材、原料、燃料等供人类生活消费之用的实物。

(3)精神文化产品生产力。主要指人类在认识、开发、利用、保护生态系统的过程中生产无形的衍生意识产品的能力。如生态文化、生态意识、生态科技、生态伦理、生态道德、生态责任、生态权益等供人类形成正确的世界观、价值观和人生观之用的非实物。

5.1.5.2 在生态规划中辩证把握"生态生产力"

生态生产力的三个方面是三位一体、不可分割的,通俗地讲,生态生产力就是生态系统在人的加持下获得的综合生产力,而且特别有赖于人类保护自然、与自然和谐共处、高效利用自然。换言之,生态生产力是指人类"善解自然、善学自然、善用自然、善管自然、善待自然"形成的生产力。

生态生产力的三个方面也是相互影响的。过分强调生态服务产品生产力至上,或会抑制经济产品生产力,导致生活的原始化;过分强大的经济产品生产力,可能削弱生态服务产品生产力和精神文化产品生产力,有利于降低生存成本,但也会降低人类的生境质量和生存品位;而生态服务产品生产力和精神文化产品生产力的减弱,必然降低或抑制经济产品生产力,增加生存成本。

因此,在生态规划中,我们要尽量避免生产力要素间的负面效应,积极促成生态生产力要素的均衡、整合、叠加,甚至放大。

5.2 生态规划的内容

5.2.1 生态规划的工作内容

进行任何一项生态规划,都必须开展一些基本的工作(又称基本要件),包括:生态分析与评价，生态功能定位与空间分区，生态产业项目选择与配置，生态环境保护与生态建设工程安排，生态配套设施与服务体系建设工程（含生态基础设施、生态社区、生态文化、生态标志、生态解说等）安排。如图 5.6 所示。

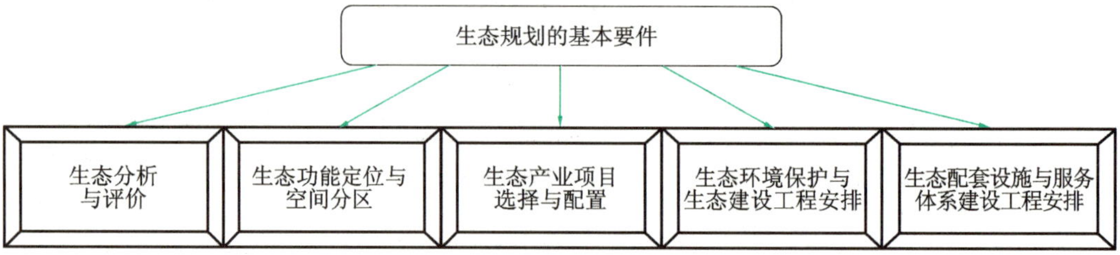

图 5.6 生态规划的基本要件

5.2.1.1 生态分析与评价

生态分析与评价是生态规划的基础工作，它为规划区的生态功能分区、生态项目的选择与安排等提供基本依据。生态分析与评价通常包括生态环境现状评价、生态适宜性评价、资源环境承载力评价、生态服务功能评价、生态敏感性评价、生态脆弱性分析、生态风险评价、生态安全与生态健康评价、生态区位分析以及一些生态预测分析（如生态环境变化预测、人口增长预测）等内容。

5.2.1.2 生态功能定位与空间分区

生态功能定位与空间分区是生态规划的前置工作。它是根据生态分析与评价的结果对规划区进行总体的发展与建设定位，以及景观生态层面上的功能分区，从而确定规划区未来发展的主导方向，同时勾勒出规划区的不同生态功能区域、生态网络等基本生态框架和总体空间格局。

5.2.1.3 生态产业项目选择与配置

生态产业项目选择与配置是生态规划核心工作之一。它是根据生态调查与生态评价及生态经济学分析的结果，以及规划区社会经济发展的现状与国内外市场需求，通过比较分析、多目标决策、系统优化、专家系统等手段，选择合适的生态产业项目（包括生态农林业项目、生态工业项目、生态旅游项目、其他生态服务业项目等），而且，要求将所有的规划项目落实到相应的功能区，落实到地块，即“项目落地”。同时，规划所选的项目之间也要相互匹配。在发展内容上能否形成产业链、构成循环经济发展模式，在空间布局上是否具有生态合理性都是值得考虑的重要问题。

5.2.1.4 生态环境保护与生态建设工程安排

生态环境保护与生态建设工程安排是生态规划核心工作之二。生态规划强调对生物多样性的保护、对敏感区和脆弱区的保护、对重要景观斑块（如林地、山体、水体）的保护、对退化生态系统的恢复与重建、对污染环境的修复与治理、对景观生态廊道的构建等，因此，需要设计和配置一系列的生态工程项目（如各类自然保护区、基本农田保护区、水源保护区、生态恢复工程、绿色生态廊道工程、污染控制工程、生态灾害防护工程等项目）加以建设，这是保障规划区及其他规划建设项目能够实现可持续发展的生态基础工程。

5.2.1.5 生态配套设施与服务体系建设工程安排

生态配套设施与服务体系建设工程安排是生态规划核心工作之三。生态规划强调规划区生态系统结构和功能的完整性，因此，也必然要求生态产业和生态环境建设的配套设施和社会服务体系同步生态化，即实现规划区的全面生态化。在生态规划中，要特别开展对基础设施的生态化改造与建设，如生态道路、生态水利设施、生态通信设施、生态（生物）能源设施、生态建筑、生态标志等项目的设计。同时，如果在规划区内涉及居民生活区，则需要开展生态社区（如生态城镇、生态乡村、生态聚落等）、产品流通与市场服务规划，以及相应的生态文化和生态服务等项目的设计与规划。

5.2.2 生态规划的成果内容

生态规划成果通常包括生态规划文本、生态规划图件、生态规划说明书和附录四大部分，有时还有专题报告。其中文本和图件是提交给规划委托单位的正式文件，供审议和批准之用，二者具有相同的（法定）效力；而说明书、附录和专题报告仅是提交给规划委托单位和相关部门的辅助文件，无须批准，且不一定提供。

由于生态规划还不是一个法定的规划类型，生态规划成果也无统一的内容、格式、体例等的规范，以下仅根据和参照现行成熟的专业规划成果的技术规范、相关的规划实践探索研究、对生态规划成果的基本共识，简单说明生态规划文本和生态规划图件的主要内容。

5.2.2.1 生态规划文本的主要内容

文本是规划的核心成果之一，供决策者使用。一般以精练的法律或行政规章性文字将规划工作的结果表述出来，省去大量的学术或宣教的说明、分析和论证。

生态规划文本的主要内容包括：

（1）规划总则。包含规划目的或规划背景、规划范围、规划期限、规划依据、规划指导思想与原则、规划技术路线、规划方法等。

（2）规划区概况。通常包含地理区位、地质地貌、气候水文、水利资源、生物资源、社会经济、市场条件、交通条件、历史沿革、民俗文化等。

（3）生态评价。一般包括土地利用的现状分析与评价、资源环境类型、数量与等级评价、生态适宜性评价、资源环境承载力评价、景观生态评价、生态敏感性与脆弱性评价、生态灾害与生态安全评价、规划区的 SWOT 分析或优劣势分析评价、生态产业经济发展预测、人口与市场预测等。

（4）功能分区。包括总体功能定位、发展目标、功能分区原则、分区方案、空间布局等。

（5）生态产业项目安排（含重点建设项目）。通常包括生态农业专题规划、生态工业专题规划、生态旅游业专题规划、其他生态服务业专题规划等。

（6）生态环境保护与生态建设工程安排（含重点建设项目）。主要包括自然保护区建设专题规划、水环境保护专题规划、水土保持专题规划、各种生态灾害防治（防洪、防旱、防寒、防风、防地质灾害、防病虫害、重大环境污染控制、生态退化防治等）规划、安全应急规划等。

（7）生态配套设施与服务体系建设工程安排（含重点建设项目）。主要涉及道路、水电、水利、通信等基础设施的生态化建设，以及生态社区、生态文化、生态标志等方面的规划内容。

（8）土地利用生态控制方案（含重点建设项目）。主要包括各规划项目的空间位置、用地规模与控制范围、用地调整等内容。

(9)投资估算(概算)与效益评价。一般包括项目与设施的投入分析、经济效益分析、生态效益分析、社会效益分析等。

(10)实施规划的保障措施。主要涉及体制保障、政策法规保障、组织保障、土地(用地)保障、人力资源保障、建设资金保障、科学技术保障、生态环境保障、日常管理和运作机制与模式保障等方面的内容。

上述是生态规划文本的较为全面的内容要求,在实际规划工作中,由于规划的主题和规划的深度要求不同,以及规划工作者的个人喜好不同,对上述内容可适当进行增减。

5.2.2.2　生态规划图件的主要内容

图件是规划成果空间化的直观表达,形象地描述生态环境要素和规划建设项目在规划区内的空间分布特征和相互关系,甚至可将在文本中难以用文字表述的内容直观显现。

生态规划图件的主要内容包括:

(1)规划区范围图、区位图;

(2)本规划与上位规划、同层位专项的衔接图;

(3)规划区自然与社会经济发展综合现状图、生态环境单要素图;

(4)规划区各种资源分布图;

(5)各种生态评价图以及社会经济发展水平分析评价图;

(6)总体功能分区图;

(7)各生态产业项目布局图;

(8)生态环境保护与生态建设项目分布图;

(9)生态配套设施与服务体系建设项目分布图;

(10)景观单体设计和单个规划项目的初步设计图(包括平面图、立面图、整体效果图等);

(11)项目建设时序图或分期实施图;

(12)规划区景观立体效果图;

(13)其他附图,如数学统计图表、框图、规划区实地照片、规划意向图、旅游组织线路图等。

上述是较为齐全、稳妥、全面的图件内容,在实际规划工作中,可根据不同生态规划类型和实际需求以及规划的深度进行适当选择。考虑到人力、物力和财力等因素的限制,通常可选择编制一些主要的规划图件,而不需要编制全部图件。

5.3　生态规划的原则和程序

5.3.1　生态规划的原则

实践中,各层级、领域、方向的生态规划多种多样,有各自的规划原则,但有些原则具有普遍性，包括：

5.3.1.1 整体性原则

维护并加强规划区域和其上位区域（局部与总体）的一致性。

5.3.1.2 协调共生原则

维持并改善规划区域内各部分（如经济、社会、环境）的协调、有序、平衡，各相关要素（如不同产业、不同社会组织、不同生物种群）的共存、互利。

5.3.1.3 区域分异原则

在充分研究规划区域生态要素功能现状、问题及发展趋势的基础上，对不同子系统作出针对性安排。

5.3.1.4 趋适开拓原则

有利于区域生物开拓和占领空余生态位以达到最佳生态位，有利于优化人为调控，充分发挥规划区的生态系统潜力。

5.3.1.5 可持续发展原则

有利于生物资源增殖、非生物资源减耗、环境质量向好以为后代维护和保留发展条件。

5.3.2 生态规划的程序

5.3.2.1 生态规划的工作阶段

生态规划编制是多任务全方位的工作过程，全过程大致分为 5 个基本阶段或步骤：生态规划任务落实与准备阶段；生态调查与资料收集阶段；生态评价与分析阶段；生态规划报告编制阶段；生态规划报告征求意见、修改与论证阶段。如图 5.7 所示。

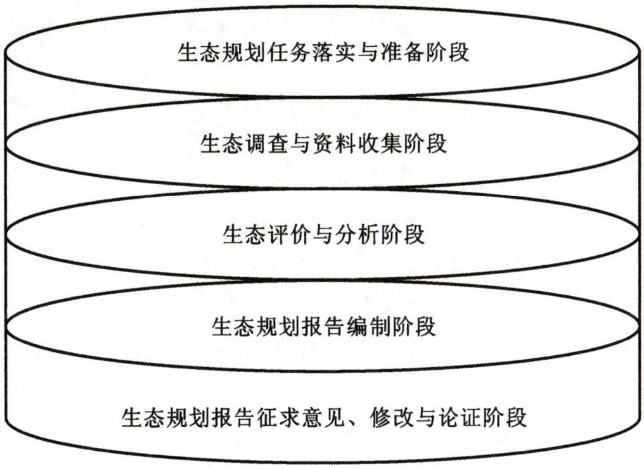

图 5.7 生态规划编制的主要流程与步骤

5.3.2.2 生态规划的技术路线

技术路线指对规划编制各阶段主要工作（构成了流程）及其成果的框架性描述。生态规划的技术路线如图 5.8 所示。

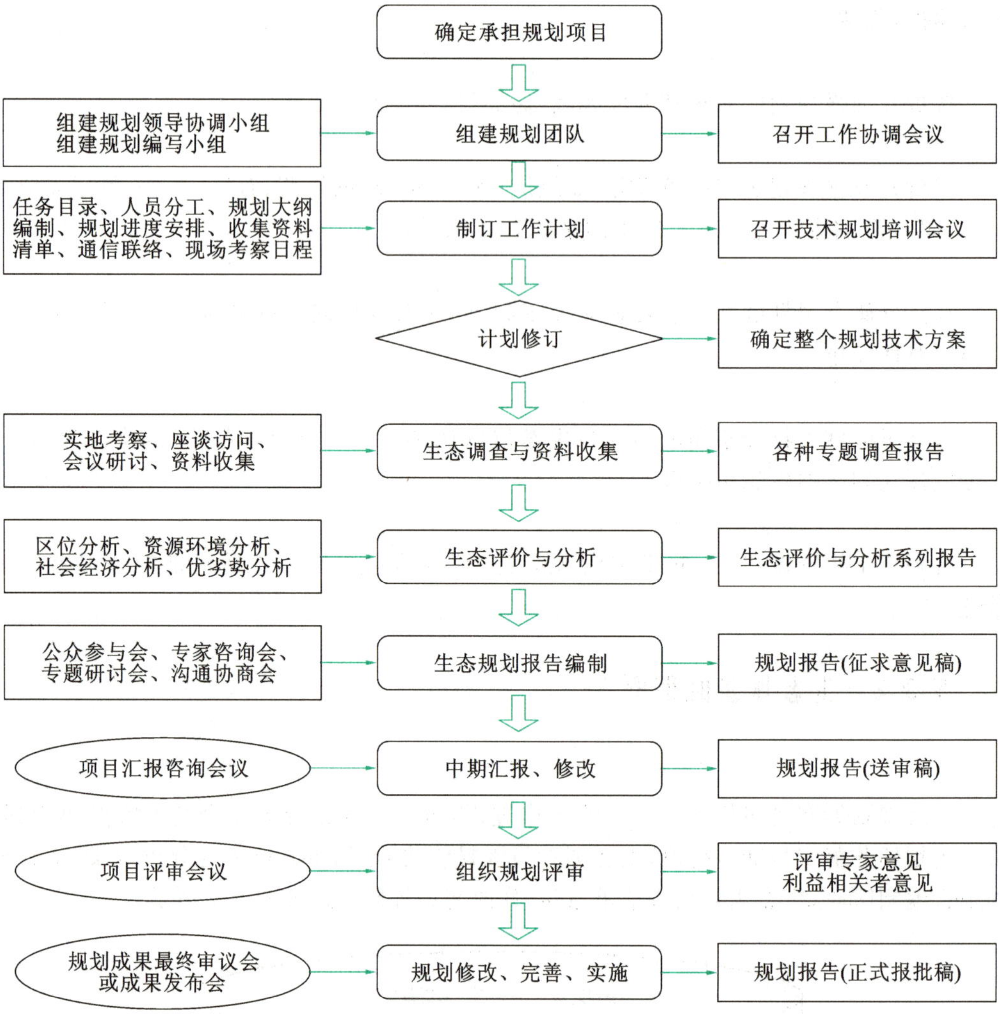

图 5.8　生态规划的技术路线

5.3.2.3　各阶段主要工作任务及成果要求

(1)生态规划任务落实与准备阶段

①规划发起单位(可以是政府、企业或个人等)按法定职责、权限和途径,确定规划编制项目及其要求、目标、范围等事项并发布之。

②规划发起单位按法定职责、权限和途径遴选确定规划编制单位并签订相关协议/合同。

③规划编制单位与规划发起单位沟通,制定、评审、通过规划编制工作实施方案、技术路线以及规划大纲等。

(2)生态调查与资料收集阶段

规划编制单位按规划大纲等的要求开展生态调查与资料收集工作。通常,规划编制单位应先编制并评审通过“调查指南”和“资料清单”,再由专题小组开展具体的调查与收集工作,形成“生态调查报告”和“资料汇编”。该阶段是生态规划的基础阶段,务求调查全面、客观、深入，资料丰富、真实、准确。

(3)生态评价与分析阶段

该阶段是对客观情况进行分析评价的阶段。

①利用调查和收集到的资料，建立数据库或数据管理信息系统，如基础地理数据库、生态环境数据库、自然资源数据库、社会经济统计数据库，以及其他专题数据库等。

②使用适当的数学统计分析方法或数学模型，对有效数据进行初步的编辑、加工和数理统计以及深入的解析。

③主要用数据来诊断、辨识、分析、演绎、推理、归纳、总结规划区的现状、问题、前景等，特别是生态环境与资源方面的现状、存在问题、发展潜力、优劣势、生态适宜性、资源瓶颈、环境容量等，形成生态评价报告，为后续生态规划方案的制定提供科学支撑。

(4)生态规划报告编制阶段

该阶段是生态规划的核心环节。在该阶段，规划编制单位要对以下(包括但不限于)问题给出专业、科学的回答：

①规划的目标与指标体系；

②规划区的生态功能分区与空间布局；

③重点领域、相关领域的重点项目/工程；

④规划的可行性与保障条件。

规划编制单位汇集开展规划编制以来取得的全部工作成果，形成规划初步成果(文本、规划说明、规划图集)。

(5)生态规划征求意见、修改与论证阶段

①规划编制单位将规划初步成果提交规划发起单位、利益相关者和当地民众、相关领域专家，广泛征求规划发起单位及其相关职能部门、公众、专家的意见与建议，对规划初步成果进行全面修改、补充和完善。

②规划编制单位将修改和完善后的规划初步成果提交规划发起单位，规划发起单位按法定职责、权限和途径，组织成果评审论证及评审后修改，形成正式规划成果，按法定职责、权限和途径进行审议、批准、颁布。

【讨论】

1. 什么是生态规划？它的内涵是什么？
2. 如何区分生态规划与其他规划之间的关系？
3. 生态规划的目标有哪些？
4. 生态规划的类型有哪些？
5. 生态规划的基本内容是什么？
6. 生态规划按照怎样的程序进行编制？

练习

6 自然保护地建设与管理

本章提要

【教学目标要求】

1. 了解自然保护地的概念；
2. 熟悉自然保护地的分类；
3. 理解自然保护地的管理体制；
4. 了解自然保护地的建设；
5. 了解自然保护地的生态环境监督考核。

【教学重点、难点】

1. 自然保护地的分类；
2. 自然保护地的管理体制。

6.1 自然保护地概述

6.1.1 自然保护

6.1.1.1 自然保护的含义

自然保护的全称应该是自然生态保护，是指对自然资源及与之相关联的环境的综合保护。严格地讲，自然生态保护是社会学范畴，是政府主导的运用国家法律、法规和政策对自然资源进行保护与合理开发利用的社会活动。

6.1.1.2 自然保护的目的

概括地讲，自然保护有以下几个目的或目标：

(1)保护人类赖以生存、发展的生态过程和生命支持系统，使其免遭退化、破坏和污染。

(2)保证生物资源增殖以永续利用。

(3)保存生态系统、生物物种资源和遗传物质的多样性。

(4)保留自然历史遗迹和地理景观。

6.1.2 自然保护地

6.1.2.1 自然保护地的含义

为了达到上述自然保护的目标，必须有坚实的基础，即必须建立自然保护地体系。

自然保护地是指由政府依法划定或确认的，对重要的自然生态系统、自然遗迹、自然景观及其所承载的自然资源、生态功能和文化价值实施长期保护的陆域或海域。

6.1.2.2 自然保护地的分类

目前，我国的自然保护地主要有三大类，即国家公园、自然保护区及自然公园 3 种类型。截至 2019 年底，我国已建立各级各类自然保护地 1.18 万处，占国土陆域面积的 18%，领海面积的 4.6%。

良好的自然保护地分类系统要兼顾资源及其承载系统的原真性、整体性，保护管理的层级性、有效性，利用开发的便捷性、功能性，现有分类体系尚未满足上述要求，因此，加快制定以综合价值和保护强度为主要分类依据的分类标准，积极构建以国家公园为主体、以自然保护区为基础、以各类自然公园为补充的自然保护地系统已成业内共识。

(1)国家公园

国家公园是指由国家批准设立并主导管理，边界清晰，以保护具有国家代表性的大面积自然生态系统为主要目的，实现自然资源科学保护和合理利用的特定陆地或海洋区域。

(2)自然保护区

自然保护区指具有典型的自然生态系统、珍稀濒危野生动植物种的天然集中分布、特殊意义的自然遗迹的区域。

(3)自然公园

自然公园指具有重要的自然生态系统、自然遗迹和自然景观，具有生态、观赏、文化和科学价值，可持续利用的区域。包括森林公园、地质公园、海洋公园、湿地公园等。

6.2 自然保护地建设与管理

6.2.1 管理体制

建立统一设置、分级管理、分区管控的管理体制。

6.2.1.1 统一设置

由自然资源保护部门统一设置保护地及管理机构，做到一个保护地、一套机构、一块牌子，全方位统一管理。

6.2.1.2 分级管理

自然保护地实行分级管理。按照生态系统重要程度，自然保护地分为：中央直接管理、中央地方共同管理和地方管理三类，实行分级设立、分级管理。中央直接管理和中央地方共同管理的自然保护地由国家批准设立；地方管理的自然保护地由省级政府批准设立，管理主体由省级政府确定。

6.2.1.3 分区管控

各级各类自然保护地根据功能定位，合理分区，实行差别化管控。国家公园和自然保护区划分为核心保护区和一般控制区，原则上核心保护区内禁止人为活动，一般控制区内限制人为活动。自然公园原则上按一般控制区管理，限制人为活动。

6.2.2 自然保护地建设

6.2.2.1 自然生态系统建设

以自然恢复为主，辅以必要的人工措施，分区分类开展受损自然生态系统修复、生态廊道建设、重要栖息地恢复和废弃地修复等自然生态系统建设。

6.2.2.2 自然保护能力建设

加强野外保护站点、巡护路网、监测监控、应急救灾、森林草原防火、有害生物防治和疫源疫病防控等保护管理的设施和队伍建设，实现自然保育、巡护和监测等保护工作的信息化、智能化、规范化、标准化。

6.2.3 自然保护地资源使用

6.2.3.1 全面实行自然保护地资源有偿使用

以资源收益促进资源保护及自然保护地建设。

(1)产权主体共享资源收益

依法界定各类自然资源资产产权主体的权利和义务，实现各产权主体共享资源收益，保护原住居民权益。

(2)建立健全特许经营制度

制定自然保护地控制区经营性项目特许经营管理办法，探索自然资源所有者参与特许经营收益分配机制，鼓励原住居民参与特许经营活动，鼓励划入各类自然保护地内的集体所有土地及其附属资源以租赁、置换、赎买、合作等方式参与特许经营活动。

6.2.3.2 大力推进自然保护地全民共享

(1)在自然保护地控制区内划定适当区域开展生态教育、自然体验等活动，构建高品质、多样化的生态产品体系。

(2)完善基础设施，提升公共服务功能，支持和传承生态旅游等传统文化及人地和谐的生态产业。

6.2.4 自然保护地生态环境监督考核

6.2.4.1 制度建设

建立覆盖监测、评估、考核、执法、追责等环节的完善、有力的监督管理制度，对自然保护地实行严格的监督管理。

6.2.4.2 技术方法建设

依托生态环境监管平台和遥感、地理信息等技术，构建各类各级自然保护地"天空地一体化"监测网络体系，全面掌握自然保护地生态系统构成、分布与动态变化、基础设施建设、矿产资源开发等情况，及时评估和预警生态风险，为自然保护地监管提供基础支撑。

以上的内容，主要是当前关于自然保护地的一些探索成果。实际工作中，针对具体的自然保护地及其建设管理工作，应执行现行法律法规和自然保护主管部门的规章和标准。

【讨论】

1. 目前我国自然保护地有哪些类型？存在哪些问题？可采取哪些对策？
2. 我国自然保护地体系的管理体制是什么？
3. 未来我国自然保护地建设的重点是什么？

7 生态监测与生态治理

本章提要

【教学目标要求】

1. 准确描述污染物的概念和分类；
2. 了解污染的生态过程；
3. 掌握生物放大和生物浓缩的含义；
4. 熟悉影响污染物迁移转化的因素；
5. 准确描述生态监测的概念和特点；
6. 理解生态监测在环境保护中的重要性；
7. 能准确描述水体污染物的概念和种类；
8. 掌握水体富营养化的概念和危害；
9. 掌握水体污染的主要生态治理方式；
10. 掌握水体污染的主要生态监测方法；
11. 准确描述大气污染的来源；
12. 了解酸雨、臭氧空洞和温室效应的成因及其危害；
13. 掌握大气污染的主要生态治理方式；
14. 掌握大气污染的主要生态监测方法；
15. 理解土壤污染的主要生态治理方式；
16. 理解土壤污染的主要生态监测方法。

【教学重点、难点】

1. 生物放大和生物浓缩的含义；
2. 影响污染物迁移转化的因素；
3. 生态监测的概念及特点；
4. 生态监测的内涵；
5. 水体污染的主要生态治理方式；
6. 水体污染的主要生态监测方法；
7. 大气污染的主要生态治理方式；
8. 大气污染的主要生态监测方法；
9. 土壤污染的主要生态治理方式；
10. 土壤污染的主要生态监测方法。

7.1 环境污染及污染物在生态系统中的迁移规律

7.1.1 环境污染

7.1.1.1 概念

环境污染指有害物质或因子进入环境，并在环境中扩散、迁移、转化，使环境系统的结构与功能发生不利于人类或其他生物的正常生活与发展的变化的现象。其中，化学污染已经成为一个全球性的生态环境问题。例如，来自边远湖泊的鱼中含有一定数量的汞，格陵兰岛上雪中含有一定数量的铅，以及在北极圈检测到了农药、二噁英和多氯联苯等。物质的生物地球化学循环是污染物遍布全球并进入人类或其他生物体内的基本方式，例如，高烟囱解决了燃煤电站局部的硫污染问题，却增加了硫的循环半径和效率，致使酸雨成了大范围、跨流域的区域性的环境污染，而多氯联苯、二噁英和农药尽管在局部地区已禁止使用，但它们出现在了世界范围内的大湖泊及其浮游生物、鱼类中。不论污染物来自哪里，都会返回到地球表面，在树木、农作物、蔬菜、畜禽、鱼和虾中进行生物累积、富集。

7.1.1.2 成因

环境污染可以看作是一系列因果关系组成的系统。

人为活动污染是从活动系统开始，经转化系统到受害对象的一个连续过程。如，工业污染是由工业生产造成的，当各种原料、能源不能全部成为产品时，就会形成废气、废水、灰尘和各种废弃物进入环境。其强度取决于活动强度及科学技术水平、工艺设备、生产管理以及人们的环境意识等。

自然污染源自自然环境的变化。如，地质环境条件变化引发火山、地震、泥石流，将原本深藏或局限的物质喷发或扩散开来。其强度取决于地质环境变化的烈度和埋藏物质的种类与数量等。

7.1.2 污染物

7.1.2.1 污染物的概念

污染物(pollutant)在《辞海》中是指进入环境后能直接或间接危害人类的物质，如火山灰、二氧化硫、汞等；《中国大百科全书・环境科学卷》解释为：进入环境后使环境的正常组成和性质发生直接或间接有害于人类的变化的物质。

一种物质是否为污染物，与其数量或浓度、存在时间、转化过程等密切相关。

环境中的一些物质是人和生物必需的营养元素，所以，生物体的组成成分能深刻反映环境中的物质组成；同时，由于长期适应的结果，生物对环境物质会形成依赖和共存的关系。因此，大多数环境物质在数量或浓度低于某个水平或只短暂存在时，就不产生毒害，甚至还有益。例如，微弱的X射线能使水蚤的生命延长1～2倍，低剂量的DDT能延长雄性大鼠的生命，铬能减缓动脉硬化过程、协助胰岛素改善糖和脂肪的代谢。但是，若这些物质的存在量过大，就会对生物产生一些独特的不利作用，就转变为污染物。

大部分环境物质并非一成不变，它们会经过一系列复杂的物理、化学或生物反应生成新的物质，新物质可能无害，或毒性减轻，也可能危害更大。如硝酸盐没有致癌性，但其可转化为亚硝酸盐，后者是强致癌物；单质汞转变成甲基汞或亚甲基汞后毒性增大；而大部分农药可通过生物降解而降低毒性。单一物质的转化机理与后果比较单纯，而多种物质共存时，相互间发生独立、相加、协同、拮抗等联合作用，会使其对人体和其他生物的危害高度复杂。

7.1.2.2 污染物的分类

污染物可有多种分类方法，按《中国大百科全书·环境科学卷》的分类方法可作如下分类：

①按污染物的来源可分为自然来源和人为来源的污染物。

②按受污染物影响的环境要素可分为大气、水体和土壤污染物等。

③按污染物的形态可分为气体、液体和固体污染物。

④按污染物的性质可分为化学、物理和生物污染物。化学污染物又可分为无机和有机污染物；物理污染物又可分为噪声、微波辐射、放射性污染物等；生物污染物又可分为病原体、变应原污染物等。

⑤按污染物在环境中物理、化学性状的变化可分为一次和二次污染物。

此外，为了强调某些污染物对人体的有害作用，还可划分出致畸物、致突变物、致癌物、可吸入的颗粒物以及恶臭物质等。

7.1.3 污染源

凡是对环境产生污染的物质即称为污染物或污染因子，污染环境的物质发生源则称为污染源。污染源有来自自然的，有来自人为的。

天然污染源是指自然界中自行向环境排放污染物或造成有害影响的污染源，如正在喷发的火山、由雷电引起的森林大火等。人为污染源是指人类社会活动中向环境排放污染物或造成有害影响的污染源，是环境保护研究和控制的主要对象，是我们通常意义上讲的污染源。

人为污染源的类型可以从多个角度划分：

按排放污染物的人类社会活动的不同，可以分为工业污染源、农业污染源、生活污染源及交通污染源等。

按照污染物排放的种类，可分为有机污染源、无机污染源、热污染源、放射性污染源、病原体污染源、噪声污染源、感官性状污染源、电磁波污染源以及同时排放多种污染物的混合污染源。实际上大多数污染源均属于混合污染源，如由硫铁矿生产硫酸的生产工艺，就是既向大气中排放废气、粉尘等污染物，又向水体中排放含砷、氟的废水，同时产生矿渣，在污水处理过程中还产生污泥，是一个典型的混合污染源。但是，当针对某一个特定的环境问题时，往往把某些混合污染源作为某一类污染物的污染源进行研究。

按照被污染的主要环境对象（环境要素或污染受体），可以分为大气污染源、水体污染源、土壤污染源以及生物污染源等。

按照污染源的空间形态，可以分为点源、线源和面源。

按照污染物排放的时间间隔，可以分为连续排放污染源、间隙排放污染源以及瞬时排放污染源等。

7.1.4 污染的生态过程

被污染的环境系统与生物系统之间的相互作用，是一个永恒的动态过程，即污染的生态过程一般包括：有生物或没有生物参与的扩散—混合过程、吸附—解吸过程、溶解—沉淀过程、生物降解—合成过程、动植物吸收—摄取过程和生物累积—放大过程等。

7.1.4.1 污染物的扩散—混合过程

生态系统中污染物的扩散—混合过程包括：大气湍流扩散过程、海洋湍流扩散过程、河流湍流混合过程和土壤污染及扩散过程。导致化学污染物在大气介质中扩散的主要原因是化学势梯度，属于湍流扩散，可以近似地当作分子扩散。大气湍流扩散过程中以垂直扩散占优势。化学污染在大气中的扩散形式与污染源有密切关系，可以分为点源扩散、线源扩散和面源扩散。化学污染物进入海水中，也发生湍流扩散。不过，它以水平扩散占优势，并受海水的温度、盐度和压力的影响。由于海洋垂直环流的作用以及由风力形成的漂流和波浪、海水温度与盐度的时空变化，进入海洋生态系统中的化学污染物发生垂直混合作用。

7.1.4.2 污染物的吸附—解吸过程

吸附是化学污染物在生态系统中的一种常见的反应过程，主要是指化学污染物在气-固或液-固两相生态介质中，在固相中浓度升高的过程，它包括一切使溶质从气相或液相转入固相的反应，如静电吸附、化学吸附、分配、沉淀、络合及共沉淀等反应。吸附包括分配和吸持两个过程。吸持是指化学污染物在固相上的表面吸附现象，是一种固定点位吸附作用。解吸作用是指土壤（或沉积物）中的有机物质对外来化学物质或污染物的溶解作用。

7.1.4.3 污染物的溶解—沉淀过程

与吸附—解吸过程相比，溶解—沉淀过程相对比较简单。不过，溶解—沉淀过程是生态系统中发生的最普遍、最基本的过程。当化学污染物进入生态系统，在生态介质、生态组分的作用下，就会发生溶解—沉淀过程，并受温度、压力等因素的影响。

7.1.4.4 污染物的生物降解—合成过程

化学污染物的生物降解—合成过程是一个相当复杂的过程，包括生物的降解过程、共代谢过程和生物的合成过程。生物降解过程是指在微生物、酶或植物分泌物的作用下，进入水或土壤介质中的化学污染物会发生降解作用，转化为毒性不同的其他化学物质。分为一般有机物的生物降解过程、碳氢化合物的生物降解过程、化学农药的生物降解过程及邻苯二甲酸酯类化合物的生物降解过程。非专一性的酶在代谢转化一种基质的同时，还能够代谢转化另一种基质的作用过程，称为共代谢过程。例如，在甲烷代谢过程中，非专一性酶——甲烷单氧酶不仅能将一个氧原子引入甲烷分子使其转化为甲醇，还能够把三氯乙烯氧化为环氧化物。在这一共代谢过程中，甲烷（即营养基质）为第一基质，三氯乙烯（即共降解基质）为第二基质，非专一性的代谢酶称为关键酶。在厌氧条件下，也有共代谢过程的发生，第一基质包括乙酸、甲醇和异丙醇等。生物合成过程是在生态系统中，在生物（特别是微生物）的作用下，毒性小的污染物或无毒性的化学物质，转化为毒性大或有毒性的污染物，或者生物利用低毒的低分子化合物合成为高毒的高分子化合物。如对石油污染土壤的生物修复进行了研究，结果发现石油污染土壤生物修复中存在一个二次污染物形成的过程，即土壤中存在的苯或低环的芳香化合物在微生物作用下，可以转化为芳香烃或环数较多的芳香烃类化合物。

7.1.4.5 污染物的动植物吸收—摄取过程

（1）植物的吸收—摄取过程

植物在生长过程中不断通过根系吸收、光合作用和呼吸作用等生命代谢过程为其提供物质和能量。植物对污染物的吸收也正是伴随着这些过程的发生而发生的，污染物可以从土壤及土壤水中通过根系吸收过程进入植物体，其动力为植物蒸腾拉力，也有人认为是分配作用原理，即污染物根据极性相似相溶原理在生态系统中不同分室（如土壤、水、植物体）之间的分配。植物还可以通过呼吸作用过程经由植物叶片、茎、果实等吸收大气中的污染物。

（2）动物的吸收—摄取过程

污染物进入动物体内可以通过表皮吸收、呼吸作用以及摄食等途径，伴随着有机体吸收氧和营养的过程发生。在大多数动物类群中三种途径通常同时存在。由于污染物在大气、水和土壤中的广泛存在，皮肤经常与许多外来污染物接触。作为机体防止外来侵袭的第一道屏障，动物皮肤通常对污染物的通透性较差，可以在一定程度上防止对污染物的吸收。但是不同动物皮肤的屏障作用差异较大，腔肠动物、节肢动物、两栖动物等低级种类的表皮细胞防止外源污染物侵袭的能力较弱，污染物渗入体表后可以直接进入体液或组织细胞。对高等动物来说，污染物进入体内必须首先通过角质层，其主要机理是简单扩散。扩散速率取决于角质层厚度、外源物质化学性质与浓度等因素。对于非极性污染物，脂溶性越高、分子量越小，越有利于污染物通过脂质双分子层；而极性物质一般通过角蛋白纤维渗透。但有的污染物具有破坏皮肤屏障作用的能力，使皮肤通透性增加，如酸、碱等。

呼吸吸收主要是针对一些高等动物而言的，对于采用皮肤呼吸的低等动物，并没有污染物皮肤吸收和呼吸吸收的差别。呼吸吸收主要以肺为主。肺泡上皮细胞层极薄且表面积大，大气中存在的挥发性气体、气溶胶以及大气飘尘上吸附的污染物可以直接透过肺泡上皮进入毛细血管。这一过程的主要机理是肺泡和血浆中污染物浓度差引起的扩散作用，扩散速率依赖于污染物状态、脂溶性等因素。气体、小颗粒气溶胶和脂-水分配系数高的物质更容易被吸收。肺的通气量和血流量对污染物的吸收也有显著影响，两者的比值越大，吸收速率越快，因此在高温和运动剧烈的条件下，污染物经肺吸收量将明显增加。

摄食吸收是污染物进入动物体内的最主要途径，许多污染物随同消化作用被动物吸收。其主要机理是由消化道壁内的体液和消化道内容物之间浓度差值引起的简单扩散作用。也有部分污染物通过动物吸收营养素的专用转运系统进行主动吸收，如铊和铅分别通过铁和钙的转运系统被消化道吸收。

7.1.5 污染物在生态系统中的迁移转化及其影响因素

7.1.5.1 污染物在环境中的迁移

污染物的迁移是指污染物在环境中发生的空间位置的移动及其存在形式或存在状态的变化。如进入环境的污染物可以在水、土、气相中发生迁移；在迁移过程中污染物的形态也可发生变化。污染物本身的特性以及环境的温度、介质的 pH 值、氧化还原电位、吸附剂种类和数量等，均会影响污染物的迁移强度和速度。

环境中污染物的迁移转化主要有以下三种方式：

(1)机械迁移

机械迁移包括污染物在水体中的扩散作用和机械搬运作用，污染物在大气中的扩散作用、搬运作用、重力迁移作用。

(2)物理化学迁移

物理化学迁移包括污染物与环境中其他物质产生化学反应，如溶解—沉淀、氧化—还原、水解、络合、吸附—解吸等。对有机污染物而言，除上述作用外，还有化学分解、光化学分解、生物化学分解等。物理化学迁移是污染物在环境中迁移的最重要的形式，这种迁移的结果决定了污染物在环境中的存在形式、富集状况和潜在的生态危害程度。

(3)生物迁移

生物迁移包括生物的吸收、转移、排泄和通过食物链的传递，以及生物的代谢降解过程。如污染物经生物体内的生物化学作用而发生形态变化，产生代谢物或分解成简单的无机物分子、CO_2 和水。并非所有污染物的迁移都涉及这三个具体过程。例如，重金属污染物是以原子(离子)形态起作用的，因而不经历像有机污染物那样的生物降解过程。此外，某些污染物在迁移中可能进入沉积库。所谓沉积库是指生态系统中的一个区室或区室的一部分，进入其内的污染物会暂时或永久失去重新进入其他区室的能力。

污染物的迁移作用使得污染物可以被传送到很远的地方，由局部性污染引起区域性污染，甚至造成全球性的污染。这也是环境污染成为当代主要环境问题的原因之一。例如，工业点源废水排放造成江河污染，进入海洋引起局部海洋污染，最终可以导致全球海洋污染；又如，大气中的微量污染物有机氯农药、多氯联苯(PCBs)、氟利昂(CFCs)等通过大气环流的搬运输送到很远的地方，现已在南北极地区监测到它们的存在。

7.1.5.2 污染物在食物链中的转移

污染物在食物链中的转移是指污染物经生物的取食与被食关系沿食物链从低营养级传递到高营养级生物体内的过程。污染物的食物链转移途径是污染物环境行为的重要部分。浮游植物吸收、积累水或沉积物中的污染物，尽管有时这些污染物在植物体内的含量并不高，但是，当这些浮游植物不断被浮游动物食用和消化，浮游动物又不断被鱼类捕获和食用后，污染物就逐渐在食物链中积累起来，特别在顶极食肉者中积累到很高的浓度。

由于这种转移发生在生物相内，并且直接对食物链中各个环节的物种产生效应，因而与污染物在无机介质（土壤、水体和大气）中的转移相比，这种转移具有特殊的生态毒理学意义。

（1）生物浓缩

进入生物体内的污染物，经过体内的分布、循环和代谢作用，部分生命必需的物质构成了生物体的成分，其余的生命必需物质和非生命必需物质中，易分解的经代谢作用排出体外，不易分解、脂溶性较强、与蛋白质或酶有较高亲和力的，就会长期残留在生物体内。如 DDT 和狄氏剂等农药、多氯联苯（PCBs）、多环芳烃（PASs）和一些重金属，性质稳定，脂溶性很强，被摄入动物体内后即溶于脂肪，很难分解排泄。随着摄入量的增加，这些物质在体内的浓度会逐渐增大。

生物浓缩（bioconcentration）是指生物机体或处于同一营养级上的生物种群，从周围环境中蓄积某种元素或难分解的化合物，使生物体内该物质的浓度超过环境中浓度的现象，又称为生物学富集。生物浓缩的程度可用浓缩系数或富集因子（bioconcentration factor，BCF）来表示，即生物体内某种元素或难分解的化合物的浓度同它所生存的环境中该物质的浓度比值。在实际环境中，同一种生物对不同物质的浓缩系数会有很大差别；不同种生物对同一种物质的浓缩系数也会有很大差别。例如，金枪鱼对铜的浓缩系数是 100，对镁的浓缩系数却是 0.3；褐藻对钼的浓缩系数是 11，对铅的浓缩系数却高达 70000。生物浓缩对于阐明污染物在生态系统中的迁移转化规律，评价和预测污染物对生态系统的危害非常有用。

（2）生物积累

生物积累（bioaccumulation）是指生物在其整个代谢活跃期通过吸收、吸附、吞食等各种过程，从周围环境中蓄积某些元素或难分解的化合物，以致随着生长发育，浓缩系数不断增大的现象，又称生物积累。生物积累程度也用浓缩系数表示。例如，有人研究牡蛎在 50μg/L 的氯化汞溶液中的生物积累，观察到第 7 天，牡蛎（按鲜重每千克计）体内汞含量为 25mg，浓缩系数为 500；第 14 天达 35mg，浓缩系数为 700；到第 42 天达 60mg，浓缩系数增至 1200。

研究表明，环境中物质浓度的大小对生物积累的影响不大，但生物积累过程中，不同种生物、同一种生物的不同器官和组织，对同一种元素或物质的积累浓度和时间可能有很大差别。甚至同种生物的个体大小相同，其生物积累程度也各不相同。生物体对化学性质稳定的物质的积累可作为环境监测的指标，用于了解污染物对生态系统的影响及其在环境中的迁移转化规律等。

（3）生物放大

在生态系统中，由于高营养级生物以低营养级生物为食物，某种元素或难分解化合物在生物机体中的浓度随着营养级的提高而逐步增大的现象称为生物放大（biomagnification）。

生物放大的结果使食物链上高营养级生物机体中这种物质的浓度显著地超过环境中的浓度。生物放大的程度，同生物浓缩和生物积累一样，也用浓缩系数来表示。生物放大现象观点得到了许多研究者的支持。他们的研究表明，有机氯农药及某些金属元素不仅能沿着食物链转移，而且在转移中其浓度逐级增加。一个典型的例子是 20 世纪 60 年代在美国长岛 Carmans 河口地区盐沼生境中对各种生物体内 DDT 含量分布的研究。分析表明，河口水的 DDT 浓度为 0.00005μg/mL，鱼类体内 DDT 浓度为 0.3μg/g，鸬鹚体内 DDT 浓度则高达25μg/g，这说明随着生物所属营养级的升高，其体内 DDT 含量也明显上升。此后，对不同地点生物体内氯化烃类物质的残留量进行分析，大多显示出类似的生物放大趋势。据报道，某些金属和类金属元素也有生物放大现象。例如，测定格陵兰以西海域海洋生物体内砷浓度时发现，浮游动物为 6.0×10^{-6} μg/mL，贻贝为 $(14.1\sim16.7)\times10^{-6}$ μg/mL，虾为 $(2.9\sim80.2)\times10^{-6}$ μg/mL，鱼为 $(43.4\sim188.0)\times10^{-6}$ μg/mL。这些资料表明，进入环境中的污染物，即使是微量的，也会由于生物放大作用，使污染物在高位营养级上的生物体内积累，并通过食物链进入人体，最终威胁人类健康。但是，随着研究工作的逐步深入，人们发现许多事实不能用生物放大理论解释。一些研究实例表明，污染物浓度在食物链的较高环节不但没有上升，反而下降了，显示出与生物放大相反的趋势。例如，植食性昆虫体内重金属的浓度差不多总是低于被取食的植物体本身的浓度。

污染物在食物链转移过程中究竟是浓度上升还是下降可能受到多种因素的影响。一般认为，污染物浓度是否沿食物链放大取决于其本身的三个条件，即污染物在环境中是否稳定，污染物是否能被有机体吸收，污染物是否容易被有机体分解或以其他形式排出体外。其次，有机体的生命周期的长短也可能是影响因素之一。寿命较长的物种其体内污染物的蓄积量比短寿命物种自然高一些。即使对于同一物种的幼体和成体，体内污染物的蓄积量差别也很显著。一些研究指出，当陆生鸟类和哺乳动物中汞积累、放大到一定程度后，会发生慢性毒害作用，对其肝和肾造成损伤，并可能导致死亡。据 Schenhammer(1987)报道，当肾脏中汞含量累积到 10pg 以上时，会对肾脏组织造成损伤。

总之，污染物的生物积累和放大是一个普遍的过程。在新合成的化合物应用之前，必须首先了解是否存在这一过程。

7.1.5.3 污染物在生态系统中迁移及转化的途径

(1)环境污染物的迁移

污染物进入生态系统后的迁移，取决于污染物本身的理化性质及环境条件，概括起来，有以下途径：

①污染物进入水体后被水生生物吸收或经微生物作用后被水生生物吸收。吸收方式有食物链上各营养级直接吸收和食物链逐级传递富集。循着这一食物链系统受污染物作用的生物的尸体，其肢体被微生物分解后又返回水体进行再循环，有的则沉淀在江河、湖泊、海洋的底泥中。

②污染物进入水体，由水体灌溉土壤或直接进入土壤，再由陆生生物吸收进入生物体或是由植物吸收后经食物链逐级传递至食物链中的顶级动物和人。然后又被微生物分解再次回到土壤、水、大气或沉积层中。

③废气进入大气后被生物呼吸、吸附或沉降到土壤、水中再依途径①、②循环。

(2)污染物在环境中的转化

排入环境的污染物质经上述途径在生态系统中迁移,实现了它们在生态环境中的转化、富集、分散、消失等过程。但在不同的环境介质中,由于介质的影响及污染物本身的理化性质,其在环境中的转化也有所不同。

①生物性转化。污染物的生物性转化主要指生物体的积累、富集。如日本有名的“水俣病”即是食用富集了大量有机汞的鱼类引起的,而“痛痛病”是镉的富集引起的疾病。

②化学转化。污染物的化学转化主要包括中和置换反应、氧化还原作用和光化学反应。许多农药化合物、氮氧化物、碳氢化物在太阳光作用下发生一系列化学反应,产生异构化、水解、置换、分解、氧化等作用。例如,一氧化氮和碳氢化物在光作用下发生一系列化学反应产生了二氧化氮、臭氧、过氧乙酰硝酸酯等有害的二次污染物。而谷硫磷等杀虫剂在紫外光照射下即会产生多种无杀虫能力的代谢物。

③物理变化。毒物或污染物质在环境中可以发生渗透、凝聚、蒸发、吸附、稀释、扩散、沉降及放射性蜕变等一个或若干个物理变化。

7.1.5.4 影响污染物在生态系统中迁移转化的因素

污染物的迁移转化,一方面取决于污染物自身的物理化学性质,如组成该污染物的元素形成化合物的能力、形成不同电价离子的能力、形成配合物的能力和被胶体吸附的能力等。另一方面取决于外部的物理化学条件,主要是环境的酸碱条件、氧化还原条件、胶体的种类和数量、有机质的数量与性质等。此外,污染物对生物的毒性和生物体对污染物的代谢与解毒作用也是重要的因素之一。影响因素主要表现在以下几个方面:

(1)生物物种的生物学、生态学特性

不同生物物种对污染物的吸收、积累量差异很大。例如,蕨类植物吸收镉的量特别多,体内含镉量可高达 1200mg/kg;双子叶植物吸收镉的量也相当高,如向日葵、菊花体内含镉量可高达 400mg/kg 和 180mg/kg;单子叶植物含镉量比双子叶植物少。在酸性土壤中,属于石松科植物的铺地蜈蚣、石松、地刷子,属于野牡丹科的野牡丹及铺地锦能富集大量的铝,有的竟高达 1%以上(占干重),而酸性土壤上生长的其他植物的含铝量只有 0.05%。

生态型之间的差异也很明显。把生长在冶炼厂的种和生长在非污染区的种同时栽种在含铅量相同的土壤上,结果前者比后者的吸铅量要少得多。这是因为生长在污染区的生态型在生理、生化和遗传上发生了相应的变化,形成了与环境相适应的抗铅生态型。

生态型之间对污染物吸收的差异比较复杂。吴玉树等研究了水生维管束植物对水体铅污染的反应,表明各种植物吸收、富集铅的能力与植物的生态习性有关。沉水植物整个植株都是吸收面,相对吸收量就比浮水、挺水植物高。湿生、沼生植物吸收重金属量比中、旱生植物少是因为它们生长在终年淹水的还原性土壤环境中,重金属多与硫化物等结合、沉淀,植物不易吸收,而中生、旱生植物的土壤处于氧化状态,重金属多呈离子态,容易被它们吸收。

同一植物的不同部位对污染物的吸收也有差异。许皖菁等的研究结果表明,第一叶位桑叶表面吸氟变化幅度(9.13$\mu g/dm^2$)明显大于第五叶位桑叶(4.24$\mu g/dm^2$),这可能与它处于桑树顶端,较易受环境因素影响有关,而第五叶位桑叶由于上面叶片的阻挡作用,其吸氟变化量明显减少。而第二、三、四叶位的吸氟积累情况不存在显著性差异。并且,大气氟化物暴露剂量、降雨、气温及日照因素都能影响植物叶片的氟吸附量。

有研究表明:稻苗对培养液中镉的吸收,随培养时间的延长,吸镉总量增加,但单位时间吸镉量有减少的趋势。

(2)污染物的种类及其形态差异

植物对有些元素容易吸收而对另一些元素很难吸收。例如,植物对 Cr、Hg、As 及 Cd 的吸收。同一元素的不同价态吸收系数差别也很大。如水稻对 Cr^{3+} 的吸收系数平均值为 0.032,而对 Cr^{6+} 则为 0.056,可见对 Cr^{6+} 的吸收系数大于对 Cr^{3+} 的。

(3)pH 值

土壤中绝大多数重金属都是以难溶态存在的,它的可溶性受 pH 值控制。pH 值降低可导致碳酸盐和氢氧化物结合态的重金属溶解、释放;同时也趋于增加吸附态重金属的释放。如以氢氧化物、碳酸盐、磷酸盐等形态存在的镉为例,镉离子浓度是随 pH 值增加而减少的。

廖敏等研究了 Cd 在土水系统中的迁移特征,结果表明 pH 值是重要的影响因素之一。随着 pH 值的升高,土壤对 Cd 的吸附率增大;在较低的 pH 值下,溶液中存在较多的游离态镉,易被生物吸收。

(4)氧化还原电位

在含砷量相同的土壤中,水稻易受害,而对旱地作物几乎不产生毒害作用。这是因为在淹水条件下易形成还原态的三价砷(亚砷酸),而在旱地,砷常以氧化态的五价砷形式存在。三价砷的毒性比五价砷的高。

在不同的氧化还原电位条件下,沉积物中重金属的结合形态可相互转化。在还原条件下,有机结合态镉最稳定;但在氧化条件下,有机结合态镉则被转化为生物可利用的水溶态、可交换态或溶解配合态而释放到水中,并随着氧化还原电位增大,释放量增多。

(5)土壤阳离子交换量

增加土壤有机质含量,提高土壤对阳离子的固定率,就能减少植物对镉等重金属的吸收。如加马粪的土壤阳离子固定率为 92.2%,不加的仅为 86.2%。在含镉量为 50mg/kg的土壤中加入约为土重 5%的马粪,头茬种谷子,第二茬种冬小麦。加马粪的小米含镉量为 0.16mg/kg,冬小麦籽粒的含镉量为 5.1mg/kg;不加马粪的谷子含镉量为 0.75mg/kg,冬小麦籽粒的含镉量为 5.3mg/kg。

植物根表面能与根际环境的重金属发生离子交换吸附,根表面与土壤溶液的离子交换量越大,重金属离子进入根部的概率也越大。

(6)污染物间的不同效应

在现实环境中,单种污染物对生物体孤立作用的情况是比较少见的,在大多数情况下,往往是多种污染物对生物体产生复合污染。目前,复合污染生态学已引起广泛重视,但这方面的研究由于干扰因素多,存在着一定的困难。

一般而言，复合污染时污染物的联合作用方式有以下 4 种类型：

①相加作用(addition)。多种化学物质的混合物，其联合作用时所产生的毒性为各单个物质产生毒性的总和。如丙烯腈与乙腈、稻瘟净与乐果等。如以死亡率为指标，两种污染物毒性作用的死亡率分别为 M_1 和 M_2（下同），则联合作用的死亡率为 $M=M_1+M_2$。

②协同作用(synergism)。多种化学物质联合作用的毒性，大于各单个物质毒性的总和。如稻瘟净与马拉硫磷，臭氧与硫酸气溶胶等。作用公式为 $M>M_1+M_2$。

③拮抗作用(antagonism)。两种或两种以上化学物质同时作用于生物体，其结果是每一种化学物质对生物体作用的毒性反而减弱，其联合作用的毒性小于单个化学物质毒性的总和。如二氯甲烷与乙醇，铁和锰等。作用公式为 $M<M_1+M_2$。

④独立作用(independent joint action)。各单一化学物质对机体作用的途径、方式及其机制均不相同，联合作用于某机体时，在机体内的作用互不影响。但常出现在一种有毒物质作用后机体的抵抗力下降，而使另一种毒物再作用时毒性明显增强的现象。

(7)土壤性质的影响

土壤类型和特性能影响植物根系对污染物的吸收。某些重金属常形成络合物，其溶解度提高后，会增加根系对它的吸收。氯与汞络合生成 $[HgCl_4]^{2-}$，铜与氨络合生成 $[Cu(NH_3)_2]^{2+}$ 都能提高其溶解度而增加根系对其的吸收。

土壤中有机质含量越多，提供了更多的能沉淀、络合污染物的基团，从而对污染物吸附能力越强，根系对污染物的吸收量就越少。

不同类型的金属离子，被土壤吸附的数量、强弱是不同的。黏土矿物、蒙脱石和高岭石对金属离子的吸附能力都有差异。金属离子被土壤胶体吸附是它们从液相转入固相的重要途径之一。金属元素若被吸附在黏土矿物表面交换点上，则较易被交换，如被吸附在晶格中，则很难被释放。

土壤对农药的吸附作用有物理和物理化学吸附两类。其中主要是物理化学吸附（或称离子交换吸附）。土壤类型不同，植物从中吸收的有毒物质差异也很大。

7.2 生态监测概述

7.2.1 生态监测的概念

生态监测(ecological monitoring)是环境监测中一个全新的概念，是环境生态建设的技术保证和支持体系。传统的环境监测，单纯的理化指标和生物指标监测存在很大局限性。生态监测着眼于“整体综合”，对环境及人类活动因素造成的生态破坏和影响进行测定，可以弥补传统环境监测的不足。生态监测是生态保护的前提，是生态管理的基础，是执行生态法律法规的依据。

生态监测在我国起步比较晚，2006 年才制定了《生态环境状况评价技术规范(试行)》。在我国环境监测中，生态监测与环境污染监测相比，仍处于落后状态。由于人口和资源的压力，过去长期忽视生态环境保护，使我国生态环境的破坏和恶化非常严重，特别是占国土总面积 1/3 的广大干旱、半干旱草原和荒漠地区的生态环境问题最为突出。因此，对荒漠生态监测的研究在国内开展最早，做的工作也最多。新疆环境保护科学研究院 1984 年接受"荒漠生态系统监测指标体系的观测研究"课题，1987 年正式开展"荒漠生态系统定位观测研究"工作。中国科学院在新疆建立了阜康、策勒、吐鲁番等生态实验站，原国家环保局在新疆成立了荒漠生态环境监测站，目前已取得一定成果。随着空间信息技术的发展，3S 技术被广泛地应用到生态监测工作中，成为研究的重点。利用遥感技术在监测农作物产量、资源调查、水土保持状况和灾害预测等方面取得了一定成果，为宏观生态监测积累了经验。由中方和比利时遥感技术人员共同完成的热带森林植被的动态变化遥感监测课题，采用了多时相遥感图像判读，系统分析了西双版纳森林植被的动态变化，其结果与地面实况基本相符，为结构极为复杂的热带森林植被动态变化监测探索了一条新路。利用 3S 技术解决生态监测问题，需要将三者融合起来，共同为生态预测、预报服务。目前，许多现代化的技术和手段，正被运用到生态监测中。但由于生态监测工作起步比较晚，很多工作还停留在研究性阶段，需要将研究成果尽快地转变为实际应用，以便大范围普遍开展生态监测工作。

生态监测是采用生态学的各种方法和手段，从不同尺度上对各类生态系统结构和功能的时空格局的度量，主要通过监测生态系统的条件、条件变化、对环境压力的反应及其趋势而获得。生态监测，又称生态环境监测，目前的定义不是很一致。美国环保局 Hirsch 把生态监测解释为对自然生态系统的变化及其原因的监测，内容主要是人类活动对自然生态结构和功能的影响及改变。国内有学者提出"生态监测就是运用可比的方法，在时间和空间上对特定区域范围内生态系统或生态系统组合体的类型、结构和功能及其组合要素等进行系统的测定和观察的过程，监测的结果则用于评价和预测人类活动对生态系统的影响，为合理利用资源、改善生态环境和自然保护提供决策依据"。这一定义从方法原理、目的、手段、意义等方面作了较全面的阐述。

7.2.2 生态监测的对象及类型

生态监测的对象可分为农田、森林、草原、荒漠、湿地、湖泊、海洋、气象、物候、动植物等。每种类型的生态系统都具有多样性，它不仅包括了环境要素变化的指标和生物资源变化的指标，同时还包括人类活动变化的指标。

从不同生态系统的角度出发，国内将生态监测的类型划分为城市生态监测、农村生态监测、森林生态监测、草原生态监测及荒漠生态监测等。

根据生态监测两个基本的空间尺度，生态监测可分为两大类：宏观生态监测与微观生态监测，两者相互独立，又相辅相成。一个完整的生态监测应包括宏观和微观监测两种尺度所形成的生态监测网。宏观生态监测的研究地域至少应在区域生态范围之内，最大可扩展到全球，以原有的自然本底图和专业数据为基础，采用遥感技术和生态图技术，建立地理信息系统(GIS)。微观生态监测的研究地域最大可包括由几个生态系统组成的景观生态区,最小也应代表单一的生态类型,以大量的生态监测站为工作基础,以物理、化学或生物学的方法提取生态系统各个组分的属性信息。

7.2.3 生态监测的内容

①生态环境中非生命成分的监测。包括对各种生态因子的监控和测试,既监测自然环境条件(如气候、水文、地质等),又监测物理、化学指标的异常(如大气污染物、水体污染物、土壤污染物、噪声、热污染、放射性等)。这不仅包括了环境监测的监测内容,还包括了对自然环境重要条件的监测。

②生态环境中生命成分的监测。包括对生命系统的个体、种群、群落的组成、数量、动态的统计和监测。

③生物与环境构成的系统的监测。包括对一定区域范围内生物与环境之间构成的系统的组合方式、镶嵌特征、动态变化和空间分布格局等的监测,相当于宏观生态监测。

④生物与环境相互作用及其发展规律的监测。包括对生态系统的结构、功能进行研究。既包括监测自然条件下(如自然保护区内)的生态系统结构、功能特征,也包括生态系统在受到干扰、污染或恢复、重建、治理后的结构和功能的监测。

⑤社会经济系统的监测。人类在生态监测这个领域扮演着复杂的角色,既是生态监测的执行者,又是生态监测的主要对象,人所构成的社会经济系统是生态监测的内容之一。

7.2.4 生态监测的特点

(1)综合性

生态监测的内容涉及农、林、牧、渔、工等各个生产行业。由于生态系统的复杂性、多样性以及区域的差异性,尽管生态系统遥感的研究工作已涉及很多方面,却未能形成一系列统一的标准方法。因此,目前尚难以开展常规的生态监测与评价。为了有效地开展生态遥感监测,规范生态监测的技术方法,制定生态监测的指标体系以及确定生态质量的评价方法具有十分重要的意义。

(2)长期性

自然界中生态过程的变化十分缓慢,而且生态系统具有自我调控功能,短期监测往往不能说明问题。长期生态监测可能会有一些重要的和意想不到的发现,如北美酸雨的发现就是一个例子。

(3)复杂性

生态系统本身是一个庞大的复杂的动态系统,生态监测中要区分自然生态因素(如洪水、干旱、火灾)和人为干扰因素(污染物质的排放、资源的开发利用等)这两种因素的作用十分困难,加之人类目前对生态系统的认识是逐步积累和深入的,这就使得生态监测不可能是一项简单的工作。

(4)分散性

生态监测站点的选取往往相隔较远，监测网的分散性很大。同时由于生态过程的缓慢性，生态监测的时间跨度也很大，所以通常采取周期性的间断监测。

7.2.5 生态监测指标体系与优先监测指标体系

7.2.5.1 生态监测指标体系

生态监测指标体系主要指一系列能清晰地反映生态系统基本特征及生态环境变化趋势的并相互印证的项目，是生态监测的主要内容和基本工作。生态监测指标的选择首先要考虑生态类型及系统的完整性。一般说来，陆地生态站指标体系分为气象、水文、土壤、植物、动物和微生物6个要素。水文生态站指标体系分为水文、气象、水质、底质、浮游植物、浮游动物、游泳动物、底栖生物和微生物9个要素。除上述自然指标外，指标体系的选择还要依据生态站各自的特点、生态系统类型及生态干扰方式同时兼顾三个方面的指标，即人为指标、一般监测指标及应急监测指标进行。

《生态环境状况评价技术规范》(HJ 192－2015)采用了一个综合指数(生态环境状况指数，*EI*)反映区域生态环境的整体状态。生态环境状况指数包括生物丰度指数、植被覆盖指数、水网密度指数、土地胁迫指数、污染负荷指数5个分指数和1个环境限制指数。5个分指数分别反映被评价区域内生物的丰贫、植被覆盖率的高低、水的丰富程度、土地遭受胁迫的强度、承载的污染压力；环境限制指数是约束性指标，指根据区域内出现的严重影响人居生产生活安全的生态破坏和环境污染事项对生态环境状况进行限制和调节。

由公式：

$$\begin{aligned}\text{生态环境状况指数}(EI)=&0.35\times\text{生物丰度指数}+0.25\times\text{植被覆盖指数}\\&+0.15\times\text{水网密度指数}+0.15\times(100-\text{土地胁迫指数})\\&+0.10\times(100-\text{污染负荷指数})+\text{环境限制指数}\end{aligned}$$

计算出 EI 的值。然后根据 EI 的值将生态环境分为5级：优($EI\geqslant 75$)、良($55\leqslant EI<75$)、一般($35\leqslant EI<55$)、较差($20\leqslant EI<35$)、差($EI<20$)。

7.2.5.2 优先监测指标体系

优先监测指标体系必须满足对生态系统的生命支持能力进行评价的最高要求。优先监测指标的确定原则是：当前受外力影响最大、可能改变最快的指标；反映生态系统的生命支持能力的关键性指标；有综合代表意义的指标。下列指标在我国当前开展生态监测时可列入优先监测指标体系中：全球气候变暖所引起的生态系统或植物区系位移的监测；珍稀濒危动植物物种的分布及其栖息地的监测；水土流失面积及其时空分布和环境影响的监测；沙漠化面积及其时空分布和环境影响的监测；草原沙化退化面积及其时空分布和环境影响的监测；生态脆弱带面积及其时空分布和环境影响的监测；人类活动对陆地生态系统包括森林、草原、农田和荒漠等结构和功能影响的监测；水体污染对水体生态系统包括湖泊、水库、河流和海洋等结构和功能影响的监测；主要污染物(农药、化肥、有机物、重金属)在土壤—植物—水体中的迁移和转化的监测；水土流失、沙漠化及草原退化的优化治理模式的生态平衡的监测；各生态系统中微量气体的释放通量与吸收的监测等。

7.3 水体污染的生态监测及生态治理

7.3.1 水体与水体污染

7.3.1.1 水体与水体污染的概念

水体一般是指河流、湖泊、沼泽、水库、地下水、冰川、海洋等地表贮水体中的水本身及水体中的悬浮物质、溶解物质、底泥和水生生物等。

在环境污染研究中，将“水质”与“水环境”(水体)加以区分是十分重要的。“水质”主要指水相的性质，“水体”则包含除水相以外的固相物质，如悬浮物质、溶解的盐类、底泥和水生生物，因此内容广泛得多。例如，重金属污染物易于从水相转移到固相底泥中，水相重金属含量不高，若论水质似乎未受污染，但从水体看，仍受到重金属的污染。

当污染物进入水体中，其含量超过了水体的自然净化能力，使水体的水质和底质的物理、化学性质或生物群落组成发生变化，从而降低水体的使用价值，称为水体污染(Water Pollution)。

7.3.1.2 水体污染物

造成水体质量恶化或引起水体污染的各种物质和能量均属于水体污染物。引起水体污染的物质种类极多，按其种类和性质一般可分为四大类，即无机无毒物、无机有毒物、有机无毒物和有机有毒物。除此以外，对水体造成污染的还有放射性物质、生物污染物和热污染等。无机无毒物主要是指排入水体中的酸、碱及一般的无机盐和氮、磷等植物营养物质。

无机有毒物包括各类重(类)金属(汞、镉、铅、铬、砷)、氰化物和氟化物等，这些污染物具有强烈的生物毒性，常影响鱼类、水生生物等的生长和生存，并可通过食物链危害人体健康。这类污染物都具有明显的积累性，可使污染影响持久和扩大。

有机无毒物主要是指在水体中比较容易分解的有机化合物，如碳水化合物、脂肪、蛋白质等。这些物质在水中氧化分解需要消耗水中的溶解氧，在缺氧条件下就会发生腐败分解，使水质恶化，故常称这些有机物质为耗氧有机物。耗氧有机物种类繁多，组成复杂，因而难以分别对其进行定量、定性分析。一般以有机物在氧化过程中所消耗的氧气或氧化剂的数量来代表有机物的数量。

有机有毒物主要为苯酚、多环芳烃和各种人工合成的具有积累性的稳定有机化合物，如多氯联苯和有机农药等。这些有机有毒物具有强烈的生物毒性。

7.3.1.3 水质指标

污水的种类多种多样，其中所含的污染物质又千差万别，从防止污染和进行污水处理的角度来看，一些主要的污染物及其水质指标有以下几种：

(1)pH 值

pH 值主要是指排出废水的酸碱性。pH<7,废水呈酸性;pH>7,废水呈碱性。一般要求处理后废水的 pH 值在 6～9 之间。

(2)悬浮物质

悬浮物质是指悬浮在水中的污染物质,其中包括无机物,如泥沙;也包括有机物,如油滴、食物残渣等。

(3)有机污染物

一般采用生化需氧量(Biochemical Oxygen Demand,BOD)、化学需氧量(Chemical Oxygen Demand,COD)、总需氧量(Total Oxygen Demand,TOD)、总有机碳(Total Organic Carbon,TOC)等指标来表示有机污染物。

①溶解氧。溶解氧(Dissolved Oxygen,DO)是指溶解于水中的分子态氧,它是衡量水质的一个重要参数。曝气作用是空气中的氧气进入水体的一个过程,常采用机械曝气法来增加水中的溶解氧。流动的水体要比静止的水体吸收更多的氧。水体中绿色植物的光合作用和呼吸作用是溶解氧平衡的一个重要过程。白天溶解氧增加,夜晚溶解氧降低。温度也是影响水中溶解氧的一个重要因素,在一般情况下,水温越高,溶解氧含量越低;水温越低,溶解氧含量越高。

②生化需氧量。生化需氧量是指水体中的有机物在好氧条件下经微生物分解成 CO_2 和 H_2O 时所需要的氧气。它可以间接反映水体中有机物的数量,生化需氧量越高,表示水体中需氧有机污染物越多。进行生化需氧量测定时,一般以 20℃作为测定的标准温度,这时污水中的有机物需 20d 左右才能基本完成分解过程。目前通常以 5d 作为测定生化需氧量的标准时间(即 BOD_5)。研究认为,一般有机质的 BOD_5 约为 BOD 的 70%。

③化学需氧量。化学需氧量是指化学氧化剂氧化水中有机污染物时所需的氧气。水中各种有机物进行化学反应的难易程度差别很大。因此,化学需氧量只表示在规定条件下水中可被氧化的有机物被化学氧化剂氧化时需氧量的总和。化学需氧量主要反映水体有机污染的程度。测定化学需氧量有高锰酸钾法和重铬酸钾法两种。同一水样用上述两种方法测定的结果是不同的,必须注明所使用的方法。

如果污水中有机质的组成相对稳定,那么 COD 和 BOD 之间应有一定的比例关系。一般说来,重铬酸钾法测得的化学需氧量与生化需氧量之差可表示不被微生物分解的有机物质数量。

④总有机碳与总需氧量。由于 BOD_5 测定的时间长,不能快速反映水体有机污染的情况,所以,国外多采用总有机碳与总需氧量法,并探讨它们与 BOD_5 之间的关系,力求实现自动、快速测定。

总有机碳包括水中所有有机物质的含碳量,它是评价水体有机物污染的一个综合指标。水中有机污染物的种类很多,TOC 法不能鉴定出水中有机物的种类和组成,也不能反映总量相同的总有机碳所造成的不同污染后果。

总需氧量是指把水体中的碳、氮、硫、氢等元素全部氧化时所需的氧的总量。

TOC、TOD 与 BOD 只在水质条件基本相同的情况下,才能表现为一定的相关关系。

7.3.2 富营养化

7.3.2.1 富营养化的概念

富营养化(eutrophication)是水体衰老的一种表现,也是湖泊分类与演化的一个指标。它是指水体中营养物质过多,特别是氮、磷过多而导致水生植物(浮游藻类等)大量繁殖,影响水体与大气正常的氧气交换,加之死亡藻类的分解消耗大量的氧气,造成水体溶解氧迅速下降,水质恶化,鱼类及其他生物大量死亡,加速水体衰老的进程。

水体富营养化与水中氧平衡有密切的联系。因此,常用反映水体氧平衡的指标来描述水体富营养化。

7.3.2.2 富营养化形成的条件

(1)营养元素

营养元素(特别是氮和磷)是形成水体富营养化的重要条件。Liebig 于 1940 年提出 Liebig 最小值定律:"生物的生长取决于外界供给它所需养分中数量最少的那一种"。通过藻类原生质组成的分析,其主要组成元素的比例为 $C_{106}H_{263}O_{110}N_{16}P$。因此,藻类生长繁殖主要取决于氮和磷,特别是磷,在富营养化水体中磷含量的高低决定着藻类繁殖速度和富营养化程度。例如,水体中只要有 15.5g 磷,就能生产 1775g 藻类;水体中磷的浓度超过 0.015mg/L,氮的浓度超过 0.3mg/L,就足以引起藻类急剧繁殖,形成水体富营养化。

(2)光

光是决定水体中绿色植物分布、生长的主要条件,它取决于水的透明度。按光量的垂直分布,可以把湖水分为富光带、光补偿面和深水带。富光带内植物光合作用释放的氧量超过呼吸作用的耗氧量,水中的溶解氧含量较高;深水带内植物呼吸作用的耗氧量超过光合作用的放氧量,水中溶解氧少;光补偿面的光照强度大约为全光强的 1%。光合作用产生的氧和呼吸作用消耗的氧基本相等。因此,水体中的光照强弱、水生植物光合作用的强弱直接影响水体的富营养化。

在贫营养湖中,阳光通过清澈透明的水层可以直射底层,使整个湖的上下层水都能进行光合作用和保持高浓度的溶解氧。而营养物质过多,藻类异常茂盛的富营养湖泊,下层水得不到光照,溶解氧较少,甚至导致氧的耗尽。

(3)温度

水体温度的时间变化(季节、昼夜)形成水体的运动,是影响水中氧和营养物质的垂直运动和在各层分布的重要因素。在湖泊中,夏季表层增温,表层水漂浮在冷水之上;冬季表层水温低于 4℃或者结冰,冷水和冰密度小,漂浮在暖水之上。因此,夏、冬季水体的上下层氧气和营养物质都不能大量交换。春、秋两季由于上下层温度不均匀,特别是由于上层水密度大,上下层对流,氧气和营养物质都能得以相互补充。

7.3.2.3 富营养化的指标与评价

(1)富营养化的指标

富营养化的指标包括物理指标、化学指标和生物学指标三类。

①物理指标。主要有透明度以及与之有关的营养状态指数。富营养化是和藻类大量增殖引起水体透明度减小直接相关的。因此，可以通过测定藻类生物量的方法来鉴定水中的透明度。

②化学指标。藻类繁殖过程中，需要大量的营养盐类。根据 Liebig 最小值定律，氮、磷是水体富营养化的限制因子，可以把它们作为富营养化的指标。美国的湖泊曾通过控制氮、磷等营养盐的含量进行富营养化的治理，在 623 个湖泊中，67%是通过控制磷，30%是通过控制氮，控制其他营养盐的仅占 3%。

③生物学指标。随着富营养化程度的增加，生物种类数量减少，优势种个体数目大量增加。因此，可以用物种多样性指数来表明富营养化的程度。

在贫营养湖中，硅藻类的小环藻等占优势，当过渡到富营养化初期，星杆藻等富营养化藻类成为优势种；再进一步富营养化，绿藻、蓝藻大量产生。因此，可根据植物种类组成来指示水环境的富营养程度。

(2)对富营养化的评价

为了对水质富营养化程度进行综合评价，已经提出了若干个水质富营养化评价与防治的数学模型。由于影响水质富营养化程度的因素很多，评价因素与富营养化等级之间的关系是复杂的、非线性的，并且各等级之间的关系也很模糊，所以至今仍没有一种统一的确定的评价模型。

由于浮游藻类的生长是富营养化的关键过程，因此，在湖泊富营养化评价中，应着重考虑氮、磷负荷与浮游生物生产力的相互作用的关系。

7.3.2.4 富营养化的危害

由于湖泊水体的富营养化，水质变劣，造成一系列影响和损失，主要表现在：

(1)感官性状恶化，不利于观光

富营养化的湖泊水体，会直接导致感官性状恶化，不仅透明度低，水色不良，表面有"水华"现象，藻体成片成团地漂浮，而且会导致有机质在缺氧条件下分解，产生大量的 CH_4、H_2S 和 NH_3 等气体，散发出难闻臭味，降低旅游价值。

(2)鱼类窒息或中毒死亡

富营养化水体中溶解氧含量降低，特别是深层水呈缺氧状态，影响鱼类及其他需氧生物的生存并导致它们死亡，造成经济损失。另外，富营养化水域中大量繁殖的微孢藻等蓝藻死亡后，蛋白质被分解产生羟胺、硫化氢等物质，对鱼类有直接毒害作用，甚至造成鱼类死亡。

(3)影响植物生长

以富营养化的水作灌溉用水，由于水中含有机质过多，会使土壤还原性过强，产生大量 H_2S、CH_4 和有机酸，造成作物产生生理障碍，影响养分吸收。用富营养化的水灌溉水稻，会抑制水稻苗期根的生长，造成中后期徒长、倒伏、病虫害多及成熟不良。

(4)水质变劣，净化费用增高

富营养化会导致水质变劣，不宜饮用，造成城市供水困难。由于水体的沉淀、凝聚、过滤等处理遇到困难，必须增加净化费用。另外，由于水的热交换效率降低，且可能有腐蚀性，有颜色，会影响水质，降低工业产品品质。

(5)加速湖泊衰亡

富营养化的湖泊中，浮游藻类大量繁殖，以其为生的水生原生动物大幅度地增加，它们的排泄物、残体和过剩的浮游植物残体伴随流入湖泊的泥沙，不断在湖底堆积，使湖床逐渐抬高，湖水变浅、沼泽化，加速了湖泊衰老的进程。我国目前富营养化程度较为严重的湖泊，淤积现象十分严重。

7.3.2.5 富营养化的生物治理

治理富营养化的方法很多，可通过工矿的工艺改造削减排污量；也可用物理、化学和生物的方法除去污水中的氮、磷和有机物。这里主要介绍生物治理法。

(1)污泥法除氮

生物脱氮主要由硝化和脱氮两个工序组成。三段污泥法是生物脱氮的最经典的方法。

三段污泥法是由去除BOD、硝化、脱氮3个独立工序组成的，并使各自的污泥回流，再进行处理，这种方法功能相当稳定，但苛性钠和甲醇用量大，成本较高。

二段污泥法把硝化和脱氮作为一段，污泥进行循环使生成的氮、碱与活性污泥同时向硝化槽回流。苛性钠的使用量可减少到三段污泥法的20%～30%。

循环法避免了上述两种方法中甲醇和碱用量大的问题。它是利用沉淀在水中的BOD，在脱氮槽中放入原水，靠硝化作用，使含有硝酸(生成)的液体再返回，进行脱氮处理。此外，把脱氮过程中生成的碱用于硝化槽中，以中和生成的硝酸。这种处理方法不使用甲醇和苛性钠，也可使水中的氮去除70%左右。

(2)活性污泥法除磷

利用微生物对磷的过量摄取，使磷进入活性污泥中。在排水处理系统中，如果在厌氧条件下，活性污泥中的磷容易以PO_4^{3-}的形态被排放，若使该污泥返回到好氧条件下，可使被排放的磷和水体中的磷再次被污泥摄取。据报道，在循环脱氮工艺之前，设置厌氧槽，可使水中含量为5～8mg/kg的磷减少到1mg/kg以下。

(3)种植高等水生植物

植物能降低水中的BOD和COD。以水葫芦为例，它能降低水中的BOD主要是因为它覆盖水面，可以降低水体光照强度，影响藻类光合作用，同时它又吸收大量的营养盐，从而抑制藻类生长。通过人为捞取水葫芦可减少水中有机物量，降低水体中BOD。当水葫芦的覆盖度达到20%以上时，具有明显的效果。

沉水植物眼子菜也能大量吸收水体中的氮和磷，它对水体中的氮和磷的去除率分别为91%和94%。同时，它还能增加水体中的溶解氧，这对治理水体富营养化有重要作用。但是，沉水植物不易打捞，残体腐解过程耗氧，会增加BOD和COD，应引起注意。

芦苇、菱草和水花生等也能大量吸收水中的氮和磷，但要避免岸边种植引起的淤积泥沙造成的填平作用。

(4)建立良好的生态系统

以初级生产者、消费者(食草动物、杂食性动物)和分解者组成的水生生态系统，既能防治水体富营养化，又能提供足够的生物产量，是治理湖泊富营养化的最佳方案。

7.3.3 水体污染的生态监测

水体中的污染物十分复杂，工业废水中所含的毒物数量大、种类多。其中主要有：洗涤剂、染料、酚类物质、油类物质、重金属、放射性物质，以及一些富营养化物质（如氮、磷）。现有的水质污染综合指标即 BOD、COD、TOD、DO 等只能检测出某一指标，并不能反映出多种毒物的综合影响。测定结果不能说明其对生物界和人类的危害程度。水体污染的生态监测主要表现在生物监测。

生物监测可以利用水生生物及早警报水体中存在的有毒物质。20 世纪 60 年代，就有人把鱼放在流动的水或废水中，用肉眼观察鱼的受害症状或死亡率。以后的研究又发展出植物和微生物监测系统。

在用生物方法进行水体监测时，可以用鱼、原生动物、水生植物或微生物作监测生物。

（1）利用植物监测水体污染

在水体污染的情况下，不仅水的物理和化学性质有所变化，而且水中的生物种类组成和数量及特征也将发生变化。因此，水生植被的组成变化可以用来监测水体健康状况。以浮游植物为例，在水体受到污染时，种类和数量即会明显减少，而且耐污染的种类也将出现。若对它们的特点进行调查研究，就可以对水体污染程度作出判断。

以滇池为例，水生植物与水体污染程度的关系如下：

①严重污染，各种高等沉水植物全部死亡。

②中等污染，敏感植物如海菜花、轮藻、石龙尾等消失，篦齿眼子菜等稀少，抗性强的植物如红线草、狐尾藻等相当繁茂。

③轻度污染，敏感植物如海菜花、轮藻等渐趋消失，中等敏感植物和抗污植物均有生长。

④无污染，轮藻生长茂盛，海菜花生长正常。各类植物均能够正常生长。

从上述结果可以看出，海菜花、轮藻等敏感植物可以用作监测植物。

赵彦霞等选取了太子河本溪河段的 5 个断面分析其群落的生物学特征，并综合浮游植物群落特征和指示生物等指标对太子河本溪河段各段水质污染作出评价。各断面的藻类种群组成和数量显示，上游河段水质较好，藻类种类多、密度大，种群中寡污性种类多，耐污性种类较少；而下游水质污染严重，浮游植物种类减少，清洁种类显著减少以致消失，被耐污性种类所取代；离开市区后，水质通过自净而转好，藻类种类和数量回升，硅藻数量增加。

以上结果反映了藻类群落与水体污染之间良好的相关关系，说明浮游植物群落的变化在一定程度上可以指示水体受污染的程度。

（2）利用动物监测水体污染

水污染指示生物一般选用底栖动物中的环节动物、软体动物、固着生活的甲壳动物以及水生昆虫等。它们个体大，在水中相对位移小、生命周期较长，能够反映环境污染特点，已经成为水体污染指示生物的重要研究对象。例如，颤蚓类普遍出现于污染水体中，特别在有机污染严重的水体中数量多、种类单纯，其中以霍甫水丝蚓或颤蚓最为常见。可以用单位面积颤蚓数作为水体污染程度的指标。例如，颤蚓类＜100 条/m^2(扁蜉幼虫＞100 条/m^2)为未污染；颤蚓类，100～999 条/m^2 属轻污染；颤蚓类，1000～5000 条/m^2 属中污染；颤蚓类＞5000 条/m^2 属严重污染。

耐有机污染种类常常也是对有毒物质抗性较强的种类，在工业严重污染的水体中颤蚓类也能够大量发展，而且种类比较单纯。

水蛭也是一种相当耐污染的无脊椎动物，有些种类只有在富含有机物的水域中生活。在有机污染水体中，水蛭数量可以达到惊人的地步。如 1925 年美国伊利诺斯河被有机污染后，水蛭数量达 29107 条/m^2，2800kg/hm^2。水蛭对铅、铜和 DDT 等农药的忍耐能力也很强，有些蚂蟥能够把 DDT 分解成毒性较小的 DDE。此外，昆明滇池的尾鳃蚓、绿眼虫、枝眼虫也可以作为污染水体指示动物。

重金属污染也可以用动物来指示。Winner 等(1980)调查了美国俄亥俄州受铜污染的两条河流，严重污染河段以摇蚊幼虫占优势；中污染河段以石蚕及摇蚊为主；轻污染河段或清洁河段以蜉蝣与石蚕占优势。对金沙江调查的结果也符合上述结论，即摇蚊幼虫是重金属污染河流的主要底栖动物，其中四节蜉科分布于轻度至中度污染河段，石蚕、蜉蝣仅出现在轻污染至清洁水体，长角石蚕只见于清洁水体。

由于水体污染日益严重，鱼类大量死亡，数量急剧下降，因此，鱼类可作为水体污染的监测生物。鱼类的呼吸系统是鱼体与水环境之间联系最广的界面，因此，鱼的呼吸系统是受污染物影响的最敏感的系统，可利用污染物对鱼类毒害前后呼吸频率的变化来判断污染物的毒性大小和污染程度。

在用鱼来监测水体污染的方法中，监测参数包括咳嗽反应、耗氧量、运动类型、回避反应、趋流性、游泳耐力、心跳速率和血液成分等。例如，鱼鳃组织很细嫩，所以对水中的污染物反应敏感。

(3)利用微生物监测水体污染

有机污染物是微生物生长需要的良好物质，水体内有机质的含量高，则微生物的数量大。一般在清洁湖泊、池塘、水库和河流中，有机质含量少，微生物也很少，每毫升水中仅含有几十至几百个细菌，并以自养型为主，常见的种类有硫细菌、铁细菌、鞘杆菌(Calymmato bacterium)和含有光合色素的绿硫细菌、紫色细菌以及蓝细菌；另外还有无色杆菌属(Achromobacter)、有色杆菌属(Chromobacter)和微球菌属(Micrococcus)等，它们通常被认为是清洁水体中的微生物类群。在有机质较丰富的水体中，微生物也较多，常见的种类有假单胞菌属(Pseudomonas)、柄杆菌属(Caulobacter sp.)、噬纤维菌属(Cytophaga)、着色菌属(Chromatium)、绿菌属(Chlorobium)、脱硫弧菌属(Desulfovibrio)、甲烷杆菌属(Methanobacterium)和甲烷球菌属(Methanococcus)及一些鞘细菌。在停滞的池塘水、污染的江河水以及下水道的沟水中，有机质含量高，微生物的种类和数量都很多，每毫升可达几千万至几亿个，其中以抗性强、能分解各种有机物的一些腐生型细菌、真菌为主。常见的种类有变形杆菌(Bacillus proteus)、大肠杆菌(Bacillus coli)、粪链球菌(Streptococcus)和合生孢梭菌(Clostridium sporogenes)以及各种芽孢杆菌、弧菌(Vibrio sp.)、螺菌(Spirillum sp.)等。真菌以水生藻状菌为主，另外还有大量的酵母菌。

在水体中生长的细菌菌落总数可以反映水域被有机污染物污染的程度，细菌总数越多，说明污染越严重。大肠菌群是一群需氧及兼性厌氧细菌，能够作为水体被粪便污染的指标。水中大肠菌群数不超过 3 个/L 的才能作为饮用水。在自然水体中大肠菌群以 250 个/mL 作为浑浊界限。

用鱼或原生动物进行试验，费用昂贵且费时较多，如用细菌的生长状况或死亡率作为测定环境中毒物的指标，也需十多小时才能完成。而用发光细菌来监测有毒物质，由于毒物仅干扰发光细菌的发光系统，费时较少且敏感性好，操作简便，结果准确，所以利用发光细菌的发光强度作为指标测定有毒物质，在国内外越来越受到重视，目前已开始在环境监测中运用此方法。

发光细菌是一类非致病性细菌，在正常的生理条件下能发出 0.4nm 的蓝绿色可见光，这种发光现象是细菌的新陈代谢过程。毒物具有抑光作用，毒物浓度与细菌发光强度呈负相关线性关系。凡水体中含有能够干扰或破坏发光细菌呼吸、生长、新陈代谢等生理过程的任何有毒物质的都可以根据发光强度的变化监测水体污染。

该法在环境监测中可用于对水体中无机或有机的 30 多种毒物，如重金属、农药、除草剂、酚类化合物及氰化物等进行监测。如利用发光细菌快速测定工业废水的综合毒性、水体中氰化物浓度、污染水体生物毒性等。

另外，20 世纪 80 年代初建立的一种遗传毒物细菌监测系统——SOS 显色反应已在环境污染物的致遗传毒性监测中得到广泛应用。它的原理是，通过大肠杆菌液在致遗传毒性因素作用后，根据最终产生的 β-D-半乳糖苷酶在液体中分解底物邻硝基-β-D-半乳糖苷所产生的黄色可溶性色素来进行定量测定。通过检测细胞的 SOS 反应就可测定外源性化学物及物理因素是否具有遗传毒性。该法速度快且可直接用于检测成分复杂的混合物。

(4)利用生态系统综合指标监测水体污染

1902 年德国植物学家 Kolwilz 和微生物学家 Marsson 首次提出污水生物系统法来监测水体有机污染的程度或测定有机污染物的生物降解。其原理是：在一条河流受到有机污染后，可产生自然净化过程，表现出污染程度的逐级递减，并且能够反映在相应的化学指标和生物类群的组成和数量上。据此可以把河段分成若干连续的区带。Kolwilz 把河段分成连续的三个区带：多污带(polysaprobic)、中污带(mesosaprobic)、寡污带(oligosaprobic)，中污带又可分为 α-中污带和 β-中污带。污水生物系统各带的理化特征和生物学特征见表 7.1。

表 7.1　污水生物系统各带的理化特征和生物学特征

项目	多污带	α-中污带	β-中污带	寡污带
化学过程	还原和分解作用明显开始	水和底泥里出现氧化作用	氧化作用更强烈	因氧化使无机化达到矿化阶段
溶解氧	没有或极微量	少量	较多	很多
BOD	很高	高	较低	低
硫化氢的生成	具有强烈的 H_2S 臭味	没有强烈的 H_2S 臭味	无	无

续表 7.1

项目	多污带	α-中污带	β-中污带	寡污带
水中有机物	蛋白质、多肽等高分子物质大量存在	高分子化合物分解产生氨基酸、氨等	大部分有机物已完成无机化过程	有机物全分解
底泥	常有黑色硫化铁存在，呈黑色	Fe_2S_3 氧化成 $Fe(OH)_3$，底泥不呈黑色	有 Fe_2O_3 存在	大部分氧化
水中细菌	大量存在，每毫升可达 100 万个以上	细菌较多，每毫升在 10 万个以上	数量减少，每毫升在 10 万个以下	数量少，每毫升在 100 个以下
栖息生物的生态学特征	动物都是摄食细菌者，且耐受 pH 值的强烈变化，耐低溶解氧的厌氧生物对 H_2S、NH_3 等毒物有强烈抗性	摄食细菌动物占优势，肉食性动物增加，对溶解氧和 pH 值变化表现出高度适应性，对 NH_3 有一定耐性，对 H_2S 耐性较弱	对溶解氧和 pH 值变化耐性较差，并且不能长时间耐腐败性毒物	对 pH 值和溶解氧变化耐性很弱，特别是对腐败性毒物如 H_2S 等耐性很差
植物	硅藻、绿藻、接合藻及高等植物没有出现	出现蓝藻、绿藻、接合藻、硅藻等	出现多种类的硅藻、绿藻、接合藻，是鼓藻的主要分布区	水中藻类少，但着生类较多
动物	以微型动物为主，原生动物占优势地位	仍以微型动物占大多数	多种多样	多种多样
原生动物	有变形虫、纤毛虫，但无太阳虫、双鞭毛虫、吸管虫等出现	仍然没有双鞭毛虫，但逐渐出现太阳虫、吸管虫等	太阳虫、吸管虫中耐污性差的种类出现，双鞭毛虫也出现	双鞭毛虫、纤毛虫中有少量出现
后生动物	仅有少数轮虫、蠕形动物、昆虫幼虫出现；水螅、淡水海绵、苔藓动物、小型甲壳类、鱼类不能生存	没有淡水海绵、苔藓动物，有贝类、甲壳类、昆虫出现，鱼类中的鲤、鲫、鲶等可在此带栖息	淡水海绵、苔藓动物、水螅、贝类、小型甲壳类、两栖类动物、鱼类均有出现	昆虫幼虫种类很多，其他各种动物逐渐出现

(5)利用生物指数法监测水体污染

①Beck 法。Beck 法于 1955 年提出，以生物指数(BI)来评价水体污染的程度。该法按水体中大型无脊椎动物对有机污染的敏感和耐性分为两类，在环境条件相似、面积确定的河段采集底栖动物，进行种类鉴定。公式如下：

$$BI = 2A + B$$

式中 A——敏感种；

B——耐污种。

BI 越大，水体越清洁，水质越好；BI 越小，水体污染越严重。指数范围在 0～40 之间，BI 值与水质的关系为：

$BI > 10$　　水质清洁

$1 \leqslant BI \leqslant 6$　　水质中度污染

$BI = 0$　　水质严重污染

②Beck-Tsuda 法。Beck-Tsuda 法从 20 世纪 60 年代起经多次对 Beck 法进行修改而提出。该法用采集时间代替采集面积，采集面积不限定，由 4～5 人在一个采集点上采集 30min，尽量将河段内各种大型底栖动物采集完全，然后鉴定所采集的动物种类，计算方法基本与 Beck 法相同。公式如下：

$$BI = 2A + B$$

水质评价标准为：$BI \geqslant 20$，属清洁水体；$10 \leqslant BI < 20$，属轻度污染水体；$6 \leqslant BI < 10$，属中度污染水体；$0 \leqslant BI < 6$，属重度污染水体。

该法在采集样品前应对采样河段进行背景调查，采样时应选择有效河段（如砾石底河段，避免选择淤泥河段）取样，在约 0.5m 深处采样，河水流速为 100～150cm/s，采集时每个（次）采样点面积应相同。

③硅藻生物指数法。计算方法为：

$$XBI = (2A + B + 2C)/(A + B - C) \times 100$$

式中　A——不耐污种类数；

B——广谱性种类数；

C——仅在污染区出现的种类数。

标准：XBI 的值在 0～50 时为多污带；在 50～100 时为 α-中污带；在 100～150 时为 β-中污带；在 150～200 时为寡污带。

7.3.4 水体污染的生态治理

7.3.4.1 污水的生物处理

(1)活性污泥法

活性污泥法（Activated Sludge Process）的基本原理是利用人工培养和驯化的微生物群体降解污水中的有机污染物，从而达到净化污水的目的。活性污泥是一种由好气性微生物（包括细菌、真菌、原生动物和后生动物）及其代谢和吸附的有机物、无机物组成的污泥状褐色絮状物。它是在污水中以有机污染物作培养基，在充氧曝气条件下对各种微生物群体进行混合连续培养而形成的。活性污泥具有凝聚、吸附、氧化及分解污水中有机物的性能，从而使污水得到净化。

活性污泥法的基本工艺流程见图 7.1，其主要设备是曝气池和二次沉淀池。污水和从二次沉淀池回流的活性污泥同时进入曝气池并进行充分混合接触。在溶解氧充足的曝气池中，污水中的污染物不断被微生物吸附和分解。经过一段时间的曝气后，污水中的有机污染物大部分被同化为微生物有机体，然后进入沉淀池。絮状化的活性污泥颗粒沉降至池底部，上清液即为处理过的水，可向外排放。一部分污泥回流到曝气池中，与未经处理的污水混合重复上述作用；另一部分污泥则成为剩余污泥被排出。活性污泥法有多种反应器形式和运转方式，常用的有完全混合式表面曝气法、生物吸附法等。活性污泥法的 BOD 去除率一般可达 90%，它是采用得较为广泛的生物处理方法。

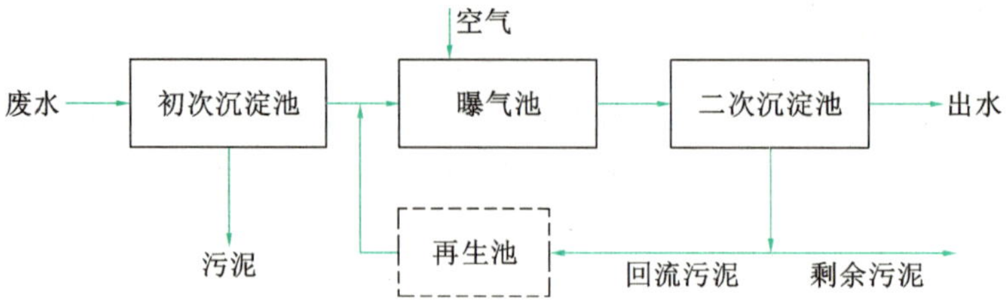

图 7.1　活性污泥法工艺流程示意图

(2)生物膜法

生物膜法(Biological Membrane Method)是一类使生物群体附着于其他物体表面而呈膜状,并让其与被处理污水接触而使之净化的污水生物处理法。根据介质与污水的接触方式,以及构筑物的形式,生物膜法可分为固定床生物处理技术和流动床生物处理技术(又称流化床生物膜),前者又可分成普通生物滤池法、塔式生物滤池法、生物转盘法、生物接触氧化法。

生物膜法的净化原理如图 7.2 所示,生物膜的表面吸附着一层薄薄的污水,称为"附着水层",其外是能自由流动的污水,称为"运动水层"。当"附着水层"中的有机物被生物膜中的微生物吸附、吸收、氧化分解时,"附着水层"中有机物浓度随之降低,由于"运动水层"中有机物浓度高,便迅速地向"附着水层"转移,并不断地进入生物膜而被微生物分解。

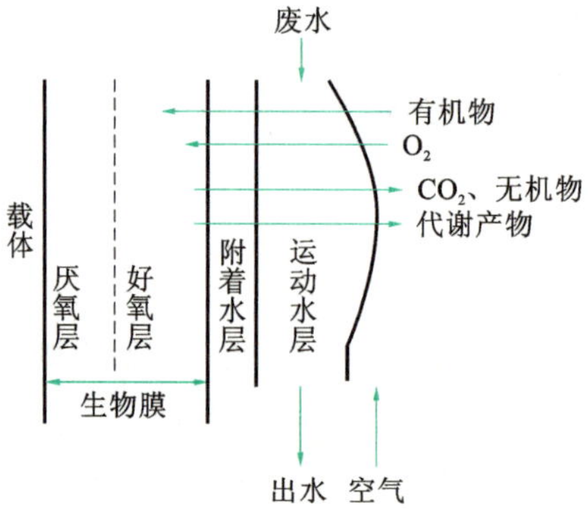

图 7.2　生物膜法的净化原理

微生物所消耗的氧,也是沿着空气运动水层——"附着水层"进入生物膜的;微生物分解有机物产生的代谢物及最终生成的无机物以及 CO_2 等,则沿相反方向移动。开始形成的膜是好氧性的,但当膜的厚度增加,氧向膜内部的扩散受到限制,生物膜就分成了外部的好氧层、内部与载体界面处的厌氧层,以及两者之间的兼性层。因此,生物膜也是一个十分复杂的生态系统,其上存在着的食物链在有效地去除有机物的废水净化过程中,起着十分重要的作用。生物膜在污水处理过程中不断增厚,使附着于载体一面的厌氧区也逐渐扩大增厚,最后生物膜老化、剥落,然后又开始新的生物膜形成过程,即生物膜的正常更新。

(3)厌氧生物处理法

当废水中有机物浓度较高,BOD 超过 1500mg/L 时,就不宜用好氧处理法,而应该采用厌氧处理法。厌氧生物处理法(Anaerobic Treatment of Sewage)是在厌氧条件下,利用厌氧微生物分解污水中的有机物并产生甲烷和二氧化碳的方法,又称厌氧发酵法或厌氧消化法。它与好氧生物处理过程的根本区别在于不以分子态氧为受氢体,而以化合态盐、碳、硫、氮为受氢体。

厌氧法可以在较高的负荷下,实现有机物的高效去除,且具有以下优点:大部分可生物分解的碳素有机物经厌氧处理后转化为甲烷——一种有价值的副产品;处理过程中剩余污泥产量低,因此污泥处置费用少;由于不需要充氧设备,工艺所需的能量消耗相当低;所需要的氮、磷养分较少。但厌氧处理也有一些问题有待完善,如污泥量增长慢,工艺过程启动所需的时间较长;对废水的负荷变化和毒物较敏感等。厌氧处理一般只用于预处理,要使废水达标排放,还需要进一步处理。厌氧发酵的生化过程可分为三个阶段,由相应种类的微生物分别完成有机物特定的代谢过程(图 7.3)。

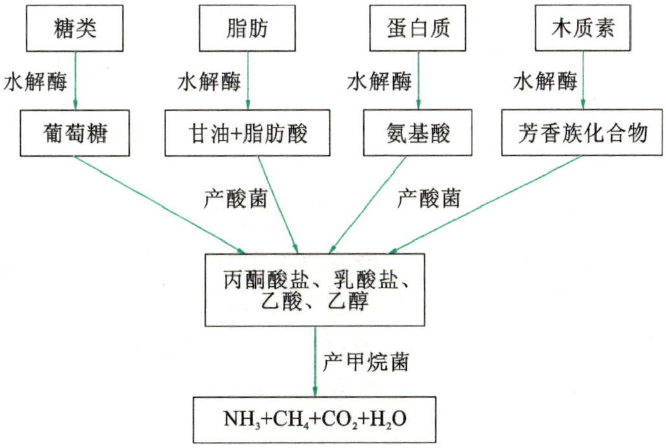

图 7.3　有机物的厌氧分解途径

第一阶段是水解阶段,由水解和发酵性细菌群将附着的复杂有机物(多糖、脂肪、蛋白质等)分解为单糖、氨基酸、脂肪酸及醇类等;第二阶段是酸化阶段,第一阶段的水解产物由各种产酸细菌代谢成简单的丁酸、丙酸、乙酸及甲醇等有机物,以及醇类、醛类、CO_2、硫化物、氢等,同时释放出能量;第三阶段是甲烷化阶段,由第二阶段产生的代谢产物,在产甲烷菌的作用下进一步分解形成。虽然厌氧生化过程可分为以上三个阶段,但是在厌氧反应器中,三个阶段是同时进行的,并保持某种动态平衡。

厌氧处理的核心是厌氧反应器,目前已经开发出多种厌氧反应器,用来提高厌氧处理能力。如升流式污泥床、厌氧流化床、升流式厌氧滤池和接触氧化工艺等。

(4)氧化塘法

生物氧化塘(Oxidation Pond)又称废水稳定塘(Wastewater Stabilization Pond),这是一种利用水塘中的微生物和藻类对污水进行好氧生物处理的构筑物。氧化塘是一种利用藻类和细菌两类生物间功能上的协同作用处理污水的生态系统。由藻类的光合作用产生的氧以及空气中的氧来维持好氧状态,使池塘内废水中的有机物在微生物作用下进行生物降解。

①净化原理。氧化塘的净化原理是利用细菌与藻类的互生关系，来分解有机污染物。在氧化塘中，污水中的有机物主要通过细菌和藻类的协同作用而被去除。细菌将污水中的有机污染物氧化降解而获得能量，并形成各种无机物。藻类通过光合作用固定二氧化碳并摄取细菌分解产生的N、P等营养物质以及一部分小分子有机物，合成有机物并产生新的细胞，同时释放出氧气。两者相辅相成。此外，氧化塘底层的厌氧微生物，通过其无氧呼吸产生CO_2、CH_4、NH_3、简单的有机酸和醇类等物质。增殖的菌体与藻类细胞又为微型动物所捕食。

在氧化塘中藻类起着重要作用，所以在去除BOD的同时，营养盐类也能被有效地去除。效果良好的氧化塘不仅能使污水中80%～95%的BOD去除，而且能去除90%以上的氮、80%以上的磷。伴随着营养盐的去除，藻类进行着CO_2的固定、有机物的合成。通常除去1mg氮，能得藻体10mg；除去1mg磷，能得藻体50mg。大量增殖的藻体会随处理水流出，如果能采用一定的方法回收藻类，或在氧化塘的出水端设养殖池，或对氧化塘出水加以混凝沉淀等处理，可使处理水质大大提高。目前，氧化塘已广泛用于城市污水及食品、制革、造纸、石油化工、农药等工业废水的处理。污水经氧化塘处理后，BOD去除率可达50%～90%，大肠杆菌去除率可达约98%。氧化塘的优点是构筑物简单、投资运行费用低、维护管理简便，缺点是占地面积较大。

②氧化塘的主要类型

氧化塘可以划分为兼性塘、厌氧塘、曝气塘、精制塘。

a. 兼性塘。兼性塘(Facultative Pond)深度一般在1.0～2.5m，由上层好氧区、中层兼氧区和底部厌氧区组成。在上层好氧区，阳光能透入，藻类的光合作用旺盛，释氧多，是好氧微生物对有机物氧化和代谢的区域；在中层兼氧区，阳光不能透入，溶解氧不足，以兼性微生物占优势；在底部厌氧区，主要是厌氧微生物占主导地位，对沉淀于塘底的底泥进行厌氧发酵。兼性塘主要应用于处理工业、农业废水和生活污水。BOD的去除率在70%～95%，最高达99%。

b. 厌氧塘。厌氧塘(Anaerobic Pond)主要以厌氧微生物为主，厌氧塘的有机负荷很高，BOD_5的表面负荷一般在33.6～56g/m^2，BOD_5的去除率为50%～80%，塘深2m以上。厌氧塘处理出水的BOD_5为100～500mg/L，在它的后面通常置有兼性塘和好氧塘。

c. 曝气塘。曝气塘(Aerated Pond)是以机械曝气装置补氧的人工塘，塘深一般在2～5m，水力停留时间4～5d。BOD_5去除率能达到50%～90%。曝气塘BOD_5的负荷为0.03～0.06kg/(m^3·d)，曝气可使塘内污水中固体或部分固体保持悬浮状态，具有搅拌和充氧双重功能。

d. 精制塘。精制塘(Maturation Pond)一般用来改进通过生物滤池法、活性污泥法以及其他类型生物塘排放的出水，目的是为了降低可沉降固体、BOD_5、微生物以及氨的浓度。BOD_5的负荷一般在1.38kg/(m^3·d)。

7.3.4.2 人工湿地生态系统

人工湿地生态系统是20世纪70年代发展起来的一种生态工程污水处理系统。人工湿地(Artificial Wetland)是人工设计的、模拟自然湿地结构和功能的复合体，由水、处于水饱和状态的基质、挺水植物、沉水植物和动物等组成，并通过其中一系列生物、物理、化学过程实现污水净化。应用人工湿地生态系统处理废水，其净化效率优于氧化塘，运转费用低于常规的污水处理厂。特别需要指出的是，人工湿地生态系统对废水处理厂难以去除的营养元素有较好的净化效果。它对 BOD 的去除率一般在 60%～95%，对 COD 的去除率可达 50%～90%，对 N、P 的去除率也在 60%～90%。

人工湿地生态系统既不同于氧化塘，与其他的污水土地处理系统也有明显的区别。虽然自然湿地可以用于处理废水，但在地点、负荷量等方面难以与实际需要相符合，自然湿地基本上是一个不可控制的环境。而人工湿地生态系统中的生物种类多种多样，并处于人为的控制之下，综合处理废水的能力受人工设计控制，处理能力完全可以超过自然湿地。

人工湿地生态系统净化污水的原理是湿地环境中所发生的物理、化学和生物作用的综合效应。包括沉淀，吸附，过滤，溶解，气化，固定化，离子交换，络合反应，硝化，反硝化，营养元素的摄取，生物转化和细菌、真菌的分解作用等过程。因此，在人工湿地生态系统中，对污水的净化起主要作用的是细菌的分解和转化作用。人工湿地生态系统中大型水生植物也起到重要的净化作用。空气中的 O_2 通过大型水生植物的叶、茎的传输到达根部，扩散到周围缺氧的底质中，形成了氧化的微环境，刺激了好氧生物对有机物的分解作用，有助于硝化细菌的生长，降低了废水中的 BOD，并将 NH_3—N 转化为 NO_3^-、NO_2^-。人工湿地生态系统净化废水的效率高，可作为二级处理和深度处理设施。人工湿地生态系统建立的基本建设投资、运行和管理费用仅为一般常规处理的一半。人工湿地生态系统可以由多个单元组合而成，能吸引大量的野生动物，并为它们提供适宜的栖息地。

7.3.4.3 污水的土地处理系统

利用土地以及其中的微生物和植物根系对污染物的净化能力来处理已经过预处理的污水或废水，同时利用其中的水分和肥分促进农作物、牧草或树木生长的工程设施称为土地处理系统(Land Treatment System)。土地处理系统将环境工程与生态学基本原理相结合，具有投资少、能耗低、易管理和净化效果好的特点。

土地处理系统的净化机理包括土壤的过滤截留、物理和化学的吸附、化学分解、生物氧化以及植物和微生物的摄取等作用。它的主要过程是：污水通过土壤时，土壤将污水中处于悬浮和溶解状态的有机物质截留下来，在土壤颗粒的表面形成一层薄膜，这层薄膜里充满着细菌，它能吸附污水中的有机物，并利用空气中的 O_2，在好氧细菌的作用下，将污水中的有机物转化为无机物，如 CO_2、NH_3、硝酸盐和磷酸盐等；土地上生长的植物，经过根系吸收污水中的水分和被细菌矿化了的无机养分，再通过光合作用转化为植物的组成成分，从而实现将有害的污染物转化为有用物质的目的，并使污水得到净化处理。

土地处理系统一般由污水的预处理设施，污水的调节与储存设施，污水的输送、布水及控制系统，土地处理面积和排出水收集系统组成。因此土地处理系统是以土地为主的、统一的、完整的系统。

7.4 大气污染的生态监测及生态治理

7.4.1 大气的组成

大气是自然环境的重要组成部分，地球表面覆盖着厚厚的大气层，从地表一直延伸到上千千米的高空。现代大气按其成分可以概括为三部分：干洁空气、水汽和悬浮微粒。干洁空气是由多种成分组成的，这些成分大致可分为两类：一类是常定成分，主要有氮、氧、氩、氦、氖、氪、氙等，它们在大气中的含量较为固定，基本上不随时间和地点的变化而变化；另一类是可变成分，如二氧化碳、甲烷、氮氧化物、硫氧化物、臭氧等，它们在大气中的含量随时间和地点的变化而变化。

7.4.2 大气污染源

(1)生活污染源

煤、石油、天然气等燃料的燃烧过程是向大气排放污染物的重要发生源。人们由于烧饭、取暖、沐浴等生活上的需要，燃烧化石燃料向大气排放煤烟就造成了大气污染。煤是主要的工业和民用燃料，它的主要成分是碳，并含有氢、氧、氮、硫及金属化合物。煤燃烧时除产生大量煤烟外，在燃烧过程中还会形成一氧化碳、二氧化碳、二氧化硫、氮氧化物、有机化合物及烟尘等有害物质。

(2)工业污染源

由火力发电厂、钢铁厂、化工厂及水泥厂等工矿企业在燃料燃烧和生产过程中所排放的煤烟、粉尘及无机或有机化合物等所造成大气污染的污染源，称为工业污染源。

(3)交通污染源

由汽车、飞机、火车和船舶等交通工具排放的尾气所造成大气污染的污染源，称为交通污染源。

(4)农业污染源

在农业机械运行时排放的尾气，或在施用化学农药、化肥、有机肥等物质时，逸散或从土壤中经再分解，排放于大气中的有毒、有害及恶臭气态污染物，称为农业污染源。

7.4.3 大气污染的类型

①按大气污染影响的范围分类。可将大气污染划分为四类：局部性污染、地区性污染、广域性污染、全球性污染。上述分类方法中所涉及的范围只能是相对的，没有具体的标准。例如，广域性污染是大工业城市及其附近地区的污染，但对某些面积有限的国家

来说，可能产生国与国之间的广域性污染。

②根据能源性质和大气污染物组成和反应分类。可将大气污染划分为四类：煤烟型、石油型、混合型、特殊型。煤烟型污染的一次污染物是烟尘、粉尘和二氧化硫；二次污染物是硫酸及其盐类所构成的气溶胶。此污染类型多发生在以燃煤为主要能源的地区，历史上早期的大气污染多属于此种类型。石油型污染又称汽车尾气型或联合企业型污染，其一次污染物是烯烃、二氧化氮，以及烷、醇、羰基化合物等；二次污染物主要是臭氧、氢氧基、过氢氧基等自由基以及醛、酮和 PNA（过氧乙酰硝酸酯）。这类污染又称为光化学烟雾，多发生在油田、石油化工企业和汽车较多的大城市。混合型污染主要是指以煤炭为主，也包括以石油为燃料的污染源排放造成的污染。该种污染类型多出现于煤烟型向石油型过渡的阶段，它取决于一个国家的能源发展结构和经济发展速度。特殊型污染是指某些工矿企业排出的特殊气体所造成的污染，如氯气、金属蒸气或硫化氢、氟化氢等气体。

前三种污染类型造成的污染范围较大，而第四种污染所涉及的范围较小，主要发生在污染源附近的局部地区。

③根据污染物的化学性质及其存在的大气环境状况分类。可将大气污染划分为两种类型：还原型和氧化型。还原型污染是指以煤、石油等为燃料所产生的大气污染，实质上就是第二种分类方法中的煤烟型和混合型污染。氧化型污染是指以石油为燃料所产生的大气污染，实质上就是第二种分类方法中的石油型污染（光化学烟雾）。

7.4.4 大气中的主要污染物

大气污染物是指由于人类活动或自然过程排入大气的并对人或环境产生有害影响的物质。大气污染物的种类很多，按其存在状态可概括为两大类：气溶胶状态污染物、气体状态污染物。

7.4.4.1 气溶胶状态污染物

在大气污染中，气溶胶是指固体、液体粒子或它们在气体介质中的悬浮体。其形态是粒径为 0.002～100μm 的液滴或固态粒子。

(1)按大气气溶胶中各种粒子的粒径大小分类

①总悬浮颗粒物（TSP）：是分散在大气中的各种粒子的总称；是指用标准大容量颗粒采样器在滤膜上所收集到的颗粒物的总质量，其粒径大小，绝大多数在 100μm 以下，其中多数在 10μm 以下；也是目前大气质量评价中的一个通用的重要污染指标。

②飘尘：能在大气中长期飘浮的悬浮物质称为飘尘。其成分主要是粒径小于 10μm 的微粒。由于飘尘粒径小，能被人直接吸入呼吸道内造成危害。又由于它能在大气中长期飘浮，易将污染物带到很远的地方，导致污染范围扩大，同时在大气中还可以为化学反应提供反应载体，因此，飘尘是从事环境科学工作者所关注的研究对象之一。

③降尘：用降尘罐采集到的大气颗粒物称为降尘。在总悬浮颗粒物中一般直径大于 10μm，由于其自身的重力作用会很快沉降下来，所以将这部分的微粒称为降尘。单位面积的降尘量可作为评价大气污染程度的指标之一。

(2)按气溶胶的来源和物理性质分类

①粉尘(dust):指悬浮于气体介质中的小固体粒子,能因重力作用发生沉降。粉尘的粒子尺寸范围,在气体除尘技术中,一般为 1～200μm。

②烟(fume):指在冶金过程中形成的固体粒子的气溶胶,烟的粒子尺寸很小,一般为

0.01～1μm。

③飞灰(flyash):指燃料燃烧产生的烟气飞出的分散较细的灰分。

④黑烟(smoke):指由燃料产生的能见气溶胶。

⑤雾(fog):雾是气体中液滴悬浮体的总称。在工程中,雾一般泛指小液体粒子悬浮体。

7.4.4.2 气体状态污染物

气体状态污染物简称气态污染物,是以分子状态存在的污染物,大部分为无机气体。常见的有五大类:以 SO_2 为主的含硫化合物,以 NO 和 NO_2 为主的含氮化合物,CO_x,碳氢化合物以及卤素化合物等。

7.4.5 大气污染的影响及危害

(1)对人类健康的危害

大气污染对人类健康的危害包括急性和慢性两种。人在含高浓度污染物的空气中暴露一段时间后,马上就会引起中毒或其他一些病状,这就是急性危害。慢性危害就是人在含低浓度污染物的空气中长期暴露,污染物危害的累积效应使人发生病状。

(2)对生态环境的影响

大气污染对农作物、森林、水产及陆地动物都有严重危害。

(3)对物质材料的危害

大气污染对物质材料的损害突出表现在对建筑物和暴露在空气中的流体输送管道的腐蚀。如工厂金属建筑物被腐蚀成铁锈,楼房、自来水管表面的腐蚀等。

(4)对全球大气环境的影响

大气污染对全球大气环境的影响目前已明显表现在三个方面:臭氧层消耗、酸雨、全球变暖。这些问题如不及时控制,将对整个地球造成灾难性的危害。

(5)室内污染

越来越多的科学研究表明,居室与其他建筑物内的空气比室外空气的污染程度更为严重,甚至在一些工业化程度很高的国家情况也是这样。一些室内空气污染物和污染源被认为会对人体健康产生十分不利的影响,这些污染物包括石棉、甲醛、挥发性农药残余物、氯仿、对二氯苯以及一些致病生物体。

7.4.6 温室效应、臭氧空洞及酸雨

7.4.6.1 温室效应

(1)温室效应的形成

大气中某些痕量气体含量增加,它们对太阳辐射不吸收或很少吸收,而对地面长波

辐射却强烈吸收，从而引起的地球平均气温上升的情况，称为温室效应。这类痕量气体，即叫温室气体，主要有CO_2、水蒸气、CH_4、N_2O、O_3及氯氟烃类，其中尤以CO_2的温室作用最明显。据估测，全球每年排出的CO_2为6×10^9t，对气候变暖的贡献率为54%；CH_4每年的排放量为5.5×10^8t，贡献率为15%；N_2O每年的排放量为3×10^7t，贡献率为7%；氟氯烃类每年的排放量为5×10^5t，贡献率为24%。

CO_2等温室气体产生温室效应的机理，至今仍有争议。然而普遍认为，这与温室气体的物理性质有关。CO_2等温室气体对来自太阳的短波辐射具有高度的透过性，而对地面反射出来的长波辐射却具有高度的吸收性能。CO_2等温室气体在大气中的迅速增加，将地面反射的红外辐射大量截留在大气层内，使地球表面的能量平衡发生改变。温室气体帘幕阻止红外辐射的外逸，太阳能被"捕获"势必导致大气层温度升高，气候变暖，形成温室效应。

(2)温室效应的危害

温室效应对气候所产生的破坏作用，只有在形成了重大灾害以后才能完全确切地知道。但是可以肯定在下列几方面影响严重。

①气候带和自然带的变化

温室效应引起的气候变暖并不是均匀的，而是高纬度升温多，低纬度升温少；冬季升温多，夏季升温少。而在中纬度地区，夏季温度可能上升到超出地球平均温度的30%～50%。这种变化必然造成气候带的调整，气候带的调整又必然引起自然带的变化。据估计，全球平均气温每升高1℃，气候带和自然带约向极地方向推移100km。如全球平均气温升高2.5℃，则现在占陆地面积3%的苔原带将不复存在，其他气候带和自然带的界限变化，也会对界面附近的生态系统产生很大的冲击。

②海平面上升

温室效应引起的全球变暖，必然导致海洋的热膨胀和冰川、极地冰雪融化，从而使海平面上升。在过去的一个世纪中，地球平均海平面升高不到15cm，根据目前地球变暖的程度可以预测，到2075年海平面将上升30～213cm。海平面升高对居住在沿海地区约占全球50%的人口将带来严重的影响，一些沿海低地和岛屿可能被淹没，其生态系统也将彻底崩溃。

③不少地区的自然灾害增加

气候变暖引起降水量和降水空间分布和时间分布的变化，不少地区的旱涝灾害可能增加。同时气候变暖可能使病虫害增加。

7.4.6.2 臭氧空洞

(1)臭氧层破坏的成因

臭氧是大气中的微量气体之一，其主要浓集在平流层中20～25km的高空，即大气的臭氧层。臭氧层对保护地球上的生命以及调节地球的气候都具有极为重要的作用。然而，近些年来，由于在平流层内运行的飞行器日益增多，人类活动产生的一些痕量气体如NO_x和氯氟烃等进入平流层，使臭氧层遭到破坏，以至于在南极上空出现了"臭氧空洞"。导致大气中臭氧减少和耗竭的物质，主要是平流层内超音速飞机排放的大量NO_x，以及人类大量生产与使用的氯氟烃化合物(氟利昂)，如$CFCl_3$(氟利昂-11)、CF_2Cl_2(氟利昂-

12)等。

(2)臭氧层破坏的危害

大气层中的臭氧层被破坏后，照射到地面上的紫外线辐射就会急剧增加，对人类、生态系统会产生以下严重的危害：

①对人类健康的危害。紫外线辐射会使人患上皮肤癌和白内障疾病。研究表明，平流层中臭氧浓度减少1%，则人类的皮肤癌的发病率就会增加3%。紫外线辐射还会加速人的皮肤老化和损坏人的免疫能力。

②对动物的危害。紫外线辐射可轻而易举地杀死动物产出的卵，影响卵生动物的正常繁殖，进而影响整个生态系统结构。紫外线辐射也会缩短动物的生存寿命。

③对植物的危害。植物受紫外线辐射后，叶片变小，减少了光合作用的面积，导致植物生长不正常甚至死亡，引起农作物急剧减产。

④对材料的危害。紫外线辐射还会影响材料的使用寿命。

7.4.6.3 酸雨

(1)酸雨的成因和分布

①酸雨的成因。由于工业生产的高速发展，大气污染日趋严重。人类活动向大气排放的 SO_2 和 NO_x 是引起降水酸化的主要原因。SO_2 与 NO_x，又称酸雨的前体物。这些物质既可以在水汽凝结过程中进入雨滴，也可被云滴吸收，还可以通过化学反应变为固态、液态酸和盐，作为水汽凝结核，此外还可通过雨水的作用直接进入云滴和雨滴。

酸雨的主要成分是 H_2SO_4 和 HNO_3，它们占酸雨总酸量的90%以上。酸雨中 H_2SO_4 与 HNO_3 之比，与燃料的结构和燃烧温度有很大的关系。在我国，含硫化合物是酸雨中的主要成分，我国酸雨中 H_2SO_4 与 HNO_3 之比达10∶1以上，而在发达国家与地区一般为3∶2或2∶1。

大气中的 SO_2 和 NO_x，既来自人为污染，也来自天然释放。在人为因素中有的来自本国或本地区，也有的来自邻国或相邻的地区。由于 SO_2 等在大气中可停留3～5d，一般可输送到离发射源1000～2000km处，从而使酸雨成为全球性环境问题。也就是说，城市排放的各种污染物不仅造成局部地区的污染，而且可随气流输送到很远的距离，污染广大地区。例如，美国采用高烟囱排放，将 SO_2 输送到加拿大；英国、德国和俄罗斯排放的 SO_2 有一部分降落到瑞典和芬兰。酸雨的“越境”转移已引起新的国际争议。

②酸雨的分布。20世纪70年代初，酸雨还只是局部地区的问题，但目前已经广泛地出现在北半球，成为当今世界面临的主要环境问题之一。当大气未受污染时，降水的酸碱度仅受大气中的 CO_2 影响，因此把大气中 CO_2 与纯水反应平衡时的溶液酸度定为天然雨水酸度的背景值。当温度为0℃时，这种溶液的pH值为5.6，把pH值小于5.6的雨雪或其他形式的降水(如雾、露、霜等)定义为酸雨。

目前世界各地的降水均有不同程度的酸化，其中最严重的地区有三个，它们是欧洲(西欧和北欧)酸雨区、北美酸雨区(美国和加拿大东部)和中国的酸雨区。

中国的酸雨区主要分布在长江以南，但北方工业集中的大城市如青岛、哈尔滨、北京、天津在夏季降大雨和暴雨时，也时常出现酸雨。长江以南，西自四川峨眉山、重庆金佛山、贵州遵义、广西柳州、湖南洪江和长沙，向东直至福建的厦门，形成一条突出的酸雨带，酸雨频率均在80%以上。我国最严重的三个酸雨区是以重庆、贵阳为中心的西南酸雨区，以长沙等为中心的华南酸雨区和以福州为中心的东南酸雨区。中国气象局74个酸雨观测站的长期观测资料显示，自1992年以来，全国酸雨污染经历了改善、恶化、再次改善的阶段性变化。1992年至1999年为酸雨改善期，2000年至2007年酸雨污染恶化，2008年以来酸雨污染状况再度改善。2022年，全国平均降水pH值为6.09，平均酸雨频率为15.7%，保持了近年来酸雨改善的较好水平。

(2)酸雨的危害

酸雨的危害主要表现在以下几个方面：

①对水生生态系统的影响。酸雨降到地面后，导致湖泊酸化，湖泊中生长的各种鱼虾等动物、水生植物及微生物等都会受到严重影响。

②对陆地生态系统的影响。陆地上的植物经叶片气孔和根系吸收大量的酸性物质后，会引起植物机体新陈代谢的紊乱。树木的枝枯叶黄、农作物的枯萎死亡(或生长缓慢)，在酸雨严重的地区屡见不鲜。

③对土壤的影响。酸雨进入土壤后，改变了土壤的酸碱性，对于原来呈碱性的土壤，酸雨有一定的缓冲能力，对原本就呈酸性的土壤，其酸性就更加增强，从而影响土壤结构成分的变化，影响土壤的肥力，使植物的生长受到影响。

④对建筑物的影响。酸雨对建筑物的危害明显表现在腐蚀金属建筑物和石膏建筑物。因为酸雨中的酸与金属作用生成金属盐和气体；酸与石膏作用生成别的盐类。

⑤对人类健康的危害。酸性气体被人吸入后，会严重危害呼吸道系统，造成一系列疾病。同时，酸雨还污染饮用水源。

7.4.7 大气污染的生态监测

7.4.7.1 大气污染的植物监测

利用生物对空气污染物的反应，监测有害气体的成分和含量，达到了解空气环境质量状况的目的，称之为空气污染的生物监测，它包括动物监测和植物监测。目前植物监测研究较多，动物监测研究相对较少，尚未形成一套完整的监测方法。

(1)植物监测的依据

植物和环境是一个有机的整体，植物对外界环境的变化会做出某种反应，反应可归纳为以下几方面：

①产生可见症状。植物受到有害气体污染后，在叶片上会出现肉眼看得见的伤斑，即可见症状，有害气体种类和浓度不同，产生的症状和受害程度也不同。

②生理代谢活动发生变化。植物受到有害气体的危害后，呼吸作用加强，光合作用下降，蒸腾作用下降，生理代谢活动下降，生长发育受阻，生长量减少，叶面积变小等。

③植物组成成分变化。植物受到污染后，由于吸收污染物质而使其中的某些成分含量增加，与对照区(清洁区)相比，植物体中某种成分含量要超出很多倍。

④苔藓、地衣的变化。苔藓和地衣对大气污染非常敏感，并且可以排除土壤污染的干扰，是比较理想的大气污染指示植物和监测植物。

(2)现场调查法

①工作步骤。通常，现场调查法按如下步骤进行：

a.选择观察点，根据调查目的和实际情况进行布点。一般通过实地踏勘调查，在大比例尺地图上以污染源为中心，按方位或根据风向玫瑰图确定主风的下风方向与上风方向地区的主轴线，在野外依次由中心向外标出不同距离的观察点（如 50m，100m，…，3000m），对于有阻隔物的地方，要对上风向和下风向两处进行补充调查。

b.了解调查区内主要有害气体的种类、浓度、分布和扩散规律等。

c.观察对象主要是树木、农作物、蔬菜或野生草本植物等。也可选择其中一类植物作为观察对象，观测植物确定之后，应做好保护工作，注意区分病虫害受害症状。

d.根据调查目的和人力条件，确定观测的时间。

e.观察各类植物的芽、枝条等器官受害的症状表现，仔细观察叶片受害后的颜色、形状、受害面积、受害年龄、落叶情况等。对农作物，还要观察根系发育情况，统计生长高度、干鲜重及产量等。

如果条件许可，取受害部分（如叶片）样品，观察内部组织结构受害状况并进行化学分析，测定有害物质的积累量。在调查中，如能配合观测气象、土壤等环境因子的变化，对于了解空气污染与植物的关系具有重要的意义。

f.根据调查资料与对照区（清洁区）进行对比分析，确定各种植物对有害气体的抗性等级。

②观察污染物受害叶片症状。现场调查中，常见的主要污染物包括：

a.二氧化硫。各种植物受伤害的阈值差别较大，当浓度超过阈值时，植物叶片开始出现受害症状。阔叶叶缘和叶脉间出现不规则的坏死小斑，颜色变成白色到淡黄色，周围组织常常有缺绿的花叶。在低浓度时一般表现为细胞受损害，不发生组织坏死。长期暴露在低浓度环境中的老叶有时表现为缺绿，不同植物间存在较大差异；禾本科植物在中肋两侧出现不规则的坏死，从淡棕色到白色；针叶顶端发生坏死，呈带状，通常相邻组织缺绿。

b.臭氧。阔叶下表皮出现不规则的小点或小斑，部分下陷，小点变成红棕色，然后褪成白色，最后结果与植物种类和暴露的条件有关；禾本科植物最初的坏死区不连接，随后可以造成较大的坏死区；针叶树针叶顶部发生棕色死尖，但棕色和绿色组织分布不规则。

c.乙烯。能引起植物叶柄上下两边不相等生长，即叶柄的上边生长得比下边快，使叶片下垂，这是乙烯的一种特殊效应；乙烯的另一种作用是使叶片、花蕾、花和果实等器官脱落。

d.氟化物。能使阔叶叶尖和叶缘发生坏死，偶尔在叶脉间产生小斑，在死组织和活组织之间界线很明显，常具有窄的暗棕色的带，有时在坏死组织边上有窄而轻微缺绿的带；禾本科植物会出现棕色的坏死叶尖，一直从坏死区延伸到叶尖，其后部是不规则的条纹，和阔叶植物一样，在坏死区和健康组织间有深色带；针叶树会出现棕色的或红棕色的坏死尖，甚至整个叶片都可以坏死。

应用可见症状进行环境监测较为方便。在轻微污染区也可以观察到敏感植物所出现的叶片受害症状；在中度污染区，敏感植物出现明显中毒症状，抗性中等的植物也可能出现部分受害症状，抗性较强的植物一般不出现受害症状；在严重污染区，敏感植物基本绝迹，中等抗性的植物出现明显的受害症状，抗性较强的植物可能出现部分受害症状。因此，可以根据植物出现的症状来评价环境的质量，划分污染范围和区域。

③确定伤害等级的标准。植物接触有害气体后，将表现出受害症状，费德尔（Fede）和米林（Minning）根据菜豆对臭氧的反应制定了伤害评价等级，如表 7.2 所列。

表 7.2　费-米指数

目估叶片受伤百分数(%)	受伤估计	评价系统伤害严重性指数
0	无	0
1～25	轻微	1
26～50	中等	2
51～75	中等～严重	3
76～99	严重	4
100	完全受伤	5

(3)现场栽培监测

现场栽培监测有两种方法，第一是盆栽实验，第二是人工实地栽培，对用于监测的指示植物进行定期观察，记录其受害症状和程度，估测有害气体的种类、浓度和范围。

江苏省植物研究所曾用唐菖蒲定点盆栽监测了某磷肥厂的氟污染情况，其方法是：4月初，先在非污染区将唐菖蒲的球茎栽种在花盆内，等长出 3～4 片叶子以后，移到工厂，放在污染源的主风向下风处不同距离（5m，50m，350m，500m，1150m，1350m）的监测点上，定期观察，记录受害症状，并用目测法统计受害叶面积的百分数。几天后，唐菖蒲出现典型的氟化氢危害症状，叶片尖端和边缘产生淡棕黄色片状伤斑，受害部分与正常叶组织之间有一明显的界线。一周后，除最远的监测点外，所有的唐菖蒲都出现了不同程度的受害症状。两周后测定它们的受害情况，结果见表 7.3。

表 7.3　不同监测点上唐菖蒲受害情况

距离(m)	受害叶面积百分数(%)	伤斑长度(cm)
5	53.9	22.8
50	28.6	15.9
350	16.6	13.5
500	6.8	6.0
1150	6.5	5.3
1350	0.3	0.3

注：①放置点附近树木较多。②第一个星期放在室内监测，未出现受害症状；第二个星期移至室外。

唐菖蒲受害症状表明，该厂周围空气已被氟化物污染，其范围至少达 1150m。植物受害程度与其距污染源的距离远近有关，随距离增大，受害程度减轻。这种结果与该厂空气取样分析结果基本一致。

除使用症状评估法外，还可根据在清洁环境条件下植物生长量与在污染条件下植物生长量的比值（影响指数）来监测和评价环境污染状况，污染物影响指数（IA）：

$$IA = W_o / W_m$$

式中 IA——影响指数；

W_o——清洁区植物生长量；

W_m——污染区植物生长量。

指数越大，污染越重。

（4）地衣监测

目前，应用地衣监测空气污染的方法主要有两种：调查污染区的地衣种类、数量和分布，如果发现种类、数量和盖度明显减少，就说明污染严重；选择一种生长在树干上比较敏感的地衣（一般以叶状地衣较好），把它和树皮一起切下来，移植到需要监测地区的同种植物上，定期观察它们的受害程度和死亡率，从而可以估测该地区空气被污染的状况。

地衣中不同的种类对二氧化硫的抗性不同，在英国利用地衣的这一特性研究制订出了一个检索表（表 7.4），用来监测二氧化硫的污染程度。

表 7.4 地衣检索说明

污染带	空气中二氧化硫浓度和地衣特征
0 带	二氧化硫在空气中含量超过 170μg/m³，没有地衣存在，有联球藻属（Pleurococcus）存在
第 1 带	空气中二硫化硫浓度为 125～150μg/m³，地衣种类有 Lecunora conizacoides，混有联球藻属的绿藻生长其间
第 2 带	二氧化硫浓度为 70μg/m³，有叶状地衣 Parmelia 生长于树上，Xanthoria 生长于石灰石上
第 3 带	二氧化硫浓度为 60μg/m³，地衣 Parmelia 和 Xanthoria 在所有树木上均能见到
第 4 带	二氧化硫浓度为 40～50μg/m³，有地衣 Parmelia
第 5 带	二氧化硫浓度为 35μg/m³，有地衣 Evernia 和 Ramatina
第 6 带	二氧化硫浓度为 30μg/m³，有地衣 Usnea 和 Lobaria，这两种都是清洁空气中才能找到的典型种

（5）植物污染物含量分析法

①叶片污染物含量法。在污染地区选择吸污能力强、分布广泛的一种或数种监测植物，分析叶片内某种或多种污染物质含量；或人工实地栽培监测植物；或把盆栽监测植物放到监测点，经若干时间后取样分析叶片污染物质含量，根据叶片污染物质含量变化判断污染情况。

植物树皮一年四季都能固定空气中的有害物质，定期分析植物树皮，并与生长在清洁区立地条件相类似的植物树皮相比较，可用来监测空气污染的年度变化，使生物监测工作不受季节的影响。

②污染指数法。这种方法与叶片污染物含量法基本相同，不同之处是分析监测点叶片(或组织)中污染物质含量，然后与清洁区(立地条件基本相同)同种植物叶片(或组织)中污染物质含量进行比较，求出污染指数，再按指数大小进行污染程度分级，评价环境质量。这种方法应用较为普遍。

a. 单项指数法。就是用一种污染物质的含量指数来监测或评价空气污染情况，计算公式如下：

$$IP = C_m / C_o$$

式中 IP——污染物质指数；

C_m——污染区植物叶片(或组织)中某种污染物质实测值；

C_o——清洁区同种植物叶片(或组织)中某种污染物质实测值。

分级标准如下：

1 级：清　洁　$IP<1.20$

2 级：轻度污染　$1.20 \leqslant IP \leqslant 2.00$

3 级：中度污染　$2.00<IP \leqslant 3.00$

4 级：严重污染　$IP>3.00$

b. 综合指数法。如果污染物不止一种，要监测或评价空气污染，则须用综合污染指数，计算公式如下：

$$ICP = \sum_{i=1}^{n} W_i \times IP_i$$

式中 ICP——综合污染指数；

W_i——某种污染物质的权重值；

IP_i——某种污染物质指数。

实际监测时，一般先求出每种污染物质的单项污染指数，再根据事先确定的各污染物质的权重值计算出综合污染指数。确定权重的方法有专家法等，但专家法与专家的专业知识和个人观点紧密相关，人为因素较大，确定权重时要慎重。

计算综合污染指数值后，根据其进行污染程度分级(分级标准可与 IP 值相同)。

(6)年轮法

通过对树木年轮组成成分和生长情况进行分析，可以综合反映若干年来的环境质量状况。一般情况下，污染越严重，树木年轮越窄，对于过去无环境监测资料的环境来讲，是适用于过去环境影响评价的较好的一种方法。

7.4.7.2 大气污染的微生物监测

微生物与环境污染关系密切，利用微生物区系组成及数量变化监测环境污染程度已完全可行。

(1)敏感细菌法

利用细菌敏感性指示空气污染程度是很好的一种方法，可把该类敏感的微生物作为指示生物。例如，大肠杆菌对光化学烟雾是非常敏感的。纯臭氧对大肠杆菌也有毒害作用，可使细胞表面氧化，造成内含物渗出细胞而被毁。

发光细菌是测定由污染物引起的细胞损伤的良好工具，发光细菌在暗处生长，比较容易测定。发光细菌对过氧乙酰硝酸酯特别敏感，浓度在小于 2μg/L 时，就能抑制它发生，而这样低的浓度不会对人眼产生刺激作用。

(2)畸变微生物法

多环芳烃化合物是空气中普遍存在的污染物，可刺激细菌产生畸变。例如，蜡状芽孢杆菌和巨大芽孢杆菌均可被 3,4-苯并芘处理产生畸变。因此，可以利用这种现象来研究空气污染对细胞的损伤作用。

7.4.7.3 大气污染的动物监测

利用动物监测大气污染虽不及植物那么普遍，但也能够起到指示、监测环境的作用。事实上，利用生物监测环境污染是从动物开始的。人们很早就懂得用金丝雀、金翅雀、老鼠及鸡等动物的异常反应(不安，甚至死亡)来探测矿井里的瓦斯毒气；利用对氰氢酸特别敏感的鹦鹉来监测以氰氧化物为原料的制药车间的空气中氰氢酸的含量，以此确保工人的生命安全。美国的多诺拉事件调查表明，金丝雀对 SO_2 最敏感，其次是狗，再次是家禽。日本有人利用鸟类与昆虫的分布来反映大气质量的变化，利用鸟类羽毛、骨骼中的重金属含量来监测大气中的重金属污染物及污染程度。

蜜蜂是大气污染最理想的监测动物。早在 19 世纪末就有科学家通过分析死蜂发现蜂受到砷、氟化物、铅及汞等的污染。1960 年加利福尼亚大学的科学家发现臭氧、氟化物缩短了蜜蜂的寿命。1970 年初，北美和欧洲的科学家开始利用蜜蜂监测大气污染水平，评价大气环境质量。保加利亚一些矿区也用蜜蜂来监测金属污染物在大气中的浓度。一个蜂巢有 5 万只以上的蜜蜂，这群蜜蜂可以在约 $4km^2$ 以上的范围内觅食，每天要在数百万株植物上停留采花蜜，大气污染物会随着花粉、花蜜被带回蜂巢，只要分析花粉、花蜜和蜂体就能够了解污染物种类及污染水平。

一个区域中动物种群数量的变化也可用于监测该地大气污染状况。如一些大型哺乳类、鸟类、昆虫等，特别是对大气污染敏感的种类的数量变化很能够说明问题。如果发现上述动物迁离，不易直接接触污染物的潜叶性昆虫、虫瘿昆虫、体表有蜡质的蚧类等数量增加，说明该地区大气污染严重，环境恶化。

7.4.8 大气污染的生态治理

7.4.8.1 大气污染的植物净化

绿色植物作为生态系统中的初级生产者，是物质循环和能量流动的重要环节。在大气污染防治方面，绿色植物也起着十分重要的作用。绿色植物不仅能美化环境，吸收二氧化碳制造氧气，还可以有效地吸收大气中的有毒有害物质、滞尘，减弱噪声，吸滞放射性物质和监测大气污染等。

(1)吸收大气中的有毒有害物质

绿色植物能吸收大气中的多种有毒有害污染物。植物被誉为天然的过滤器。$10^4 m^2$ 的高大森林，其叶面积达 $7.5\times10^5 m^2$；$10^4 m^2$ 的草坪，其叶面积为 $2.2\times10^5 \sim 2.8\times10^5 m^2$。

据报道,1hm^2 柳杉林每年可吸收大约 720kg 的 SO_2。1hm^2 银桦能吸收 11.8kg 的氟,在氟浓度为 5.5$\mu g/m^3$ 的蒸汽中,番茄叶片可吸收氟达 3000$\mu g/kg$。生长在离氯污染源 400～500m 处的阔叶林,如洋槐、银桦等,若 1hm^2 产叶量为 2.5t(干重),则每年可吸收几十千克氯气。许多植物能吸收臭氧,其中银杏、柳杉、樟树、青冈栎、夹竹桃、刺槐等 10 余种树木有较强的吸收能力。植物也能吸收大气中的某些重金属,如在汞蒸气源附近,夹竹桃、棕榈、樱花、桑树等叶片中汞含量可达 6×10^{-8}g 以上。某些烟草品种叶片的吸汞量可高达干重的 0.47%。在污染源附近大量栽培对大气污染物有较强吸收能力的植物能有效减少污染物的浓度,对净化大气、提高环境质量具有一定的作用。

绿色植物是吸收二氧化碳、放出氧气的天然工厂,对调节大气中二氧化碳和氧气的平衡,稳定全球气候起着很大的作用。提高绿地面积和森林覆盖率对改善生态环境状况、提高大气环境质量是一种非常有效的生态工程手段。

(2)滞尘作用

绿色植物都有滞尘作用,其滞尘量大小与树种、林带、草皮面积、种植状况及气象条件均有关。高大而叶茂的树木较矮小、枝叶稀少者滞尘效果好,叶面粗糙多绒毛,能分泌黏性油脂或汁浆的树是比较好的防尘树种。生长季节的植物比休眠季节的滞尘效果好。叶面积大的植物比叶面积小者滞尘效果好。例如,1hm^2 山毛榉林过滤的粉尘量为等面积云杉林的两倍多;每平方米杨树叶吸尘量仅为等面积榆树叶吸尘量的 1/7。绿化林带能降低风速,使空气中携带的大粒粉尘易于降落。草地也有滞尘作用。生长茂盛的草皮,其叶面积为其占地面积的 20 倍以上。同时,其根与土壤表层紧密结合,形成严实的地被层,不易出现二次扬尘,具有特殊的减尘功能。森林和绿地的滞尘作用也已成功地应用于风沙治理。

在选择滞尘树种、建立防尘林带时,应选用总叶面积大、叶面粗糙多绒毛、能分泌黏性油脂或浆汁的物种。

(3)防治噪声污染

研究表明,40m 宽的林带可以降低噪声 10～15dB。市区公园内成片林带可将噪声减少至 26～43dB。许多树种有较好的隔音效果,如雪松、桧柏、龙柏、水杉、悬铃木、梧桐、垂柳、云杉、山核桃、柏木、臭椿、樟树、椿树、柳杉、栎树、桂花树、女贞等。用木本植物建立防声林带时,应考虑林带的宽度、高度、与声源的距离以及林带配置方式,这些因素对减弱噪声的效果均有影响。林带宽度在城市中以 6～15m 为宜,郊区以 15～30m 为宜。多条窄林带比单条林带防声效果好。林带中心的高度最好在 10m 以上。林带应靠近声源,而不要靠近受声区。林带边沿至声源的距离在 6～15m 时效果最佳。林带以乔木、灌木和草地相结合而形成一个连续、密集的隔声带时,减声效果更好。

7.4.8.2 大气污染的微生物处理

大气污染物的微生物处理是利用微生物的生物化学作用,使大气中的污染物分解并转化为无害或少害的物质。目前,微生物主要用于有机污染物处理,特别是除臭。

(1)微生物吸收法

利用微生物和培养液组成的微生物吸收液作为吸收剂处理废气,然后再进行好氧处理,去除液体中吸收的污染物。这种方法适合于处理可溶性的气态污染物。

(2)微生物洗涤法

利用污水处理厂剩余的活性污泥配制混合液,作为吸收剂处理废气。该洗涤法对脱除复合型臭气效果很好,脱臭率可达99%。

(3)微生物过滤法

用含有微生物的固体颗粒吸收废气中的污染物,然后微生物再将其转化为无害物质。常用的固体颗粒有土壤和堆肥,有的是专门设计的生物过滤床。

7.5 土壤污染的生态监测及生态治理

7.5.1 土壤的组成

土壤是环境中特有的组成部分,土壤是由固相(包括矿物质、有机质和活的生物有机体)、液相(土壤水分或溶液)、气相(土壤空气)这三相物质(五种成分)组成的(图7.4)。按容积计,在较理想的土壤中矿物质占38%~45%,有机质占5%~12%,土壤孔隙约占50%。土壤水分和空气共同存在于土壤孔隙内,它们的容积比,则是经常变动而相互消长的。按重量计,矿物质可占固相部分的95%以上,有机质占1%~10%。从土壤物质组成的总体来看,大多是以矿物质为主的物质体系。

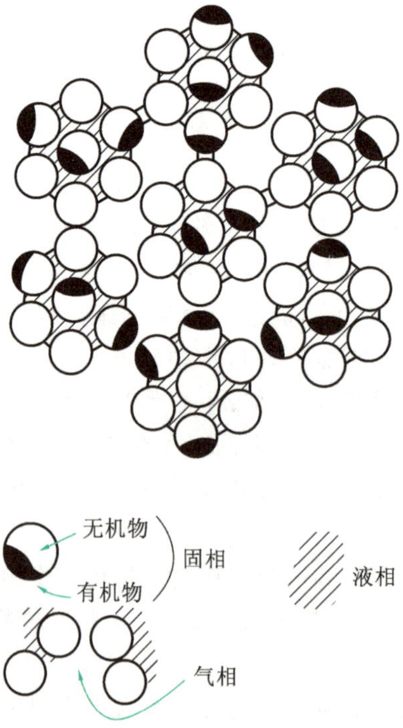

图7.4 土壤三相物质组成状态

土壤各相物质成分间，并不是相互孤立和静止不变的，而是彼此紧密联系、相互作用，并具有一定结构的有机整体。土壤因物质组成和结构不同，而具有不同的物理、化学和生物学特性，具有不同的肥力水平。

7.5.1.1 土壤矿物质

土壤矿物质来源于地壳岩石(母岩)和母质，它对土壤的性质、结构和功能影响很大。可分为原生矿物和次生矿物两大类。

(1)原生矿物

原生矿物是各种岩石(主要是岩浆岩)受到程度不同的物理风化而未经化学风化的碎屑物，其原来的化学组成和结晶构造都没有改变。一般土壤中 0.01～1mm 的砂和粉砂几乎全部是原生矿物。其种类和含量，随母质的类型、风化强度和成土过程的不同而异。土壤中最主要的原生矿物有四类：硅酸盐类矿物、氧化物类矿物、硫化物类矿物和磷酸盐类矿物。其中硅酸盐类矿物占岩浆岩质量的 80%以上。

(2)次生矿物

次生矿物是由原生矿物经化学风化后形成的新矿物，其化学组成和晶体结构都有所改变。包括各种简单盐类、三氧化物类和次生铝硅酸盐类。其中简单盐类，如方解石($CaCO_3$)、白云石[$CaMg(CO_3)_2$]、石膏($CaSO_4 \cdot 2H_2O$)、泻盐($MgSO_4 \cdot 7H_2O$)、岩盐($NaCl$)、芒硝($Na_2SO_4 \cdot 10H_2O$)、水氯镁石($MgCl_2 \cdot 6H_2O$)等，易淋溶流失，一般土壤中较少，多存在于盐渍土中。三氧化物类，如针铁矿($Fe_2O_3 \cdot H_2O$)、褐铁矿($2Fe_2O_3 \cdot H_2O$)、三水铝石($Al_2O_3 \cdot 3H_2O$)等。次生铝硅酸盐类，如伊利石、蒙脱石、高岭石，是土壤矿物质中最细小的部分，粒径小于 0.25μm，一般称之为次生黏土矿物。土壤具有的很多重要的物理、化学性质，如吸收性、膨胀收缩性、黏着性等都和土壤所含的黏土矿物，特别是次生铝硅酸盐的种类、数量有关。

7.5.1.2 土壤有机质

土壤有机质是由各种有机物质组成的复杂系统。主要可分为两类：非特异性土壤有机质和土壤腐殖质。

(1)非特异性土壤有机质

非特异性土壤有机质来源于动、植物(包括微生物)的残体，主要是绿色高等植物的根、茎、叶等有机残体及其分解产物和代谢产物。对于耕种土壤来说，除继承自然土壤原有的有机质外，施用的各种有机肥是土壤有机质的重要来源。

(2)土壤腐殖质

土壤腐殖质即土壤特异性有机质，是土壤有机质的主要组成部分，占有机质总量的 50%～65%。腐殖质不是单一的有机质，而是在组成、结构和性质上具有共同特征，又有差异的一系列高分子的有机化合物。依据它们在不同溶剂中的可溶性和不溶性，可把它们分离为几种不同类型的腐殖质。有机质可分离出下列腐殖质：①胡敏酸(或黑腐酸)，溶于碱，而不溶于酸和酒精溶剂；②富里酸(富啡酸或黄腐酸)，溶于碱和酸；③吉马多美朗酸(或棕腐酸)，溶于碱和酒精，而不溶于酸；④胡敏素，是与矿物紧密结合的腐殖质部分，不溶于碱、酸和酒精溶剂。其中主要是胡敏酸和富里酸。

7.5.2 土壤污染的特点

土壤环境污染，是指人类活动产生的污染物，通过不同的途径输入土壤环境中，其数量和速度超过了土壤的净化能力，从而使土壤污染物的累积过程逐渐占据优势，土壤的生态平衡受到破坏，正常功能失调，导致土壤环境质量下降，影响作物的正常生长发育，作物产品的产量和质量随之下降，并产生一定的环境效应(水体或大气发生次生污染，最终将危及人体健康，以及人类生存和发展的现象)，称之为土壤污染。土壤污染有以下几个特点：

7.5.2.1 隐蔽性和潜伏性

土壤污染是污染物在土壤中长期积累的过程，一般要通过对土壤污染物、植物产品质量、植物生态效应、植物产品产量，以及环境效应进行监测。其后果要通过长期摄食由污染土壤生产的植物产品的人体和动物的健康状况才能反映出来。因此，土壤污染具有隐蔽性和潜伏性，不像大气和水体污染那样易为人们所觉察。

7.5.2.2 不可逆性和长期性

污染物进入土壤环境后，便与复杂的土壤组成物质发生一系列迁移转化作用。其中，许多污染作用为不可逆过程，污染物最终形成难溶化合物沉积在土壤中。因而，土壤一旦遭受污染，极难恢复。

7.5.3 土壤污染物及其来源

7.5.3.1 土壤污染物

土壤污染物大致可分为无机污染物和有机污染物两大类。无机污染物如(类)重金属 Hg、Cd、Pb、Cr、As，放射性元素 Sr、Cs 和其他，如酸、碱、盐、氟等；有机污染物如有机农药、石油类及有害微生物等。

7.5.3.2 土壤污染物来源

土壤污染物来源主要是工业和城市的废物，农业用的化肥、农药以及有害微生物和放射性物质等。

(1)工业与城市废物

工业与城市废物是当代引起土壤污染最主要的污染源，其一般是通过水体、大气或固体废弃物的堆放，或作为肥料施用进入土壤。其中污水灌溉是造成土壤污染最主要的原因。

(2)化肥、农药的施用

在农业生产中，化肥、农药使用不当或用量过多，也会造成土壤污染。农药进入土壤后，虽然部分被分解转化，但仍有部分残留，被作物吸收后，进入籽实和茎叶，人畜食用后可引起急性或慢性中毒。某些化肥如某些粗制磷肥含有较高的氟、砷等有毒物质，能造成土壤污染。过量使用氮肥和磷肥，也会造成土壤板结，使作物产量和品质下降。

(3)有害微生物

由于生活污水、粪便、垃圾、动植物尸体不断排放入土壤，使某些病原菌在土壤中传播，造成土壤污染。

(4)放射性物质

放射性物质的污染主要是指在大气层中进行核爆炸的裂变产物以及一些放射性废物进入土壤引起的，引起较长期土壤污染的主要是 90Sr(半衰期 28 年)和 137Cs(半衰期 30 年)。

7.5.4 土壤污染的类型

土壤污染的类型目前并无严格的划分，如从污染物的属性来考虑，一般可分为有机物污染、无机物污染、生物污染和放射性物质污染。

7.5.4.1 有机物污染

有机物污染可分为天然有机污染物和人工合成有机污染物，这里主要是指后者，它包括有机废弃物(工农业生产及生活废弃物中生物易降解和生物难降解有机毒物)、农药(包括杀虫剂、杀菌剂和除莠剂)等。

7.5.4.2 无机物污染

无机污染物有的是随着地壳变迁、火山爆发、岩石风化等天然过程进入土壤的，有的是随着人类的生产和消费活动而进入的。采矿、冶炼、机械制造、建筑材料、化工等生产过程，每天都排放大量的无机污染物，包括有害的元素氧化物、酸、碱和盐类等。生活垃圾中的煤渣，也是土壤无机污染物的重要组成部分。

7.5.4.3 生物污染

生物污染是指一个或几个有害的生物种群，从外界环境侵入土壤，大量繁衍，破坏原来的动态平衡，对人类健康和土壤生态系统造成不良影响。造成土壤生物污染的主要物质来源是未经处理的粪便、垃圾、城市生活污水、饲养场和屠宰场的污物等。其中危害最大的是传染病医院未经消毒处理的污水和污物。土壤生物污染不仅可能危害人体健康，而且有些长期在土壤中存活的植物病原体还能严重地危害植物，造成农业减产。

7.5.4.4 放射性物质污染

放射性物质污染是指人类活动排放出放射性污染物，它使土壤的放射性水平高于天然本底值。放射性污染物是指各种放射性核素，它的放射性与其他化学状态无关。

综上所述，引起土壤污染的物质以及途径都是极为复杂的，它们往往是互相联系在一起的。为了预测和防止土壤污染的发生，必须认识土壤污染物质，特别是对环境污染直接或潜在威胁最大的污染物质，如化学合成农药和重金属等，研究其在土壤系统中的迁移转化过程及其危害机制。

7.5.5 土壤污染的生态监测

7.5.5.1 土壤污染的植物监测

通过利用一些对特定污染物较为敏感的植物，作为土壤污染物的预测和监测指示物。一般来说，指示植物主要起到预警作用。目前用于大气、水体污染物监测的植物种类较丰富，而用于土壤监测的植物种类相对较少。国外在 20 世纪六七十年代对用于土壤重金属污染指示的野生和栽培植物研究很多(表7.5)。其他土壤污染物的指示植物筛选还有待于进一步充实和完善。

表 7.5　土壤重金属污染监测植物

种	科	金属	国家
Gypsophila patrini	马齿苋科	Cu	美国
Poluearaea spirostylis	马齿苋科	Cu	澳大利亚
Acrocephalus robertir	唇形科	Cu	加丹加
Elshotzia haichowensis	唇形科	Cu	中国
Ocimum homblei	唇形科	Cu	津巴布韦
Merceya latifolia	苔藓类	Cu	瑞典和加拿大
Eschsholtzia mexicana	罂粟科	Cu	美国
Tephvosia sp. Nov.	豆科	Cu	澳大利亚
Polycarpaea glabra	马齿苋科	Cu	澳大利亚
Bulabostylis barbata	莎草科	Cu	澳大利亚
Fimbristylis sp. Nov.	莎草科	Cu	澳大利亚
Loudetia simplex	禾本科	Cu	津巴布韦
Erianthus giganteus	禾本科	Pb	美国
Tephrosia sp. Nov.	豆科	Pb、Zn	澳大利亚
Polycarpeae synandra	马齿苋科	Pb、Zn	澳大利亚
Tephrosia affinpolyzyga	豆科	Pb、Zn	澳大利亚
Gomphrena canescens	苋科	Pb、Zn	澳大利亚
Erigomum ovalifolium	廖科	Ag	美国
Viola calaminaria	堇菜科	Zn	比利时和德国
Philadelphus sp.	虎耳草科	Zn	美国

7.5.5.2　土壤污染的动物监测

土壤动物是反映环境变化的敏感指示生物，当某些环境因素的变化发展到一定限度时即会影响到土壤动物的繁衍和生存，甚至死亡。研究表明，在重金属污染的土壤中土壤动物种类的数量随污染程度的减轻而逐渐增加，并且与重金属的浓度具有显著的负相关关系。

农药对蚯蚓有很强的毒性，低剂量农药即可使蚯蚓的数量减少；对有机磷农药废水污染区土壤动物的调查表明，土壤动物种类和个体数随污染程度的增加而明显减少，群落结构发生显著变化。

李忠武等研究了敌敌畏对土壤动物群落的影响，结果表明，土壤动物的种类和个体数均随敌敌畏农药的增加而呈明显的递减趋势，群落多样性指数也随浓度升高而递减。

敌敌畏对各种土壤动物的影响有明显差异，在所捕获的类群中，蜱螨类(Acarina)和弹尾类(Collembola)为优势类群,两大优势类群分别占土壤动物全捕量的63.3%和15.7%,合计达79%。甲螨是蜱螨类中的优势类群,甲螨指数(甲螨数与蜱螨数之比)是衡量蜱螨类中甲螨丰度的一个指标,它表现出随敌敌畏浓度升高而递增的趋势;但甲螨中的一些种类(缝甲螨属、沙甲螨属、隐奥甲螨属及罗甲螨属)数量则随敌敌畏浓度的升高而递减。因此,甲螨指数及甲螨中的一些特殊类群可作为农药污染的监测生物。

7.5.5.3 土壤污染的微生物监测

工农业生产产生的废弃物对土壤的污染,导致了土壤微生物数量组成和种群组成的改变。污染物进入土壤后首先受害的是土壤微生物,许多土壤微生物对土壤中重金属、农药等污染物含量的稍许提高就会表现出明显的不良反应。通过测定污染物进入土壤系统前后的微生物种类、数量、生长状况及生理生化变化等特征就可监测土壤污染的程度。

土壤微生物数量的改变与自身的耐药性有关,对农药有耐受性的微生物会增加,而敏感的却会减少,因此使用农药的结果是使土壤微生物群落趋于单一化。受五氯硝基苯污染的土壤中,敏感种减少了,具有耐受性的长蠕孢菌增殖并占据了主导地位;受五氯酚污染的土壤中能够找到的菌种是具有耐受性的6种假单胞菌属细菌;受三氯乙酸或代森锰污染的土壤,真菌中只剩下青霉和曲霉。

7.5.6 土壤污染的生态治理

7.5.6.1 农药的生态治理

农药是土壤中的主要污染物之一。农药在土壤中的降解作用包括氧化、光解、水解和微生物分解。其中微生物分解起重要作用。能代谢有机农药的微生物主要有假单胞菌属(Pseudomonas)、诺卡氏菌属(Nocardia)、曲霉菌属(Aspergillus)等。微生物降解农药的生化反应有多种,包括脱卤作用、脱烃作用、水解作用、氧化作用、缩合作用等。微生物通过这些代谢活动,从中取得碳源和能源,供自身生长所需;同时农药因降解或结构发生变化而失去生物活性或毒性降低。另外,微生物可以通过共代谢(cometabolism)(由其他化合物提供碳源和能源,或由其他化合物诱导某种必需的代谢酶,或在其他微生物的协同作用下,微生物对某些有机污染物代谢转化或降解的现象)方式降解农药。在某些情形下,几种微生物的一系列共代谢反应可能使一种农药彻底降解。在实践中,通过调控土壤理化条件而增强土壤微生物活动,可以促进农药的降解。

7.5.6.2 重金属的生态治理

重金属是另一种主要的土壤污染物。重金属一旦进入土壤,就很难治理。土壤重金属污染的治理一直是环境保护中的难题,各种理化治理技术,如土壤搬迁填埋、化学固定兼物理封固及淋洗液冲洗等方法因种种条件限制,难以普遍应用。利用细菌降低土壤中重金属毒性,如 Citrobacter sp. 产生的酶能使 Pb 和 Cd 形成难溶性磷酸盐。Pseudomonas mesophilica 和 P. maltophilia 能将硒酸盐和亚硒酸盐还原为胶态的 Se,能将二价 Pb 转化为胶态的 Pb,而胶态的 Se 和 Pb 不具毒性。目前,研究人员正在寻找一些具有超量蓄积重金属能力的植物用于土壤重金属治理。这些植物犹如太阳能驱动的金属泵,能将土壤中的重金属经根系吸收蓄积在体内。定期种植和收获这些植物就能逐渐清除土壤重金属，达到治理重金属污染的目的。此外，培育不吸收或极少吸收重金属的作物能防止重金属在食物链中传递，避免其对动物和人类的危害。

【讨论】

练习

1. 何谓污染物？它具有哪些性质？如何分类？
2. 什么是生物浓缩？什么是生物放大？
3. 简述污染物在植物体内的迁移方式。
4. 影响污染物在生态系统中迁移转化的因素有哪些？
5. 简述影响植物吸收污染物的因素。
6. 什么叫生态监测？生态监测有哪些特点？
7. 简述生态监测在我国的发展及应用。
8. 水体及水体污染的概念是什么？水体污染的来源有哪些？
9. 污水灌溉的概念是什么？污水灌溉有哪几方面的效益？
10. 水体富营养化的概念是什么？水体富营养化形成的条件有哪些？
11. 用来描述水体富营养化的水体氧平衡指标有哪些？各指标的含义是什么？
12. 简述水体富营养化的危害及生物防治方法。
13. 描述水体富营养化的指标可分为哪几类？各有何特点？
14. 氧化塘的概念是什么？氧化塘可分为哪几类？各有何特点？
15. 简述氧化塘作用的基本原理。
16. 污水土地处理系统的概念是什么？污水土地处理系统有哪些类型？
17. 影响污水土地处理系统的条件有哪些？
18. 简述河流污染的生物学评价方法。
19. 如何分析和判断水体富营养化？请结合水体中的主要指标进行说明。
20. 大气污染的植物监测方法主要有哪些？
21. 如何利用植物监测大气污染？
22. 利用生物监测环境质量有哪些优势？
23. 举例说明动物和微生物在环境监测中的应用。
24. 空气污染物对植物生长发育有哪些影响？
25. 什么是土壤污染？
26. 简述土壤重金属污染的生物监测方法。
27. 土壤污染的生态治理有哪些方法？

8 生态工程

本章提要

【教学目标要求】

1. 掌握生态工程的概念、生态工程设计的基本原理；了解生态工程产生的背景、特点及其在我国现代化建设过程中的战略地位。

2. 掌握农作物生态工程的类型和模式、农林生态工程的类型和模式、林业生态工程的内容、氧化塘净化污水的原理；了解养殖业生态工程的典型模式、农村庭院生态工程的典型模式及城市生态工程的内容。

【教学重点、难点】

1. 生态工程的概念、生态工程设计的基本原理。

2. 农作物生态工程的类型和模式、农林生态工程的类型和模式。

3. 林业生态工程的内容、氧化塘净化污水的原理、城市生态工程的内容。

8.1 生态工程概述

8.1.1 生态工程兴起的背景

20世纪60年代以来，由于人口激增、需求暴涨，全球面临严重的自然资源破坏、能源短缺、环境污染、食品供应不足等生态危机问题。人类必须找到既能保护资源和环境，又能利用有限资源生产出足够产品的路径和方法。在这种社会需求的动力牵引下，生态工程这种应用生态学原理，具有低耗、高效、无（或少）废特点的生产方式被发掘、完善和广泛运用。生态工程属于一个正在逐步形成过程中的新学科，从学科分类来讲，属于应用生态学的范畴。

8.1.2 生态工程的概念

人类在生产活动中采用生态工程技术历史悠久，如农业生产领域的“轮套间种制度”、“稻田养殖”和“基塘”等，但对生态工程进行系统性研究和大规模推广开始于20世纪50年代。中国生态学家马世骏在1954年提出“生态工程”一词。美国生态学家H. T. Odum在1962年把生态工程定义为：人类运用少量辅助能而对那种以自然能为主的系统进行的环境控制；1971年，H. T. Odum又指出：人对自然的管理即生态工程；1983年，H. T. Odum进一步提出：设计和实施经济与自然的工艺技术称为生态工程。20世纪80年代初期，欧洲生态学家Uhlmann(1983)、Straskraba(1984)与Gnamck(1985)提出了“生态工艺技术”，将它作为生态工程的同义语，并定义为：在环境管理方面，根据对生态学的深入了解，花最小代价措施，对环境的损失又是最小的一些技术(Straskraba,1984)。随后，美国的Mitsch(1988)与丹麦的Jorgenson(1989)将生态工程定义为：为了人类社会及其自然环境两方面的利益而对人类社会及其自然环境进行的设计。1993年，在为美国国会撰写的文件中，又进一步阐述为：为了人类社会及其自然环境的利益，而对人类社会及其自然环境加以综合的而且能持续的生态系统设计的工程，包括开发、设计、建立和维持新的生态系统，以期达到诸如污水处理(水质改善)、地面矿渣及废弃物的回收、海岸带保护等，同时还包括生态恢复、生态更新、生物控制等目的。

1984年，我国生态学家马世骏在《中国的农业生态工程》中提出了较为确切的和完整的生态工程的概念：生态工程是应用生态系统中物种共生和物质循环再生的原理，结合系统工程的最优化方法，设计的促进分层多级利用物质的生产工艺系统。该概念显示，生态工程的本质是生产工艺系统，生态工程依据的原理是物种(种群)的共生、能量和物质流动转化，生态工程的目标是多层级的物质利用以提高系统生产能力，生态工程的设计方法是系统工程的最优化方法。1984年，在马世骏先生的倡导下，我国在北京召开了第一次“生态工程学术讨论会”，为引导国内外生态工程研究打开了思路、奠定了理论和实践基础。

目前，生态工程已经成为一个国际上极其活跃的研究领域。它不但受到很多生态学家的重视，同时也得到了一些有关专业科学家的认同、支持和积极参与。在农林牧业方面，生态工程被定义为生态领域、农业生产技术领域、养殖业技术和系统工程领域相互渗透、交叉而成的成套技术系统；在工业方面，生态工程是指利用生态系统的物质流动转化规律和结构功能特征，通过系统分析和系统设计理论建立的提高资源利用效率的循环生产工业系统；而社会科学方面认为，生态工程是模仿生物循环的方式，用无废物工艺代替传统工艺，将投入到整个生产系统的物质与能量在完成首次生产后的剩余部分被二次利用，甚至循环使用到无废物产生，获得持续最大的生产效率和保持环境的洁净，使社会经济的综合发展与人类生产环境的综合治理得以统一实现的工艺体系。

在先后实施的生态工程中，不仅有自然生态系统的生态工程，也有以自然环境为依托、资源流动为命脉、人类行为为主导、社会体制为经络的半人工生态系统的生态工程。

随着生态环境问题越来越“社会化”，人类对经济社会活动的调控成为解决生态环境问题的关键，换言之，在设计和实施生态工程时，中微观层面的技术、工艺部分的作用固然举足轻重，宏观层面的生态系统调控和经济社会系统干预同样重要，事实上，一些重大生态工程本身就是政策性工程，具有鲜明的行政管理属性。

8.1.3 生态工程的特点

作为一种生产工艺系统，生态工程除具有一般工程的共性外，还有自身的特点。主要表现在以下几个方面。

8.1.3.1 强调工艺设计

以生态学理论为指导，以活的生物为主体，强调利用生物与生物的共生功能、生物物质的循环再生功能、食物链以及生物与环境之间的相互适应原理，来进行多层次、多方向的生产工艺设计。使生物与生物、生物与环境间相互协调、和谐统一，共同进化与发展，投资少、耗能低，生产、经济效益显著。

8.1.3.2 突出反馈控制和稳态机制

利用生态系统的反馈控制和稳态机制等稳定性特点，生态工程重视培育和利用生态系统自我修复、自我调节功能。利用生物群落结构合理调整和搭配，实现系统的自我净化和自身平衡。在促进自然界良性循环的前提下，充分发挥物质生产潜力的同时，防止环境污染，达到资源利用和环境保护协调一致。

8.1.3.3 强调经济效益和生态效益的高度统一

既要考虑眼前生产和生活的需要，使生产者和消费者在经济上和精神上都满意；也要考虑到长远的生态效益，保护资源、保护环境，让子孙后代有个舒适的安身立命场所。

8.1.3.4 注重传统技术和现代科学结合

生态工程尤其是农业生态工程是在石化农业逐渐走入死胡同的形势下提出来的，目的是为了克服石化农业的种种弊端。因此，农业生态工程既要努力挖掘和利用我国传统农业生产中那些生产上可行、生态上合理的技术和方法，更要尽可能地研究和利用现代化的农业技术和方法。在现代科学的指导下，充分发挥传统技术的作用，使传统技术和现代科学很好地结合起来。既要生产出足够的产品来满足不断增长的人口需要，又要不破坏资源和环境，生产绿色（无公害）食品以保证人类健康的需要。

8.1.3.5 生态工程系统（体系）和生态工程技术并重

生态工程包括生态工程系统（体系）和生态工程技术两个方面。前者可以是纵向的层次结构，也可以发展为由几个纵向工艺链横连而成的网状工程系统；后者则是这个系统中的某个环节即某个具体的工艺技术。例如农业生态工程系统即生态农业系统，是指对一个特定区域（县、乡、村、户）整体的农业生态工程设计和建设而言；而生态农业技术则是对某个具体的工艺设计而言，如间作或套作技术等。

8.1.4 生态工程设计的基本原理

任何一个成功的工程，都离不开科学完善的设计，而要达到科学完善的设计就必须严格遵循相关科学原理来进行。当然，生态工程也不例外，它也离不开有关科学理论的具体指导。

8.1.4.1 系统论原理

生态工程本身就是一个复杂的大型系统工程。因此，系统论是生态工程设计的重要指导原理之一。我国著名生态学家马世骏教授提出的生态工程的基本原则“整体、协调、循环、再生”中的“整体”，实际上就是指生态工程的系统性。系统论的主要原理如下：

(1)整体性原理

即“系统整体功能大于部分功能之和”。

(2)有机关联性原理

系统是由各组成部分有机联系而形成的整体，所以，不仅要研究其各个组成部分的特性和功能，而且要着重研究系统的诸因素之间的相互联系、相互作用，这种重要的性质常用“有机关联性”来表述。同时，系统与环境之间也处于有机联系之中。

(3)动态性原理

系统的有机关联性不是静态的，而是与时间有关的，是动态的。动态性原理包括两个方面：一方面，系统的内部的结构，其分布位置不是固定不变的，而是随时间而变化的；另一方面，系统在与外界物质、能量、信息交换过程中也一直处于连续不断的动态变化之中。

(4)协同性原理

生态系统中存在竞争，但同时也存在协同与合作，协同与竞争是一对矛盾，而协同应是系统中的主流。如对两个种群有利的互利共生。

(5)层次性原理

客观世界的结构是有层次的，任何系统既是其他系统的子系统，又是由许多亚系统组成的。层次结构包括横向层次和纵向层次，横向层次是指同一水平上的不同组成部分，纵向层次是指不同水平上的组成部分。层次结构理论认为，组成客观世界的每个层次都有自己特定的结构和功能，形成自己的特征，都可以作为一个研究对象和单元；对任何一个层次的研究和发现都可以有助于另一个层次的研究与认识，但对任一层次的研究和认识都不能代替对另一个层次的研究和认识。因此层次结构理论为我们对自然界进行综合研究提供了有用的指导原则。注意事物的层次性，一件事物在整个层次结构中的位置及其与其他事物的联系，才可能对问题有更全面的认识。

8.1.4.2 生态学原理

生态工程设计的对象就是不同的生态系统，因而生态学原理是其遵循的重要设计原理。根据已有的研究成果，生态工程遵循和依据的生态学主要原理有：

(1)生物共生原理

即利用不同种生物群体在有限空间内结构或功能上的互利共生关系，建立充分利用有限物质与能量的共生体系。如稻田养鱼、农林间作等。

(2)物质循环再生原理

根据生态系统物质循环原理，多类型、多途径、多层次地通过初级生产、次级生产、加工、分解等完全代谢过程，完成物质在生态系统中的循环。

(3)生态系统基本动力原理

生态系统的结构与功能取决于影响其的动力因素或限制因子(如温度、太阳能等);根据生态系统原理,处于任一状态的系统本身都有限制因子存在。在自然界中,各种有机体和环境的相互关系是极其复杂的,环境因子对生物的作用也各不相同,有时显得特别重要,即成为主导因子,有时则不那么重要,即成为辅助因子,但一旦该因子超过或接近有机体忍受程度的极限时,就可能成为限制因子。可以说任何环境因子都有可能成为限制因子。无论是自然的变异,人为管理不当,还是环境的不可逆后果都可能直接影响生态系统的进程。

(4)生态系统自组织原理

生态系统具有的调节与反馈机制使得系统产生自组织功能,以适应外部环境的变化,并最大限度地减轻(或强化)这种变化带来的影响。这种自组织功能是通过生态系统内部多种自我调控机制实现的。

(5)生态系统边缘效应原理

生态交错带即相邻生态系统之间的过渡带。生态交错带存在边缘效应,即生态交错带通常具有较高的生物多样性和初级生产力,物质循环和能量流动速率更快,生态过程更活跃。

(6)生态位原理

在自然环境里,每种生物有自己的生态位,又称小生境或龛,即“因其高度特化的生活方式在生态系统中占据一定的定位”。生态位包括占有特定的空间,适应特定的温度、湿度、土壤等环境要素梯度,在群落中发挥特定的功能,处于特定的营养位置等内涵。生态工程能否成功,高度依赖基于生态位的物种及其数量的组配。

8.1.4.3 经济原理

(1)自然资源合理利用原理

即在有限的自然资源基础上,既获得最佳的经济效益,又不断提高环境质量的资源合理利用原理。自然资源分为可更新和不可更新资源两类。太阳能、地热能、风能、水力能等可更新资源与地球起源演变、星体相互作用及地球表面的气流、洋流等流体力学过程有关。人类对这些可更新资源的利用一般不会影响其可更新过程。然而森林、草原、鱼群、野生动植物、土壤等自然资源的更新过程与生物学过程有关,其更新速度很容易受到人类开发利用过程的影响。人类对这类资源的过度利用会损害该类资源的更新能力,甚至导致这类资源的枯竭。因此,要合理利用这些可更新资源,中心是保护其自我更新能力和创造条件加速其更新,使自然资源取之不尽,用之不竭,并保持最大收获量。自然资源中的矿物资源(金属矿物、非金属矿物、化石能源)和社会资源中的化肥、农药、机具、燃油等生产资料,随着使用逐步被消耗,不能循环往复长期使用,属于不可更新的农业资源。对不可更新资源,必须从物质循环的生态学角度出发,掌握各种矿物的自然循环规律。对它的开发利用应以对环境和自然循环过程干扰最小的方式来进行。

(2)生态经济平衡原理

生态经济平衡是指生态系统及其物质、能量供给与经济系统对这些物质、能量需求之间的协调状态。生态经济平衡的内涵为生态系统物质、能量对于经济系统的供求平衡。现代经济社会是一个生态经济有机体。

在生态经济平衡中，一方面，生态平衡是第一性的，经济平衡是从属的第二性的。另一方面，生态平衡是经济平衡的自然基础。

(3)生态经济效益原理

生态经济效益是评价各种生态经济活动和生态工程项目的客观尺度，对任何一项生态工程项目都需要进行生态经济效益的比较、分析与论证，以选择最优或满意的方案。讲求生态经济效益，是人们从事一切经济活动的基本原则。为了有效地利用自然资源和保持生态平衡，不仅需要进行短期的经济效益分析、比较，也需要进行较长期的生态经济效益分析、比较，以尽量少的资源消耗，取得最佳生态经济效果，以达到保持生态平衡，提高生态环境质量，促进社会经济发展的目的。

(4)生态经济价值原理

生态经济价值原理，或生态资源价值问题，是目前亟待解决的生态经济理论问题。从普通经济学的劳动价值理论或商品价值理论的观点出发，没有经过人类劳动加工的自然生物资源(物种、种群、群落)，其所具有的使用价值或效益是没有价值的。自然生态系统(如森林)的涵养水源、调节气候、保持水土等生态效益的表现，既不是使用价值，也不表现为价值。如果不从理论上解决自然资源及环境质量的价值问题，实际生产中不把资源成本和环境代价这些潜在的价值表现出来，恰当地进行人为活动的功利性评价，人们就不可能改变对大自然恩赐的无偿耗费，滥用、破坏自然资源的现象就不能杜绝，大自然的“报复”就难以避免。

8.1.4.4 工程原理

生态工程与一般工程不同，一般工程主要是依客户的要求来建造工程。而生态工程则应把客户的需求及其与生态环境统一起来进行考虑。所以，这里的生态工程原理是非常规的原理，主要着重介绍工程中的环境因子调控原理。

(1)太阳能充分利用原理

指从工程的空间到内部结构充分考虑最大限度使用太阳能。如工程的布局、植被的选择、太阳能建筑材料的使用，取暖、采光等方面都要作出调整。利用太阳能、天然能或生物能将是未来节能社会的一个方式。

(2)水资源循环利用原理

农业生态工程设计中要求强调水的节约、高效利用，以降低对这种稀缺资源的消耗。在工业上主要是改革用水工艺，提高循环用水率。

(3)无污染工艺原理

无污染工艺又称无废工艺、清洁生产，它是以管理和技术为手段，通过产品的开发设计、原料的使用、企业管理、工艺改进、物料循环综合利用等途径，实施工业生产包括生产产品消费的全过程控制，使污染物的产生、排放最少化的一种综合工艺过程。目的是使生产和消费过程的废物资源化、最少化、无害化。

(4)生物有效配置原理

即充分利用生态学原理，发挥生物在工程中的众多功能，以优化生产和生活环境。由于生态工程设计中对生物设计的特殊重要性，生物设计应是其核心。这样，如何充分发挥不同生物在生态系统及生态工程中的作用就成为生态工程成功与否的关键所在。如在农田生态系统中，最基本的是复种制度的应用，以及生物防治中天敌的引进、农田景观的优化等。

8.2 生态工程的类型

由于生态工程处于广泛实践的发展成长阶段，目前尚难建立普遍认可的分类体系。这里主要介绍依据实践应用领域分类的种植业生态工程、林业生态工程、养殖业生态工程、污染治理生态工程、土地修复生态工程、庭院生态工程和城市生态工程。

8.2.1 种植业生态工程

种植业是大农业的重要组成部分，人工栽培各种农作物、林木、果树、药用和观赏植物进行光合作用，生产食物、饲料、工业原料以及其他产品。以栽培各种生物为主的种植业生态工程是生态工程的重要类型，是农业生态工程的基础。根据生态系统的共生原理、系统工程理论，多种成分相互协调和促进的功能原则以及社会经济条件设计出的人工生态系统以获取最佳经济效益、社会效益、生态效益为目标。其技术体系包括传统的轮作、间作与套作等精耕细作技术，又包含现代高新技术的综合与配套应用。

种植业的一些生态工程措施在我国已有悠久的历史，是我国传统农业的精华部分。但随着现代化农业的形成和发展，这些种植方式已逐渐被遗忘，而被单一化的种植方式所取代。单一种植的结果使农田生态系统的生态环境恶化、自我调节能力差、病虫草害不断发生、化肥农药使用量越来越多，几乎跌入生态恶性循环的死胡同，已经引起了世界各国的关注。而轮作、间作与套作等种植业生态工程措施则利用生态系统规律，增加农田生态系统生物多样性、结构稳定性，增强抗逆能力，提高太阳能和其他资源的利用效率，使生产潜力得到更好的发挥。下面介绍一下种植业生态工程的类型和模式。

在表示复合系统的类型和模式时，常用到一些表示作物或林木之间关系的符号："—→"表示年间上下茬口衔接；"—"表示年内上下茬口衔接；"＝"表示年内上下季生物套作；"＋"表示间作。

8.2.1.1 农作物生态工程类型和模式

(1)复种

复种是指在一块地上一年内种收两季或多季作物的种植方式，或称为多熟制。我国的复种模式有很多种，如在淮河两岸及长江中下游一带的冬作(以大、小麦为主体)—稻模式、南方种养结合的豆—稻—稻(蚕豆、豌豆接双季稻)模式、长江流域棉区的小麦＝棉花模式等。

(2)间作

两种或两种以上生育季节相近的作物(包括草本和木本)在同一块田地上同时或同

一季节成行地间隔种植称为间作。我国主要的间作类型有：禾本科作物＋豆科作物，禾本科作物＋非豆科作物，经济作物＋豆科作物及林、桑、果、药＋粮、豆、肥四种类型。

(3)套作

套作是指在前作物的生长后期，于其株行间播种或栽植后作物的种植方式。在我国套作比间作应用更广泛。它面积大、种类多、增产幅度较大，是时间型种植业生态工程，其类型有：①以棉花为主作的套作：冬作(麦类、蚕豆、豌豆、油菜)＝棉花。②以玉米为主作的套作：小麦(或马铃薯)＝玉米；小麦(或马铃薯)＝玉米＝甘薯。③以麦豆为主作的套作：麦类＝大豆(花生)；麦类＝大豆＝玉米(甘薯)。④以水稻为主作的套作：早稻＝大豆(或黄麻)；晚稻＝紫云英(或冬甘薯)。

(4)复种轮作

复种轮作类型有稻田复种轮作、旱地复种轮作、水生作物轮作、饲料作物复种轮作，其模式有绿肥—稻—稻－－→大、小麦—稻—稻－－→油菜—稻—稻，花生—甘薯－－→甘蔗＋豆类等。

8.2.1.2 农林生态工程类型和模式

农林生态工程主要有农林间作、农作物与片林相结合等模式。农林间作有桐粮间作、农杉间作、枣粮间作、农杨间作等多种形式，这里主要介绍一下桐粮间作、枣粮间作生态工程及农作物与片林相结合的模式。

(1)桐粮间作

泡桐原产于我国，既是速生优质的用材树种之一，又是平原农区适于桐粮间作的一个优良树种。桐粮间作在我国不但历史悠久，而且规模大。据不完全统计，华北平原农区的桐粮间作面积已达到300余万公顷。河南、山东等省建有大面积的生产基地。桐粮间作可分为五种类型：

①以桐为主型。泡桐密度每公顷300～450株左右，株行距5m×5m、4m×6m、4m×8m等。间作期主要是在幼龄期，约为3～5年。

②以粮为主型。泡桐密度每公顷45～75株左右，行距18～80m，株距3～6m。这种类型在河南、山东、安徽等省的农桐间作基地上最为普遍，面积也大。

③桐粮并重型。泡桐密度每公顷150～225株，生产方式介于上述两种类型之间。

④高密度桐粮间作型。这种类型以经营民用建筑檩条材等为主。造林初期间作农作物，间作期约1～3年。泡桐密度每公顷750～1500株，株行距3m×4m、2m×4m及2.5m×3m等。短期轮伐，5～6年育成檩条材。

⑤粮桐林网型。常和以粮为主的粮桐间作型结合起来，形成大面积的农桐防护林体系。一般沿路、沟、渠栽植。林下间作的粮食作物品种很多，常见的有：小麦、玉米、大豆、油菜、谷子、棉花、蚕豆、金针菜以及瓜果类等。

桐粮间作把原来种植农作物或林木的单一结构改变为复合式的共存群体结构，形成了新的光热平衡系统。据测定，间作区内的风速比非间作区内降低21%～52%，空气相对湿度提高10%～20%，蒸发量减少10%～34%，土壤含水量增加5%～30%。尤其是在4～6月份，间作区林网系统对减轻干热风危害小麦的作用极为显著。据测算，结构合理的桐粮间作，其小麦、玉米和谷子等作物的产量比非间作区增加5%～10%。

(2)枣粮间作

枣粮间作主要分布在旱、涝、碱灾害较频繁的山东省东北部和河北省东部。如沧州地区就有5万多公顷。枣粮间作形式各地有所不同,沧州地区有下列三种:

①枣树为主的间作。田中栽植的枣树较密,一般行距6～9m,株距3～5m,每公顷在300株以上,多与小麦、谷子、豆类、花生、甘薯等植株矮小的农作物间作。

②枣粮并举的间作。枣树多为行距10～15m,株距3～5m,每公顷不到300株。间作作物随距枣树的远近而不同。靠近处多间作低矮作物,远离的行间种植玉米等高秆作物。

③农作物为主的间作。枣树行距较大,一般为16～50m,株距3～5m,每公顷不超过150株。间作的作物种类与农作物单作类似。间作田中栽植的枣树品种各地有所不同。沧州地区多为金丝小枣。盛果期的金丝小枣树高一般在4.5m左右,冠径约4m。冠径小,枝叶稀疏,遮阴面积小,"胁地"面积就少。与单作相比,枣粮间作的经济效益非常明显。沧州市沧县某村,有20hm^2枣粮间作田,1975—1983年的9年中平均每年每公顷产粮食5600kg、干枣5438kg。以每千克干枣1元计算,只干枣一项每公顷产值即达5400多元。

粮田间作枣树,既有利于作物生长发育,又能增加粮食产量。以小麦与枣树的间作为例,在河北沧州地区,金丝小枣开始萌芽时一般在4月上旬,5月上旬到6月上旬是枝条生长高峰,而枝叶茂密遮蔽较严实时则在6月以后。小麦返青一般在3月上、中旬,要求光量大的抽穗扬花期则在5月中旬,均早于枣树大幅遮蔽的时期。因此,枣树对小麦光照影响不大。5月下旬至6月上旬是小麦灌浆阶段,这时的小麦既怕强光又怕干热,常受到干热风的危害,容易造成籽粒秕瘪,千粒重减少,小麦产量降低。然而,这时的枣树正值枝叶繁茂,既能遮阴防止强光照对小麦的不利影响,又由于树体降低风速和枝叶的蒸腾作用,减小了风速,增加了空气湿度,从而减轻干热风的危害,使小麦籽粒饱满,产量增加。

枣粮间作还可增强农作物抵御涝、冻等自然灾害的能力。交河镇姜皇庄大队,1970年7、8、9三个月雨量较多,在单种粮食作物的地块中,农作物因形成泥托而造成严重减产,而在枣粮间作田中由于枣树的吸水和蒸腾作用,泥托问题得到解决,因而取得了较好的收成。1979年冬到1980年春,沧州地区出现严重低温和倒春寒,致使大量麦苗死亡。据沧县黄递铺乡调查,小麦返青时,单种小麦田的死苗一般为25%左右,严重地块高达52%;而枣园内间作的小麦,由于地温较高,小麦死苗为12.5%,严重地块也只有30%。该年全乡单作地小麦平均每公顷产量为615kg,间作地平均每公顷产量为1125kg。间作地比单作地增产近1倍。

(3)农作物与片林相结合

平原农区人多地少,不可能占用大量农地来营造大片森林,集中造林多为小型片林,面积不宜过大,可根据当地条件,在大的堤岸或不宜耕种的瘠薄地营造较宽的林带,逐渐形成森林环境;也可以根据某种需要建立苗木林场、果园、药材园等。这些小片森林环境可增强农田生态系统的稳定性,称为农田生态系统中的自我保护亚系统。为了使其功能不仅具有自我保护作用,而且能对周围农田起保护作用,还必须采取多种树种混交的结构,以招引和放养益鸟益虫,对农田病虫起到制约作用。这样才能达到一个稳定的生态平衡。

8.2.2 林业生态工程

森林是陆地生态系统的主体,是人类发展不可缺少的自然资源。以森林为经营对象的林业,既是重要的社会公益事业,又是重要的基础产业,肩负着改善生态环境和促进经济发展的双重使命,对国民经济和社会可持续发展具有特殊意义。人类面临的生态环境问题,如温室效应、生物多样性锐减、水土流失、荒漠化、土壤退化、水资源危机等,都直接或间接与森林破坏相关,即森林减少导致或加剧了上述大部分生态环境问题。因此,以森林植被恢复与保护为主体的陆地生态系统维护是我国生态工程建设的主要任务。

林业生态工程作为生态工程的一个分支,是随着林业产业发展调整和生态工程技术进步逐渐兴起的。林业生态工程,是根据生态学、系统工程学、林学理论,设计、建造与经营的以木本植物为主体的人工复合生态系统工程。林业生态工程涉及育种、育苗、整地、栽植、抚育、管护等环节,涵盖生物措施、工程措施、科技措施和综合措施,旨在恢复和增加森林植被、提高森林及其群落的生态功能,主要应用于防沙治沙、治理水土流失、保护生物多样性和物种安全。

林业生态工程的重要标志之一,就是有明显的目的性。根据工程目的和作用来划分,可以把林业生态工程划分为 6 种类型:生态环境脆弱带工程、主要水系水源涵养工程、农用林工程(包括林网工程、农林复合工程、村镇绿化)、交通和国防林工程、海岸林工程及城市绿化工程。林业生态工程的设计、建造同样也要根据生态学、系统科学和经济学等学科的原理,在这些原理的指导下,利用有关生物种群,结合不同地区的生态环境,进行以林木为主的人工生态系统建造与调控。这里主要从工程内容方面介绍一下林业生态工程的组成。

8.2.2.1 林业生态环境工程

环境是生物生长发育的外界因素。它本身就是一个由诸多因素所组成的综合系统,像风、光、热、水、气、土壤都是环境的组成部分,它们对生物的影响不仅有单因子作用,更重要的是有两个以上因子的综合作用。林业生态工程建设的大部分地区往往都存在着 1～2 个影响植物生长发育的基本限制因子。比如在干旱山地造林绿化中的水分、盐碱地造林中的土壤含盐量、沙漠地带的风沙等一些环境对生物的限制因子。也有一些生物之间发生的限制因子。这些限制因子往往是一个人工生态系统建造成败与效益高低的关键。如何通过人工能量和物质投入,克服这一限制因子就成了人工生态系统建造的重要手段,这些措施就称其为林业生态环境工程。林业生态环境工程包括水土富集工程、排水工程、防风(沙)工程、保水工程、躲盐工程、防冻工程等方面的内容。

(1)水土富集工程

在干旱山地造林绿化成败的关键限制因子一般是缺水和土层瘠薄,同时,在雨季到来时又多产生水土流失。如果使有限的水土能够给所建造的人工系统提供基本环境条件,就必须采取一定的工程措施来改变环境中的限制因子。像常见的鱼鳞坑、水平阶、梯田、截流沟等都应属于水土富集工程范畴。

(2)排水工程

在低温地区过多的地面水和过浅的地下水也是限制植物生长的关键性限制因子。在低温的地带适当排水也是一项重要的工程。像沼泽地带的排水，河网地区的基塘工程，都属于排水工程。排水工程包括明沟、暗管、基塘等系统。另外，在排水工程建设中要十分注意不能单纯为排水而排水，而应当"排蓄结合"，合理排水，注意保蓄，防止只管排水，不管排水区及周围的水分平衡，造成大面积水分失调的严重后果。

(3)防风(沙)工程

兴建防风固沙人工生态系统，是防沙治沙、保护和改善生态环境的大事。但是，植被建设过程中，风沙对幼林危害很大。为此，在系统建设时设置防风沙的人工工程是保证植被建设成功的关键。像草方格、尼龙网栅栏等都是防风固沙的典型。如青海都兰县林业部门在该县沙化严重地区使用尼龙网栅栏固沙获得成功。利用尼龙网在靠近流沙的前缘位置设置高立式阻沙带，可以降低风速、截留沙子，从而保护和促进植物成活和生长。

(4)保水工程

在干旱、半干旱地区兴建林业生态工程，保住土壤水分是非常重要的，这关系到幼苗能否生长发育。保水工程常见的有塑料薄膜覆盖、覆草保墒、压石保水等。

(5)躲盐工程

土壤含盐量在某些地带是植物生长的重要限制因子。像黄淮海地区的平原区，就有大面积的这种土地，作物产量很低，生态环境恶劣。改善这类地区生态环境的重大措施之一就是发展林—果—草业为主的林业生态工程。在选择抗盐物种的基础上，采取像高垄、台田等工程，给幼龄植物创造一个较好环境，使人工生物群落很快发挥改良盐碱、提高土地生产力的作用。这是一个很有效的工程措施。

以上介绍 5 种生态林业环境工程，此外，还有解决农田防护林"胁地"问题的隔断工程以及防冻与提高地温工程等。

8.2.2.2 生物种群选择与匹配工程

林业生态工程是一项目的性极强的工程项目。生物种群的选择一般应遵循两条原则:第一，要根据林业生态工程建设的主要目的来选择。在同样可以达到主要目的的种群选择中，要尽量选择兼有其他功能的种群。第二，要根据工程所处自然环境的特征来选定适生种群。这两个原则并不是主从关系，而是处于同等重要的地位。有些地带以前者居先，像一些生态环境较好的地区。有些则以后者居先，像一些环境脆弱的地带、生态环境恶劣的地带。

生态学者根据大量观察和试验得知，人工生态种群过分简单，是这类生态系统稳定性很差的关键原因。目前，复合群体的应用已为很多人所接受并显示出良好的结果。因此，当一项工程的主要种群选定后，如何匹配次要种群，能否形成共存共荣的群落是林业生态工程效益高低的关键。四川黄连农场匹配的"白马桑"、海南橡胶园中选定的茶树、太行山白果树试验区选定的多种豆科牧草等，都显示了很高的经济效益和生态效益。

8.2.2.3 群落建造工程

群落建造工程，就是特定植物种群或植物群落的人工栽植营造工作。群落建造工程可以视为林业生态工程的基础性阶段，是各种林业生态工程成功的关键，必须遵循特定植物种群或植物群落发展演替的自然规律，科学、精心地抚育管护，确保其成活成林，最终形成有效的森林生态系统结构。

8.2.2.4 食物链工程

食物链工程就是利用食物链原理设计建造的生态工艺过程。食物链工程可分为生产型食物链工程、减耗型食物链工程和增益型食物链工程三种。

在林业生态工程中加入人工种群（如兔、鸡、鹅、蜜蜂等）或食物链环节能生产出经济产品，如在林中养鸡、养鹅、养蜂等，这就是“生产型食物链工程”。生产型食物链工程除了能生产出经济产品外，还可以消灭一些对林木有害的昆虫、杂草，它们的排泄物（粪、尿）又是植物的好肥料。这些对林木生长都是十分有利的，生产型食物链工程可取得较好的经济效益和生态效益。

森林中的害虫是林业生产的大敌，它们可以使成片的森林枯死，材质变坏。而人工林是一个不完全的生态系统，害虫的天敌很少，再加上群落组成简单，就给有害生物造成了适宜的生态位。这些有害生物对森林有严重的危害；同时，对人类来说也无利用价值，它们是纯粹的“消耗者”。利用食物链加环原理，引入一些它们的天敌，就可以控制它们的发展，有效地保护森林生产力。这种过程称为“减耗”。意思就是减少一些有害生物对森林的消耗。如，山东日照用人工放养喜鹊，消灭松毛虫就是减耗型食物链工程。这种工程的应用，不但降低了防治害虫的成本，同时，也防止了环境污染。

在食物链工程中为了提高森林植物、生产型食物链和减耗型食物链的效益，可以加入一些对林木无害或有益的生物种群，这种种群加入工艺就称为“增益型食物链工程”。

8.2.3 养殖业生态工程

养殖业生态工程就是应用生态学、生态经济学与系统科学的基本原理，采用生态工程方法，以农业动物为中心，吸收现代科学研究成果和传统农业中的精华，将相应的植物、动物、微生物等生物种群匹配组合起来，形成一个良性的减耗型的食物链生产工艺体系，做到资源的合理有效开发和综合利用，保护和改善生态环境，实现经济、生态和社会效益三统一的高效、稳定、持续发展的复合生态工艺系统。

养殖业生态工程，既不同于一般的养殖业，也不同于普通的家畜生态学，是生态工程原理在动物养殖这一特定领域的应用。养殖业生态工程本身是一种生产工艺体系，属于一个产业，其指导思想与理论是以生态学，尤其是家畜生态学和生态经济学、系统科学及生态工程等基本原理和研究成果为基础，其研究内容，除了畜牧业本身外，还包括了种植业、林果业、草业、渔业、食品加工、农村能源与环境保护等多学科的综合应用技术。下面介绍几种典型的养殖业生态工程模式。

8.2.3.1 山地围栏养鸡模式

在我国山地农区，可利用山林草地围栏养鸡。如中国科学院石家庄现代化研究所在太行山区，选择阳光较充足的山地，林草生长茂盛、昆虫较多、地势平缓、靠近水源的半阳坡(低山)，进行围栏。每只鸡占地 40～50m^2，建设临时鸡舍与补料、饮水设施，鸡群实行饲喂和放养相结合。鸡群在自然界饲养自由采食杂草和草籽，捕捉大量的昆虫(害虫占多数)，满足营养的需要，节约了饲料，耗料降低了 26.5%，养殖成本明显降低。山地围栏养鸡不仅利用了自然野生资源，而且也减少了林地害虫，围栏内的昆虫密度降低 70%～80%；鸡的排泄物还促进了林草的生长速度，围栏内的植被覆盖率比栏外增加了 10%，有效地改善了局部环境。

8.2.3.2 种草、养羊模式

在我国湖北、江西等地，利用草山草坡人工混播黑麦草、红三叶、纳罗克狗尾草、鸭茅等。在人工种植的草坡上进行划区轮牧，配套养殖，使草地草坡利用率达到 50%～65%，降低杂草 76.5%，亩产青干草 500～600kg，平均每 2～2.3 亩人工草地饲养一只绵羊，每只母羊可产净毛 2.6～3.1kg，公羊产净毛 3.8～5.7kg。既合理开发利用了山场资源，又增加了畜产品，经济效益也十分显著。

8.2.3.3 牛、猪、鸡、鱼循环养殖模式

牛、猪、鸡、鱼循环养殖模式为：牛粪喂鸡—鸡粪喂猪—猪粪喂鱼—鱼粪喂牛、猪、鸡。

(1)牛粪喂鸡

将一头牛全天所排的粪便收集起来，加入 15kg 糠麸、2.5kg 小麦粉、3.5kg 酒曲、水适量，拌匀后装入缸或塑料袋内密封使其发酵，夏季 1～3d，春秋季 5～7d，冬季 10～15d。发酵好的牛粪无臭，呈黄色，较松软，并带酒酸味。取发酵好的牛粪适量，加入鸡饲料 35kg，搅拌均匀喂鸡。

(2)鸡粪喂猪

用以上方法将鸡粪加入糠麸、小麦粉、酒曲各 2.5kg，混合发酵后加入猪饲料 25kg，青饲料 15kg，拌匀后喂猪。

(3)猪粪喂鱼

猪粪可以直接堆积发酵 7～15d，倒入鱼塘饲喂，可降低饵料量 30%～50%。

8.2.3.4 复合农牧生态工程

又称“种—养—加”复合生态经济系统。以北京郊区大兴区留民营村为例，如图 8.1 所示，粮食加工后的麸皮和米糠及农作物秸秆经粉碎加工送至饲养场作为饲料；牲畜粪便和部分作物秸秆进入沼气池作为沼气原料；产生的沼气供居民及工副业使用，沼渣和沼液则送至鱼塘、蔬菜大棚、藕塘、蘑菇房及饲料加工厂作为肥料、饲料和基料；鱼塘的污泥送至农田、果园和菜地作为肥料；蘑菇渣和菜叶、菜茎作为动物饲料；豆制品厂的豆渣作为饲料；藕塘荷叶可用作饲料和绿肥，塘泥可用作大田的肥料；鸡粪可加工作为鱼、猪、奶牛的饲料。上述过程环环相扣，形成了一个较为稳定高效的复合农牧经济实体。

上述工程模式的核心是有机废料综合循环利用，其显而易见的优点是：提高了生物能的利用率，减少了系统对外部能源的需要；促进了系统内粮食、牧畜生产的发展，增长了经济效益；降低了污染，净化了环境。

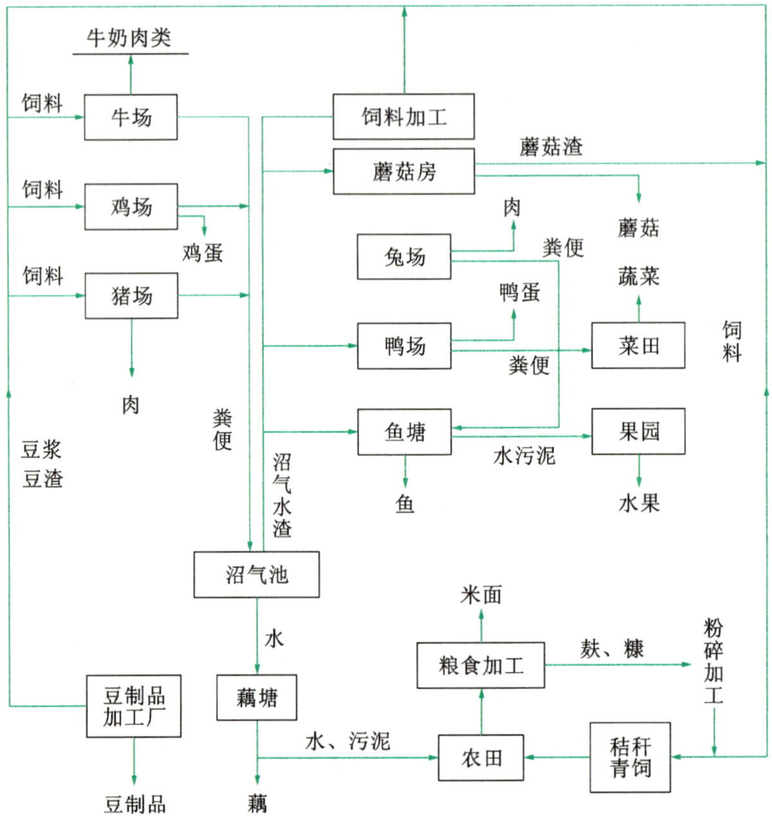

图 8.1　留民营村复合农牧生产系统模式图

8.2.4　污水治理生态工程与土地修复生态工程

8.2.4.1　污水治理生态工程

污水治理生态工程是生态工程的一门分支，它以污染物在生态系统中迁移、转化、积累的规律和生态系统对污染物的负荷能力为基础，采用各种生物工程措施，对生产、生活过程产生的污水和被污染的水体进行治理。有望成为污水生化处理技术的替代方案。目前，污水治理生态工程中应用较多的是“湿地生态工程”技术。实际工作中，湿地生态工程分为两大板块，一个是湿地建设恢复开发工程板块，包括自然湿地恢复生态工程、湿地生物资源库工程、湿地景观与旅游生态工程等，另一个是湿地治理水污染应用工程板块，包括城镇生活污水处理湿地生态工程、养殖废水（深度）处理湿地生态工程、风景旅游区污水治理湿地生态工程、工业污染（深度）处理湿地生态工程等。污水治理生态工程通常指第二个板块。

（1）城镇生活污水处理湿地生态工程

基本工艺模式：二沉池—植物塘——级人工湿地—二级人工湿地—植物塘—三级人工湿地—出水。实际应用可视进水污染负荷和出水质量要求增减调整构筑物。

特点:建设与运行成本仅分别为同等规模生化处理污水厂的1/2与1/3,高效、低耗、易于运行维护,但占地面积稍大。

适用:城镇污水处理厂出水的深度处理;农村地区分散与集中生活污水处理。

(2)养殖废水(深度)处理湿地生态工程

基本工艺模式:畜禽粪污—沼气池—湿地—菜(果、林)或畜禽粪污—沼气池—湿地—鱼塘。

特点:提供生产、生活用能,提供安全农肥,兼顾养殖场用水与排水。

(3)风景旅游区污水治理湿地生态工程

常见工艺模式:湿地+景观塘(人工浮床等)。

特点:深度净化污水,兼具文旅价值。

8.2.4.2 土地修复生态工程

土地修复生态工程包括两个工作方向,其一是荒芜土地恢复与重建,其二是被污染土地的治理修复。

(1)荒芜土地恢复与重建生态工程

主要任务:沙化土地恢复与重建、退化草地恢复与重建、荒山恢复与重建。

基本原则:宜农则农、宜林则林、宜渔则渔、宜建则建。

主要过程:土壤重构和生态恢复。土壤重构就是构造和培育土壤,即应用工程技术手段(剥离、回填、覆土和平整)和生物手段,重新构造一个剖面适宜、肥力稳定的土壤体系。生态恢复就是构造和培育植被,即以林木种植为主,乔、灌、草与农作物优化合理配置,重建植被。

(2)被污染土地的治理修复生态工程

主要任务:治理被重金属和持久性有机污染物污染的土地。

基本过程:污染区与未污染区之间建立隔离系统—污染区构筑土地快滤或土地慢滤设施并种植具有耐污、转化、富集性能的植被—多周期种植、收割。

特点:避免理化方法造成被污染土地短期甚至长期丧失耕作和生产功能;自然降水淋溶,人工灌溉淋溶和植被转化、富集三管齐下;兼顾景观。

8.2.5 庭院生态工程

庭院生态工程是农民生活环境的生态工程,同时也是农业生态工程体系中的重要补充部分。建设好庭院,是当前乃至未来农村建设与开发的重要课题,是提高农民收入和净化农村环境的现实需要。

村镇庭院是人类为了生存而建造的一个人工系统,它本身也分为环境和生物两个组成部分。环境部分除了街道、房屋、厩舍、水源、围墙外,还有因此而形成的独特的光照、温度、湿度、风等一系列小气候环境和特殊的土壤、地形因子。生物部分除了人类以外,还有人工培育的动植物(家畜、家禽、树木、果蔬、花卉等)和伴生动物。这些因子之间和其他生态系统一样,也存在着有序的能量流动和物质循环机制,村镇庭院本身就是一个生态系统。

庭院生态工程把生态学、生态经济学等基本原理应用在村镇庭院的种植、养殖、加工、住宅建筑、园林化等多业的有机结合上，形成了不同循环类型的村镇庭院生态系统。下面介绍几种典型的庭院生态工程模式。

8.2.5.1 葡萄套种香菇模式

在庭院葡萄架下袋栽香菇，能使二者共生互利，取长补短。其技术要点如下：

(1)选择场地

园地应选择坐北朝南或朝东南，既能通风又能避风的地方。葡萄一般筑垄，株行距为0.8m×1.2m，行向以顺大风向为宜。葡萄是需肥作物，所以要挖大坑，施足农家肥，再放一层尿素，然后进行定植栽培。香菇菌袋排放在葡萄行间。

(2)适时套栽

葡萄种苗，最好在冬季结合修剪时，将其扦插在塑料袋(营养钵)中，集中管理，待长出4～5片叶时定植。北方栽培区根据气候特点，以3月中旬以后定植为好。

冬季以栽培香菇为主，因为冬菇肉质层厚，品质好。秋季，则以吊挂黑木耳为主。春末夏初，香菇、黑木耳逐渐收场，这时应加强对葡萄的管理，抓紧施肥修剪，防治病虫。

(3)搭好棚架

露天袋栽香菇每行1.8m立1支柱，架高2m。棚架用塑料绳或铁丝绑牢加固，架上放置活动遮阳物，造成“七分荫、三分阳”的自然环境。到了夏季可以把遮阳物收起来，让葡萄攀藤结果，秋冬可以放上遮阳物。庭院葡萄架的搭建方式以倾斜式大、小棚和水平大棚架为好。

8.2.5.2 多环式柑橘园“生态园林”结构型

把庭院坡地垦成台阶式梯田，凹地筑坝挖鱼塘。在梯田里栽柑橘，柑橘幼树期在行间套种蔬菜、豆类、瓜果，上坡岸种紫云英，在地间盖猪栏或兔舍。再在猪舍建一口小型的沼气池，这样使柑橘、养鱼、喂猪、沼气形成良性循环，即利用猪的排泄物和绿肥作原料，经发酵产生沼气，用沼气煮喂猪饲料，再将发酵后的有机肥返回柑橘园，供柑橘树以及各种间种作物生长的需要，把沼气池中部分发酵肥用于繁殖浮游生物喂鱼。鱼池肥水促进柑橘生长，这种多环式的柑橘园生态结构，把饲料、燃料、肥料通过土地、植物、牲畜相互转化，充分利用，从而可以不断提高庭院经济效益和生态效益。

8.2.5.3 庭院住宅建筑生态工程

住宅建筑生态工程是指利用住宅建筑物和住宅地的微地形、微气候的差异，科学安排庭院的布局、结构的一种生态工程。有的农户利用庭院门前光温条件好的特点，架起葡萄林荫道，夏季在林荫道两旁置兔棚，为长毛兔遮阴；有的利用房后背阴高地，建地下窖，用作蔬菜水果保鲜或生产蒜黄、韭黄；有的利用屋檐养鸽、养鹌鹑；有的利用树下阴凉处安排食用菌生产；还有的利用平顶房上光、温度条件好的特点，建温室、养鱼池，开展花卉、蔬菜、养鸡、养鱼等生产项目。这些项目主要侧重于院落部分的建筑。农村住宅建筑工程中近年来出现了一种新的多功能住宅，这就是生态住宅。生态住宅是指把生态系统的若干原理因地制宜地应用到住宅中去，使人、各种生物与建筑物能相互依存、相互协调，从而获得较高生产力，使生态环境保护、能源再生利用、居住环境优化及经济效益几方面得到统一的一种新型住宅。

在我国，20 世纪 70 年代末以来在湖北、湖南、四川、福建、上海等地曾相继开展过屋面种植蔬菜、瓜果、花卉和养殖鱼类等试验，取得了一些成功的经验，并在逐步发展。浙江省永康县(现永康市)生态建筑研究会取各地所长，利用各有关学科的成熟技术，设计了以沼气为纽带，在屋面覆土种植蔬菜、瓜果、花草等植物及设池养鱼，通过水泵把经过沉淀过滤处理的沼液抽上屋面作为植物栽培用肥料，形成食物—人畜粪便—沼液—屋面植物用肥—屋面植物—食物，这样一种生态住宅系统中物质循环体系。其典型例子是浙江省永康县柑橘专业户吕新岩建造的独户式生态住宅。

所谓独户式生态住宅，是根据现阶段我国社会、经济、科技的发展状况而设计建造的一种新型村镇住宅，即增加生活消费住房的生产性功能，按生态学原理和生态平衡规律建立人与建筑物、动植物、微生物相互依存，相互促进的生态综合循环系统，实现经济效益、社会效益和生态效益统一。按能流、物流以及水资源利用和经济循环等四个循环系统的设计原则包括：太阳能—屋面植物生物能—沼气化学能的能源利用系统；人畜食物—粪便、生活垃圾—沼液—屋面栽培施肥—农作物收获利用的物质循环系统；人畜食用水—沼液—屋面浇灌的水资源再生利用系统；投资建房—房屋上下和内外的农副业主体生产收益—建造屋面温室、扩大副业生产能力的经济循环系统。以此复合组成独户式生态住宅的良性循环系统工程(图 8.2)。

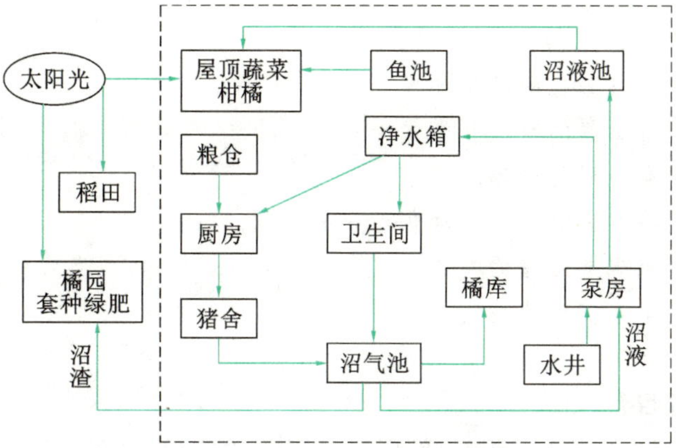

图 8.2 独户式生态住宅良性循环系统示意图

独户式生态住宅以沼气开发为纽带，把建筑物与种植业、养殖业、能源、环保、生态等紧密结合起来，综合建筑、农学、能源、生态、环保为一体，重视资源的多层利用和生态效益。其结构主要特征为：独户式生态住宅为三层砖混结构，由地下、底层、楼层和屋顶四大部分组成。地下建沼气池、沼液澄清池、沼液过滤池和净水井。底层为工副业生产用房，附设小泵房、猪舍、农具杂物间和卫生间。卫生间和猪舍与沼气池相邻，人畜粪便、生活垃圾等废、污、害物直接进入沼气池。楼层为生活、科研用房，二层设卧室、客厅、厨房、餐厅和卫生间，三层设生产资料用房、科研用房、活动室、粮库及卫生间。厨房设在猪舍顶层，泔水能直接经连接管道进入猪槽。屋顶采用预制多孔板承重作结构层，取消隔热层设施，培土 15cm，种植蔬菜瓜果和花卉，附设净水箱、沼液贮存池、净水池和鱼池，屋面建温室或塑料大棚，可以夏菜冬种，提高土地利用率，设置微喷和滴灌系统，太阳能热水器可在冬天供卫生间用热水。浙江省永康县柑橘专业户吕新岩建造的独户式生态住宅就是按照上述的设计原则、设计原理建造的典型例子。

8.2.6 城市生态工程

城市是地球生物圈的重要组成成分，又是人类文明社会的重要人工生态系统之一。从生态学角度来看，城市生态系统与其他人工生态系统一样，是一个由自然组分和人工组分互相渗透形成的受人工干预的、具有多层次结构和多功能的大系统。这个系统的突出特点是人工组分比例比其他生态系统更大、能量物质流通的通量更大。按云正明等在1998年出版的《生态工程》中的观点，城市生态工程主要包括环境控制工程和生物控制工程两大方面。环境控制工程包括城市大气环境控制工程、城市水环境控制工程、城市噪声控制工程、废弃物控制工程和人类居住环境调控。生物控制工程包括人类的控制、伴生生物的调控和物质能量的调控。城市生态工程实际上就是在城市中构建“生态—经济—社会”复合系统，在生态维度上，该系统可建设生态元、生态段、生态链和生态区4个从小到大且可逐步聚合的部分，每个部分都涉及不同尺度、体量和功能的自然保护、综合治理和绿化等工程。

【讨论】

练习

1. 简述农作物生态工程的类型和模式。
2. 简述农林生态工程的类型和模式。
3. 简述林业生态工程的内容。
4. 什么是氧化塘？说明氧化塘净化污水的原理。
5. 简述典型庭院生态工程的模式。
6. 简述养殖业生态工程的模式。

【试验、实训建议项目】

生态工程调研讨论：3人一组，查阅资料，以某一类型的生态工程为对象，制作PPT，介绍其具体的内容、原理及意义。

9 生态文明的理论探索与建设实践

本章提要

【教学目标要求】

了解中国生态文明建设成果。

【教学重点、难点】

1. 生态文明概念。
2. 生态文明理论探索。

9.1 生态文明概述

9.1.1 文明及各历史文明形态比较

9.1.1.1 文明的概念

文明是人类改造世界的物质成果和精神成果的总和。

唐代孔颖达注疏《尚书》:“经天纬地曰文,照临四方曰明。”“经天纬地”意为改造自然,属物质文明,“照临四方”意为驱走愚昧,属精神文明。

9.1.1.2 各历史文明形态比较

人类文明伴随着人类社会的发展而演化,对文明的断代划分体系很多。目前,比较主流的模式见表9.1。

表 9.1 各历史文明形态比较

		文明形态			
		史前文明 生物圈时空文明	农业文明 （黄色文明） 生物圈时空文明	工业文明 （黑色文明） 化合物圈 时空文明	生态文明 （绿色文明） 生物圈与化合物 圈两极时空文明
文明要素	文化形态	自然文化	人文文化	科学文化	生态文化
	社会形态	原始社会	奴隶封建社会	资本主义社会	生态社会
	中心产业	渔猎	农业	工业	生态产业
	生产方式	人工	畜力	机械自动化	信息化、智能化
	生产工具	石器	青铜铁器	机器、计算机	智能化工具
	社会主要财产	动植物	土地	资本	知识＋资本
	人与自然关系	崇拜自然力	盲目开发自然	野蛮掠夺自然	合理利用自然

9.1.2 生态文明的概念与内涵

9.1.2.1 生态文明的概念

生态文明是指人类利用自然界的同时又主动保护自然界，积极改善和优化人与自然而取得的物质成果、精神成果和制度成果的总和。

9.1.2.2 生态文明的内涵

（1）从自然观上看

生态文明认为自然是客观自然与历史自然的统一，人是自然存在属性与社会存在属性的统一；强调人是环境的一部分，环境造就人，人改变环境。

（2）从价值观上看

生态文明认为应当摒弃极端的人类中心主义和生物中心主义；强调人类要与自然和谐相处，既要实现代内公平，也要保证代际公平。

（3）从发展观上看

生态文明认为资源环境承载力决定发展的模式、规模和速度；强调发展的强度以资源环境承载力为基础。

（4）从消费观上看

生态文明认为应当建立适度消费理念，实现人与自然、人与社会、人与人、人与自身的和谐。强调消费的实用节约原则，即在不影响人自身生存的前提下，采取实用性的生活方式。

就人与自然、人与社会、人与人关系的认识与实践而论，生态文明的特征也可以概括为审视的整体性、调控的综合性、发展的知识性、物质的循环性。

9.1.2.3 生态文明建设的意义

生态文明的建设是人类文明史的新纪元，其意义尚难深刻解析，有学者认为至少可以归纳为四个方面：

①是对工业文明的科学扬弃。

②是对中国传统文化的理性汲取。

③是对中国可持续发展的明确要求。

④是对科学发展观理论体系的丰富和充实。

9.2 中国生态文明建设的实践

文明的形成是全人类漫长、浩繁、艰苦实践的积淀结果，中国在实现中华民族的伟大复兴的事业中，对生态文明建设进行了全面的探索。其中，以生态环境保护为主要抓手和目标的若干重大工程取得了巨大成果，做出了重要贡献。

9.2.1 全国生态示范区建设

1996年，国家颁布了《全国生态示范区建设规划纲要（1996—2050年）》，全面启动了生态示范区建设。

9.2.1.1 生态示范区的概念

生态示范区是以生态学和生态经济学原理为指导，以协调经济、社会发展和环境保护为主要目标，按规划建设形成的生态良性循环、社会经济全面健康持续发展的一定行政区域。该规划纲要明确了生态示范区建设以乡、县和市域为基本单位，以县域为重点。生态示范区建设覆盖社会、经济、自然三个主要素，以某一个或某几个系统要素为重点，生态示范区建设分阶段推进。

9.2.1.2 生态示范区建设的主要方向和类型

(1)生态示范区建设的主要方向

该规划纲要明确了生态示范区建设的6个主要方向：

①以保护农业生态和发展农村经济为主的生态示范区；

②以乡镇工业合理布局和污染防治为主的生态示范区；

③以自然资源合理开发利用实现农工贸一体化为主的生态示范区；

④以防治污染、改善和美化环境为主的生态示范区；

⑤以保护生物多样性、发展生态旅游为主的生态示范区；

⑥各方面综合的生态示范区。

(2)生态示范区建设的主要类型

该规划纲要鼓励乡、县和市开展三种类型的生态示范区建设：

①围绕某一系统要素开展单项审改示范区建设；

②开展城乡生态环境综合建设，按生态学原理和生态经济规律，把生态经济县建设、乡镇规划建设、生态旅游区建设、生态城市建设、自然保护区建设等各项任务有机结合起来；

③以矿区生态破坏恢复治理、土地退化综合整治、湿地资源合理开发利用与保护、农村环境综合整治为目标的生态破坏恢复治理示范建设。

全国生态示范区建设共涉及5项基本条件和6项社会经济发展指标、5项区域生态环境保护指标、6项农村环境保护指标、5项城镇环境保护指标、5项参考指标，极大地提高了地方政府和公众综合考虑经济、社会、生态环境问题开展工作的意识。

9.2.2 五级生态创建

自2002年起，国家相继启动了生态村、乡镇、县、市、省的创建工作，继续强化经济、社会、生态环境建设同步推进，实现可持续发展的理念。2023年生态环境部将全面贯彻党的二十大精神，以推进人与自然和谐共生的现代化建设为内在要求，继续强化示范建设的平台作用，统筹推进生态文明示范创建。

9.2.2.1 生态村创建

生态村创建于2006年，共涉及5项基本条件和经济水平、环境卫生、污染控制、资源保护与利用、可持续发展、公众参与等15项指标。

9.2.2.2 生态(环境优美)乡镇创建

2002年推行环境优美乡镇创建，2010年，国家改称生态乡镇，修订后的生态乡镇指标体系共涉及5项基本条件和环境质量、环境污染防治、生态保护与建设等15项指标。

9.2.2.3 生态县、市、省创建

2003年同时启动，2007年调整了指标体系，修订后的生态县指标体系包括5项基本条件和经济发展、生态环境保护、社会进步等22项指标；生态市指标体系包括5项基本条件和经济发展、生态环境保护、社会进步等19项指标；生态省指标体系包括5项基本条件和经济发展、生态环境保护、社会进步等16项指标。

9.2.2.4 生态文明建设示范区创建

党的二十大报告肯定了过去十年我国生态文明建设取得的伟大成效，进一步明确了新时代我国生态文明建设的战略任务，并对推动绿色发展、促进人与自然和谐共生作出了一系列重大战略部署，充分彰显了以习近平同志为核心的党中央推进美丽中国建设的坚强意志和坚定决心。

长期以来，生态环境部以示范建设为载体和平台，大力推动生态文明建设试点示范工作，打造了一批生态文明建设的鲜活案例和实践样本。截至目前，已先后分六批在全国范围内命名了468个生态文明建设示范区，187个“绿水青山就是金山银山”实践创新基地；联合商务部和科技部开展了93个生态工业示范园区的创建工作，其中73家已正式获得命名；面向生态文明建设基层和一线开展了三届中国生态文明奖评选，累计表彰94个先进集体、147位先进个人；联合全国人大环资委、全国政协人资环委、国家广电总局、共青团中央、军委后勤保障部军事设施建设局评选了十一届共95位绿色中国年度人物。

创建主体通过一系列试点示范，实现了“三个走在前列”，即在改善生态环境质量、推动绿色发展转型以及落实生态文明体制改革任务三个方面走在区域和全国的前列；推动

了“三个显著提升”，即显著提升了生态文明意识和参与度、人民群众获得感和幸福感以及建设美丽中国的信心；有力支撑了长江经济带发展、长三角一体化发展、黄河流域生态保护和高质量发展等区域重大战略，为打好污染防治攻坚战和建设美丽中国提供了坚实保障。

结合多年来的实践，我国对各地在推进生态文明建设中的一些典型案例和经验模式进行凝练总结，主要归纳出以下五种类型：

一是以体制机制创新为核心的制度引领型。例如浙江省丽水市示范引领全国生态产品价值实现路径；安徽省旌德县率先推进林权收储担保融资试点；福建省南平市在全国首创“生态银行”模式，构建“森林生态银行”；江西省武宁县在全国探索建立首家生态产品价值转化中心。

二是以绿色发展为核心的绿色驱动型。例如江苏省苏州市吴中区大力推行环太湖绿色发展“加减法”模式，以建设“减法”换生态“加法”、效益“加法”；贵州省贵阳市乌当区延伸产业链推动“生态＋”融合发展，全业态打造生态健康产业体系；天津市滨海新区中新天津生态城通过生态修复、产城融合、低碳发展等创新举措，从一片荒芜的盐碱滩涂蝶变成绿意盎然、宜业宜居的新城。

三是以守护绿水青山为核心的生态友好型。例如浙江省德清县探索出“九法治水”举措和河湖精细化管护模式；福建省永春县探索创建“全域生态综合体”建设模式；福建省长汀县探索出适宜南方水土流失治理的新模式；云南省洱源县推进洱海保护治理“七大行动”。

四是以提升生态资产为核心的生态惠益型。例如山东省长岛县依托海洋特色生态养殖打造“两山”理念海岛模式；吉林省集安市发展以人参精深加工为主的大健康产业；安徽省潜山市依托天柱山释放“生态红利”带动全域旅游发展；重庆市巫山县依托优良山地立体气候和生态资源，大力发展气候经济，实现“生态资源—生态产品—生态品牌—生态效益”良性发展。

五是以特色文化为基础的文化延伸型。例如，福建省泉州市鲤城区以“古泉州（刺桐）史迹申遗”推动文脉延续与生态理念融合；云南省元阳哈尼梯田遗产保护区依托农耕梯田文化打造哈尼品牌；西藏自治区当雄县以“当吉仁”赛马节作为文旅标签；新疆维吾尔自治区特克斯县打造“世界喀拉峻·中国八卦城”品牌。

9.2.3 国家环境保护模范城市创建

国家环境保护模范城市是我国环境保护的最高荣誉。

为了进一步加强城市环境保护，规范国家环境保护模范城市创建与管理工作，原环境保护部组织制订了《国家环境保护模范城市创建与管理工作办法》，经 2010 年第一次部务会议审议通过之后，于 2011 年 1 月 27 日予以发布。该办法包括总则、创建申请、考核验收、公示公告、复核、监督管理和附则七章，包含 56 条细则，自 2011 年 1 月 27 日发布之日起施行。原国家环境保护总局办公厅《关于印发〈“十一五”国家环境保护模范城市考核指标及其实施细则〉和〈国家环境保护模范城市创建与管理工作规定〉的通知》（环办

〔2006〕40 号)同时废止。

国家环境保护模范城市是指经济持续发展,环境质量良好,资源合理利用,生态良性循环,城市优美洁净,基础设施健全,生活舒适便捷的示范城市。

国家环境保护模范城市创建涵盖了社会、经济、环境、城建、卫生、园林等方面的内容,涉及面广、起点高、难度大,在已具备全国卫生城市、城市环境综合整治定量考核和环保投资达到一定标准基础上才能申请创建。

9.2.4 农村环境连片整治

9.2.4.1 全国农村环境污染防治

为贯彻落实党中央、国务院关于深入打好污染防治攻坚战的决策部署要求,为加快解决农业农村突出环境问题,2022 年 1 月生态环境部、农业农村部、住房和城乡建设部、水利部、国家乡村振兴局联合印发《农业农村污染治理攻坚战行动方案(2021—2025 年)》(环土壤〔2022〕8 号)。

(1)总体要求

基本思路:以习近平新时代中国特色社会主义思想为指导,全面贯彻党的十九大和十九届历次全会精神,按照深入打好污染防治攻坚战总要求,坚持精准治污、科学治污、依法治污,聚焦突出短板,以农村生活污水垃圾治理、黑臭水体整治、化肥农药减量增效、农膜回收利用、养殖污染防治等为重点领域,以京津冀、长江经济带、粤港澳大湾区、黄河流域等为重点区域,强化源头减量、资源利用、减污降碳和生态修复,持续推进农村人居环境整治提升和农业面源污染防治,增强农民群众获得感和幸福感,为实现乡村生态振兴提供有力支撑。

行动目标:到 2025 年,农村环境整治水平显著提升,农业面源污染得到初步管控,农村生态环境持续改善。新增完成 8 万个行政村环境整治,农村生活污水治理率达到 40%,基本消除较大面积农村黑臭水体;化肥农药使用量持续减少,主要农作物化肥、农药利用率均达到 43%,农膜回收率达到 85%;畜禽粪污综合利用率达到 80%以上。

(2)主要任务

①加快推进农村生活污水垃圾治理

分区分类治理生活污水。以解决农村生活污水等突出问题为重点,提高农村环境整治成效和覆盖水平。推动县域农村生活污水治理统筹规划、建设和运行,与供水、改厕、水系整治、农房道路建设、农业生产、文旅开发等一体推进,有效衔接。结合村庄规划,重点治理水源保护区和城乡接合部、乡镇政府驻地、中心村、旅游风景区等人口居住集中区域农村生活污水。2022 年 6 月底前,将县域农村生活污水治理专项规划(或方案)向社会公开并按年度实施。按照平原、山地、丘陵、缺水、高寒和生态环境敏感等典型地区,分类完善治理模式,科学合理建设农村生活污水收集和处理设施。做好户用污水收集系统和公共污水收集系统的配套衔接,合理选择排水体制和收集系统建设方式,确保污水有效收集。在生态环境敏感的地区,可采用污水处理标准严格的高级治理模式;在居住较为集中、环境要求较高的地区,可采用集中处理为主的常规治理模式;在居住分散、干旱缺水的非环境敏感区,结合厕所粪污无害化处理和资源化利用,可采用分散处理为主的简单治理模式。优先推广运行费用低、管护简便的污水治理技术,鼓励居住分散地区采用生态处理技术,可通过黑灰水分类收集处理、与畜禽粪污协同治理、建设人工湿地等方式处理污水,达到资源化利用要求后,用于庭院美化、村庄绿化等。2023年底前,省级相关部门筛选建立适合本地区的农村生活污水治理模式和技术工艺。督促各地完成现有农村生活污水收集处理设施运行情况排查,对设施停运破损、管网未配套、处理能力不符合实际需求、出水水质不达标等非正常运行的设施制定改造方案,有序完成整改,提高设施正常运行率。到2025年,东部地区、中西部城市近郊区等有基础、有条件的地区,农村生活污水治理率达到55%左右;中西部有较好基础、基本具备条件的地区,农村生活污水治理率达到25%左右;地处偏远、经济欠发达地区,农村生活污水治理水平有新提升。(生态环境部牵头,国家发展改革委、科技部、住房和城乡建设部、农业农村部、国家乡村振兴局等按职责分工负责)

加强农村改厕与生活污水治理衔接。科学选择改厕技术模式,宜水则水、宜旱则旱。加快研发干旱、寒冷地区卫生厕所适用技术和产品。在水冲式厕所改造中积极推广节水型、少水型水冲设施。因地制宜推进厕所粪污分散处理、集中处理与纳入污水管网统一处理,鼓励联户、联村、村镇一体处理。已完成水冲式厕所改造的地区,具备污水收集处理条件的,优先将厕所粪污纳入生活污水收集和处理系统;暂时无法纳入污水收集处理系统的,应建立厕所粪污收集、储存、资源化利用体系,避免化粪池出水直排。计划开展水冲式厕所改造的地区,鼓励将改厕与生活污水治理同步设计、同步建设、同步运营;暂时无法同步建设的,预留后续污水治理空间。(农业农村部、国家乡村振兴局、生态环境部、国家卫生健康委等按职责分工负责)

健全农村生活垃圾收运处置体系。在不便于集中收集处置农村生活垃圾的地区,因地制宜采用小型化、分散化的无害化处理方式,降低设施建设和运行成本。完善日常巡检机制,严厉查处在农村地区饮用水水源地周边、农村黑臭水体沿岸随意倾倒、填埋垃圾行为。到2025年,进一步健全农村生活垃圾收运处置体系。(住房和城乡建设部牵头,农业农村部、国家乡村振兴局、生态环境部等按职责分工负责)

推行农村生活垃圾分类减量与利用。加快推进农村生活垃圾分类,探索符合农村特点和农民习惯、简便易行的分类处理方式,减少垃圾出村处理量。协同推进农村有机生活垃圾、厕所粪污、农业生产有机废弃物资源化处理利用,以乡镇或行政村为单位建设一批区域农村有机废弃物综合处置利用设施。(农业农村部、住房和城乡建设部牵头,生态环境部、国家乡村振兴局、全国供销合作总社等按职责分工负责)

②开展农村黑臭水体整治

明确整治重点。建立农村黑臭水体国家监管清单,优先整治面积较大、群众反映强烈的水体,实行"拉条挂账、逐一销号",稳步消除较大面积的农村黑臭水体。在农村河流湖塘分布密集地区,进一步核实黑臭水体排查结果,对新发现的黑臭水体及时纳入监管清单,加强动态管理。在治理任务较重、工作基础较好的地区,支持开展农村黑臭水体整治试点。(生态环境部牵头,农业农村部、国家乡村振兴局等按职责分工负责)

系统开展整治。针对黑臭水体问题成因,以控源截污为根本,综合采取清淤疏浚、生态修复、水体净化等措施。将农村黑臭水体整治与生活污水、垃圾、种植、养殖等污染统筹治理，将治理对象、目标、时序协同一致，确保治理成效。对垃圾坑、粪污塘、废弃鱼塘等淤积严重的水体进行底泥污染调查评估，采取必要的清淤疏浚措施。对清淤产生的底泥，经无害化处理后，可通过绿化等方式合理利用，禁止随意倾倒。根据水体的集雨、调蓄、纳污、净化、生态、景观等功能，科学选择生态修复措施，对于季节性断流、干涸水体，慎用浮水、沉水植物进行生态修复。对于滞流、缓流水体，采取必要的水系连通和人工增氧等措施。（生态环境部、水利部牵头，农业农村部、国家乡村振兴局等按职责分工负责）

推动"长治久清"。鼓励河长制湖长制体系向村级延伸。充分发挥河湖长制平台作用，压实部门责任，实现水体有效治理和管护。对已完成整治的黑臭水体，开展整治过程和效果评估，确保达到水质指标和村民满意度要求。严禁表面治理和虚假治理，禁止简单采用冲污稀释、一填了之等"治标不治本"的做法。将农村黑臭水体排查结果和整治进展通过县级媒体等向社会公开，在所在村公示，鼓励群众积极参与，对排查结果、整治情况监督举报。（生态环境部、水利部牵头，农业农村部、国家乡村振兴局等按职责分工负责）

③实施化肥农药减量增效行动

深入推进化肥减量增效。聚焦长江经济带、黄河流域重点区域，明确化肥减量增效技术路径和措施。实施精准施肥，分区域、分作物制定化肥施用限量标准和减量方案，制定水稻、玉米、小麦、油菜等氮肥推荐定额用量，依法落实化肥使用总量控制。大力推进测土配方施肥，优化氮、磷、钾配比，逐步实现在粮食主产区及果菜茶等经济作物优势区的全覆盖。改进施肥方式，推广应用机械施肥、种肥同播、水肥一体化等措施，减少养分挥发和流失，提高肥料利用效率。加强绿色投入品创新研发，积极推广缓释肥料、水溶肥料、微生物肥料等新型肥料，拓宽畜禽粪肥、秸秆和种植绿肥的还田渠道，在更大范围推进有机肥替代化肥。在旱作区大力发展高效旱作农业，集成配套全生物降解地膜覆盖、长效肥料应用、保水剂混肥底施等措施，减少养分挥发和随雨流失。培育扶持一批专业化服务组织，提供统测、统配、统供、统施"四统一"服务。鼓励以循环利用与生态净化相结合的方式控制种植业污染，农企合作推进测土配方施肥。到 2025 年，主要农作物测土配方施肥技术覆盖率稳定在 90%以上。（农业农村部牵头，生态环境部、全国供销合作总社等按职责分工负责）

持续推进农药减量控害。推进科学用药，推广应用高效低风险农药，分期分批淘汰现存 10 种高毒农药。推广新型高效植保机械，推进精准施药，提高农药利用效率。创建一批绿色防控示范县，推行统防统治与绿色防控融合，提高防控组织化程度和科学化水平。构建农作物病虫害监测预警体系，建设一批智能化、自动化田间监测网点，提高重大病虫疫情监测预警能力。到 2025 年，主要农作物病虫害绿色防控及统防统治覆盖率分别达到 55%和 45%。（农业农村部牵头，生态环境部、全国供销合作总社等按职责分工负责）

④深入实施农膜回收行动

落实严格的农膜管理制度，加强农膜生产、销售、使用、回收、再利用等环节的全链条监管，持续开展塑料污染治理联合专项行动。全面加强市场监管，禁止企业生产销售不符合国家强制性标准的地膜，依法严厉查处不合格产品。因地制宜调减作物覆膜面积，大力推进废旧农膜机械化捡拾、专业化回收、资源化利用，建立健全回收网络体系，提高废旧农膜回收利用和处置水平。加强农膜回收重点县建设，推动生产者、销售者、使用者落实回收责任，集成推广典型回收模式。推进全生物可降解地膜有序替代，在不同类型区域建设试验示范基地。建立健全农田地膜残留监测点，开展常态化、制度化监测评估。（农业农村部牵头，生态环境部、市场监管总局、全国供销合作总社等按职责分工负责）

⑤加强养殖业污染防治

推行畜禽粪污资源化利用。完善畜禽粪污资源化利用管理制度，依法合理施用畜禽粪肥。推动畜禽规模养殖场粪污处理设施装备提档升级，规范畜禽养殖户粪污处理设施装备配套，开展设施装备配套情况核查。整县推进畜禽粪污资源化利用，改造提升粪污处理设施，建设粪肥还田利用示范基地，推进种养结合，畅通粪肥还田渠道。建立畜禽规模养殖场碳排放核算、报告、核查等标准，探索制定重点畜产品全生命周期碳足迹标准，引导畜禽养殖环节温室气体减排。完善畜禽粪肥限量标准，指导各地安全合理施用粪肥。到 2025 年，畜禽规模养殖场建立粪污资源化利用计划和台账，粪污处理设施装备配套率稳定在 97%以上，畜禽养殖户粪污处理设施装备配套水平明显提升。（农业农村部牵头，生态环境部、国家发展改革委、市场监管总局参与）

严格畜禽养殖污染防治监管。组织各地依法编制实施畜禽养殖污染防治规划，到 2023 年，畜牧大县率先完成规划编制。推动各省（自治区、直辖市）根据畜禽养殖发展情况和生态环境保护需要，制修订畜禽养殖污染物地方排放标准。严格落实环境影响评价与排污许可制度，依法开展环境影响评价，监督指导畜禽规模养殖场依法持证排污、按证排污或者进行排污登记，遵守排污许可证管理规定。结合养殖场直联直报信息和全国排污许可证管理信息平台，对畜禽粪污资源化利用计划、台账和排污许可证执行报告进行抽查。加大环境监管执法力度，依法查处无证排污、不按证排污、污染防治设施配套不到位以及粪肥超量施用污染环境等环境违法行为。（生态环境部牵头，农业农村部参与）

推动水产养殖污染防治。养殖大省要依法加快制定出台水产养殖业水污染物排放控制标准，加强水产养殖尾水监测，规范工厂化水产养殖尾水排污口设置。以珠三角、长江流域、黄渤海等区域为重点，依法加大环境监管执法检查力度。（生态环境部负责）大力发展水产生态健康养殖，积极推广池塘工厂化循环水、大水面生态增养殖、稻渔综合种养等多种生态健康养殖模式。实施池塘标准化改造，完善循环水和进排水处理设施，推进养殖尾水节水减排。（农业农村部负责）

（3）保障措施

①强化组织领导

生态环境部联合农业农村部、住房和城乡建设部、水利部、国家乡村振兴局等部门，加强信息共享、定期会商、督导评估，强化“一岗双责”、齐抓共管，协同推进攻坚战。各地有关部门要密切协作配合，形成工作合力，将深入打好农业农村污染治理攻坚战目标任务逐级分解落实，制定实施方案，明确职责分工、时限要求和责任人员，并将主要任务纳入当地督查督办重要内容，建立定期调度机制。各省（自治区、直辖市）生态环境部门要会同有关部门将实施方案于 2022 年 6 月底前报生态环境部、农业农村部、住房和城乡建设部、水利部、国家乡村振兴局，按季度报送目标任务进展情况，按年度总结推进。

②强化政策保障

地方各级财政落实农业农村污染治理支出责任，保障重点任务实施。发挥中央农村环境整治资金等政策引导效应，加强资金绩效管理，支持解决农村环境突出问题，推动农村人居环境保护。建立农村人居环境整治管护长效机制，推动农村厕所、生活污水和垃圾处理设施等一体化运行管护。落实污染治理相关税费优惠政策。农村生活污水处理设施建设用地，按照公用基础设施建设优先列入建设用地计划，依法落实用地审批。大力发展农业农村绿色金融，引导社会资本以多种形式参与农业农村污染治理项目投资建设。鼓励有条件地区依法建立农村生活污水垃圾治理农户付费制度。加强农村生态环境宣传教育，增强村民生态文明意识，引导公众积极参与生态环境保护。

③强化监测监控

加强农村环境质量监测，在人口集中区、主要养殖区和种植区等，加密布设水体质量监测点位，基本实现监测点位区县级全覆盖。持续推进日处理 20 吨及以上农村生活污水处理设施出水水质监测。结合环境监测工作，调查农村生活污水收集情况、污染物去除效果，并对设施正常运行情况进行通报。采用卫星遥感等技术，对较大面积农村黑臭水体进行动态排查；对国家监管清单中已完成整治的黑臭水体，省级有关部门要组织监测透明度、溶解氧和氨氮 3 项指标，原则上每年至少监测 1 次。在典型灌区开展农田灌溉用水和出水水质监测。加强畜禽规模养殖场环境执法监测。推进农业面源污染监测网建设；选择典型小流域，试点开展农业面源污染长期监测。鼓励有条件的地区，建设农业农村生态环境监管信息平台，加强污染治理调查评估，强化环境质量改善效果分析，对农村生活污水处理设施、畜禽规模养殖场污染排放和黑臭水体整治情况等进行监控。

④强化监督考核

各省（自治区、直辖市）相关部门以本地区实施方案为依据，将农业农村污染治理工作纳入本省污染防治攻坚战考核范围，作为目标责任考核重要参考。健全农村环境整治成效评估机制，对污染治理设施运行情况进行抽查。将农村黑臭水体整治情况纳入强化监督。将农业农村污染治理突出问题纳入中央和省级生态环境保护督察范畴，对污染问题严重、治理工作推进不力的地区进行严肃问责。

9.2.4.2 农村环境连片整治示范

2010 年 5 月，环保部、财政部与湖南等八省签订了“农村环境连片整治示范协议”，在总结 2008—2010 年农村环境综合整治“以奖促治”工作的基础上，将过去分散的农村环境污染防治工作向连片化推进。

2010 年 12 月，国家发布了《全国农村环境连片整治工作指南》，要求：对地域空间上相对聚集在一起的多个村庄（受益人口原则上不低于 2 万人）实施同步、集中整治，以解决区域性的突出的饮用水源地污染、生活污水污染、生活垃圾污染、畜禽养殖污染、历史遗留工矿污染等环境问题。

“农村环境连片整治示范协议”的执行，激发了地方政府和公众开展农村环境污染防治的热情，2013 年前后，湖南等省启动了农村环境连片整治整县推进工程。

2015 年，湖南等省成为农村环境综合整治全省域覆盖试点省。全省域覆盖整县推进工程，极大地提高了各级党委政府和人民群众整治农村环境的自觉性，解决了一部分人民群众迫切关注的环境问题，为后续人居环境改善行动计划、乡村振兴战略的实施打下了较好基础。

以党的十九大报告明确的“产业兴旺、生态宜居、乡风文明、治理有效、生活富裕”和“望得见山，看得见水，记得住乡愁”为总要求，以脱贫攻坚“一达标、两不愁、三保障”为总目标，以改善群众居住环境、加快脱贫攻坚进程、建设“四在农家·美丽乡村”为载体，以抓铁有痕、踏石留印的作风，以敢于创新、务求实效的态度，全面实施乡村振兴战略，着力改善农村面貌、提升农民生活质量，努力打造生产转型、天蓝水净、绿荫环绕的生态环境，加快建设“布局合理、设施完善，环境优美、生活便利，安居乐业、文明和谐”的美丽乡村。

9.2.5 生态文明的理念提炼与战略谋划

9.2.5.1 生态文明理念的初步提炼

2007年，中国共产党第十七次全国代表大会提出的实现全面建设小康社会奋斗目标的五点新要求，首次将生态文明观点上升为党的意志，即其中的第五条，“建设生态文明，基本形成节约能源资源和保护生态环境的产业结构、增长方式、消费模式。循环经济形成较大规模，可再生能源比重显著上升。主要污染物排放得到有效控制，生态环境质量明显改善。生态文明观念在全社会牢固树立。”

2012年，中国共产党第十八次全国代表大会的《坚定不移沿着中国特色社会主义道路前进，为全面建成小康社会而奋斗》报告提出了“大力推进生态文明建设”的任务，指出：“建设生态文明，是关系人民福祉、关乎民族未来的长远大计。面对资源约束趋紧、环境污染严重、生态系统退化的严峻形势，必须树立尊重自然、顺应自然、保护自然的生态文明理念，把生态文明建设放在突出地位，融入经济建设、政治建设、文化建设、社会建设各方面和全过程，努力建设美丽中国，实现中华民族永续发展”，正式明确了把“尊重自然、顺应自然、保护自然”作为生态文明理念的内涵。

2017年10月，党的十九大报告中指出：必须树立和践行绿水青山就是金山银山的理念，坚持节约资源和保护环境的基本国策，像对待生命一样对待生态环境，统筹山水林田湖草系统治理，实行最严格的生态环境保护制度，形成绿色发展方式和生活方式，坚定走生产发展、生活富裕、生态良好的文明发展道路，建设美丽中国，为人民创造良好生产生活环境，为全球生态安全作出贡献。同时提出新时代坚持和发展中国特色社会主义的基本方略，概括为“十四个坚持”，其中第九条是“坚持人与自然和谐共生”。我们要建设的现代化是人与自然和谐共生的现代化，既要创造更多物质财富和精神财富以满足人民日益增长的美好生活需要，也要提供更多优质生态产品以满足人民日益增长的优美生态环境需要。必须坚持节约优先、保护优先、自然恢复为主的方针，形成节约资源和保护环境的空间格局、产业结构、生产方式、生活方式，还自然以宁静、和谐、美丽。

9.2.5.2 新时代高水平推进生态文明建设的现实需要

历经多年实践与探索，我国在生态保护领域取得了一系列伟大成就。但在肯定成绩的同时也要看到，生态系统相对脆弱、碳减排任务十分艰巨、生态环境质量与人民群众优美生态环境需要之间差距较大等问题亟待解决。时值全面建设社会主义现代化国家的关键窗口期，实现人与自然和谐共生的现代化、推动实现“双碳”战略目标、满足人民群众优美生态环境需求已然成为高水平推进生态文明建设的现实需要。

(1)建设人与自然和谐共生现代化的必由之路

中国式现代化不但具有世界各国现代化的共同特征，亦具有基于自身基本国情的中国特色。党的二十大报告中系统性阐释了中国式现代化的五大特征，其中之一便是“中国式现代化是人与自然和谐共生的现代化”，并着重强调“尊重自然、顺应自然、保护自然，是全面建设社会主义现代化国家的内在要求”。究其根本，建设人与自然和谐共生的现代化不仅是遵循自然规律的应然方向，亦是实现中华民族永续发展的先决条件和重中之重。是以，在党的二十大精神和习近平生态文明思想指引下，各地唯有以推进人与自然和谐共生的现代化为出发点和落脚点，以绿色发展理念为引领，坚持高水平推进生态文明建设，方能实现经济社会与人口、资源、环境的协调发展。需要指出的是，我国是一个拥有 14 亿多人口的大国，具有环境容量有限、资源能源约束趋紧以及生态系统较为脆弱的基本国情。加之，现阶段我国面临产业结构偏“重”、能源结构偏“煤”以及能耗强度偏“高”的情况，且能源资源需求仍将在未来较长一段时期保持刚性增长态势。这决定了生态文明建设的艰巨性、复杂性、长期性，加大了产业和能源结构绿色低碳转型压力，为着力构筑人与自然和谐共生现代化建设新格局带来较大阻碍。是以建设人与自然和谐共生的现代化关键在于积极践行“绿水青山就是金山银山”发展理念，完善党委领导、政府主导、各级参与的现代生态环境治理体系，持续深化生态文明体制改革。立足于此，既要深入打好污染防治攻坚战，高站位强化统筹部署，竭力推进蓝天、碧水、净土保卫战，也要促进产业转型升级，培育绿色低碳新动能，推动中国式生态现代化建设。

(2)实现“碳达峰、碳中和”目标的现实选择

“双碳”目标(2030 年“碳达峰”与 2060 年“碳中和”)既是我国基于人类命运共同体的责任担当而作出的战略抉择，亦是实现中华民族永续发展的根本之策，对高水平推进生态文明建设、建设人与自然和谐共生的现代化至关重要。时下我国依然处于工业化中后期发展阶段，存在能源资源利用效率偏低、传统“三高一低”产业占比较高、传统产业路径依赖强等问题，面临十分艰巨的碳减排任务。实现中国式绿色现代化亟须以“双碳”目标为牵引，建立健全“双碳”工作激励约束机制，推进生态文明建设向纵深发展，将“双碳”纳入生态文明建设全过程、全环节，助推经济社会发展绿色转型。

(3)满足人民群众优美生态环境需要的内在要求

在新发展阶段，广大人民群众对于优美生态环境拥有着很高的期望值，并且对于各类生态环境问题的容忍程度越来越低。然而与人民群众对美好生活的热切期盼、建设美丽中国和社会主义现代化国家的要求相比，生态环境质量存在较大差距。目前，中国特色生态文明建设尚面临一系列深层次矛盾与挑战，生态改善由量变到质变的拐点仍未到来。据生态环境部发布的《2021 中国生态环境状况公报》显示，全国依然有 1.2%的地表水国考断面(水质)为劣 V 类，地下水 B 类所占比重为 20.6%；PM2.5 平均浓度超标的城市占比达 29.8%，区域性重污染天气时有出现。另外，还有个别地区生态破坏和生态退化现象较为严重。与此同时，农村地区面临生态文明建设投入不足、法律法规体系亟待

健全、乡镇企业罔顾生态环境等短板，极大影响着农村生态文明建设成效，不利于增强农村群众对生态环境质量改善的获得感。为高水平推进生态文明建设，各级政府只有持续深化对生态文明建设的规律性认识，以契合人民优美生态环境需求为关键，推动生态文明建设取得新成效，才能显著增强广大人民群众对生态环境的获得感、幸福感和安全感，建设人与自然和谐共生的现代化。推进人与自然和谐共生的现代化，当务之急在于切实将生态文明建设工作抓牢抓实，像保护眼睛一样保护自然和生态环境，大力攻克城乡居民身边的突出生态环境问题，提供更多优质生态产品，满足人民群众对优美生态环境的新期待。

9.2.5.3　新时代高水平推进生态文明建设的现实需要

2015年9月，中共中央审议通过了《生态文明体制改革总体方案》(以下简称《方案》)，这个方案是中国共产党对生态文明建设的战略谋划：

(1)从思想的高度和理念的深度引领生态文明建设

①《方案》归纳了统一全国人民生态文明认识的六个理念：尊重自然、顺应自然、保护自然；发展和保护相统一；空间均衡；绿水青山就是金山银山；自然价值和自然资本；山水林田湖是一个生命共同体。

②《方案》提出了指导全国人民生态文明实践的六条原则：坚持正确改革方向；坚持自然资源资产的公有性质；坚持城乡环境治理体系统一；坚持激励和约束并举；坚持主动作为和国际合作相结合；坚持鼓励试点先行和整体协调推进相结合。

(2)完成了制度与体系建设的顶层设计

如前所述，用制度保护生态环境，用制度支撑生态文明建设，是一个重大课题，任务极其繁重，而《方案》集全党全国人民的智慧，完成了制度体系建设的顶层设计。

①《方案》明确了聚焦空间的2个顶层制度体系设计：建立国土空间开发保护制度；建立空间规划体系。

②《方案》明确了聚焦资源的3个顶层制度体系设计：健全自然资源资产产权制度；完善资源总量管理和全面节约制度；健全资源有偿使用和生态补偿制度。

③《方案》明确了聚焦环境的2个顶层制度体系设计：建立健全环境治理体系；健全环境治理和生态保护市场体系。

④《方案》明确了聚焦考评的1个顶层制度体系设计：完善生态文明绩效评价考核和责任追究制度。

在29条中列出的55项要建立健全的制度，有的填补了基础性制度的空白，有的增强了职责性制度的统一，从而搭建起了生态文明大厦的四梁八柱。

9.2.5.4　新时代生态文明建设的基本方略

2017年10月，中国共产党十九大报告提出了新时代中国生态文明建设的基本方略：坚持人与自然和谐共生，建设生态文明是中华民族永续发展的千年大计。必须树立和践行绿水青山就是金山银山的理念，坚持节约资源和保护环境的基本国策，像对待生命一样对待生态环境，统筹山水林田湖草系统治理，实行最严格的生态环境保护制度，形成绿色发展方式和生活方式，坚定走生产发展、生活富裕、生态良好的文明发展道路，建设美丽中国，为人民创造良好生产生活环境，为全球生态安全作出贡献。

这个方略，为今后一个相当长的时期内，中国推进生态文明建设指明了方向。

9.2.5.5 新时代高水平推进生态文明建设的实现路径

在新时代，我国理应站在人与自然和谐共生的高度，始终保持战略定力，从协调促进绿色城镇化与美丽乡村建设、构筑绿色循环低碳发展新格局以及推进生态环境治理体系和治理能力现代化等维度发力，高水平推进生态文明建设，推动人与自然和谐共生的现代化建设取得更大进展。

(1)以秉持人民至上为根本，协调推动绿色城镇化与美丽乡村建设

党的二十大报告指出全面建设社会主义现代化国家必须“坚持以人民为中心的发展思想”。在此指引下，高水平推进生态文明建设的应有之义在于遵循人民至上的基本原则，以满足人民群众的优美生态环境需要为导向，协调推动绿色城镇化与美丽乡村建设，使生态现代化建设成果更多更公平惠及全体城乡居民。

①大力推进绿色城镇化。绿色城镇化的重要特征是实现生产空间集约高效、生活空间宜居适度、生产空间与生活空间有机融合。改革开放以来，我国虽然实现了全球规模最大的城镇化，但值得警惕的是，城镇化进程中依然面临资源消耗高、能源消耗高以及碳排放高的“三高”难题。对此，有必要基于资源环境承载能力，因地制宜规划城镇空间的产业和人口布局，科学确定城镇开发强度，促进适度集聚集约发展，合理布局城镇各类空间，以尽可能减少对生态自然环境的损害。促进城镇绿色转型需要地方政府根据集约、低碳和生态等要求，立足本地区实际情况，科学划定城市开发边界，强化土地精细化管理和城市建设规模设计，引导人口和产业适度集聚，避免过度分散型城镇化所带来的资源浪费。同时，推动绿色城镇化的重点在于加快传统产业绿色化转型升级，促使城镇产业由高耗能、高污染型褐色产业逐步转变到低碳环保型绿色产业，支持高污染、产能过剩的企业以破产清算的形式逐渐退出。地方政府应研究制定产业准入负面清单，进一步提升企业环境准入门槛，坚决遏制能耗高、排放大、污染重的产业发展，着重推动绿色制造产业、生态旅游业等产业持续健康发展，不断延伸绿色产业链，处理好保护与发展的关系。除此之外，加强绿色城镇建设还需推广新建绿色建筑，加快现有建筑低碳化、绿色化改造，着力构建绿色交通运输体系，为建设人与自然和谐共生的现代化创造良好条件。

②建设宜居宜业美丽乡村。长远来看，农村生态文明建设作为中国特色生态文明建设的关键环节，很大程度上关乎乡村全面振兴和农业农村现代化。针对乡村生态振兴底子薄、农业生态环境历史欠账多的现实情况，要建立农村生态环境治理的目标责任、奖惩机制以及考核制度，加强农业农村绿色发展领域立法工作，积极推行绿色低碳发展绩效考核评价机制。以此为基础，各地应充分发挥绿色技术在促进农业发展绿色转型中的基础性、引领性作用，竭力推动低碳农业、循环农业和绿色农业高质量发展，开展化肥农药减量增效工作，强化农业生态保护修复和农业面源污染防治。基层政府要以服务人与自然和谐共生的现代化为目标导向，培育包括农村清洁能源产业、绿色畜牧业等在内的绿色低碳产业体系，实现经济效益和生态效益的有机统一。不仅如此，广大农村地区应大力开展生态文明宣传教育，将爱护环境、节约资源、爱惜生态等纳入农民教育与培训体系，倡导简约适度、绿色低碳的生活方式，促使绿色发展和绿色生活理念深入人心。另外，可通过组织开展零碳村镇、低碳社区创建活动的方式，有效提升农民生态意识、环保

意识和节约意识，鼓励和引导农村居民采购绿色低碳建筑材料、绿色食品，切实弘扬生态文化。

(2)以实施“双碳”战略为导向，构建绿色循环低碳发展新格局

进入“十四五”时期后，我国生态文明建设已迈向推动经济社会全面绿色转型、促进降污减碳协同增效、推动生态环境质量改善加快由量变到质变的关键窗口期。在“十四五”和“十五五”乃至更长时期内，碳达峰、碳中和都是生态文明建设和高质量发展的核心议题与目标愿景，引领并推动整个经济社会的全面绿色转型与可持续发展。在此背景下，建设人与自然和谐共生的现代化，必须以此为指引，积极稳妥推进碳达峰、碳中和，将“双碳”工作贯穿于现代化建设全过程，高水平推进生态文明建设，全面推动绿色低碳发展。

①坚持“减量化、再利用、资源化”原则，建立健全绿色低碳循环发展经济体系。事实上，无论是从主动适应全球绿色发展趋势和积极应对气候变化的现实要求来看，还是从能源资源利用水平和需求来看，促进循环经济高质量发展是加快经济社会绿色低碳转型、实现“双碳”战略目标的应然选择。是以各地应构建激励与约束相结合的长效机制，最大限度发挥市场配置资源的决定性作用，进而全面激发各类市场主体参与循环经济发展的主动性，释放循环经济高质量发展的内生动力。

不仅如此，有关部门要以服务中国式绿色现代化为根本，研究修订循环经济促进法，完善配套政策体系，健全包括绿色包装、再生材料、清洁生产等在内的循环经济标准体系，并加快明确相关主体的权利义务、责任分工和重点任务。以“双碳”目标为牵引，从加强工业和交通等重点领域清洁低碳转型、推动园区循环化发展、完善产品绿色设计政策机制等方面入手，着力打造资源循环型产业体系，有效提升资源利用效率。乡村地区应当建设一批生态循环农业产业联合体，高效综合利用林业废弃物、畜禽粪污以及农作物秸秆等诸多农林废弃物，大力推行循环型农业发展模式，助推农业循环经济高质量发展。

②坚持实施创新驱动发展战略，加强绿色技术创新攻关。在稳步推进人与自然和谐共生的现代化背景下，深化绿色技术创新对实现“双碳”战略目标、高水平推进生态文明建设至关重要。因此，有必要健全市场导向下的绿色技术创新体系，建立创新效能不断提升、多元创新主体活力竞相迸发的绿色技术创新工作格局，从而为加快中国式生态现代化建设、稳妥推进碳达峰碳中和提供必要科技支撑。具体而言，相关部门应聚焦生态系统固碳增汇、温室气体减排以及资源节约集约利用等重点领域，实行“赛马”和“解绑挂帅”等相关机制，鼓励多元化主体广泛参与绿色技术创新，培育一批国家级专精特新“小巨人”企业。以实现“双碳”目标为出发点和落脚点，加强绿色技术领域国家能源研发创新平台、国家技术创新中心等各类创新平台基地优化布局，开展水资源和水环境综合治理、碳达峰碳中和关键绿色技术研发等专项技术攻关。此外，引导各大高校、科研院所及绿色技术创新企业等相关主体，构建利益共享、风险共担、优势互补的协作机制，联合部署一批具有前瞻性、原创性的绿色技术研发项目，推动共性技术研发与成果转化应用，以科技赋能生态文明建设。

③坚持节能优先的能源发展战略，纵深推进能源革命。党的二十大报告从“深入推进能源革命，加强煤炭清洁高效利用”“完善能源消耗总量和强度调控，重点控制化石能源消费”等方面进行统筹谋划，强调要有计划、分步骤地实施碳达峰行动。为深入贯彻落

实的党的二十大精神，各级政府必须持续完善顶层设计，因地制宜制定交通、建筑以及能源等重点领域碳达峰实施方案，大力遏制高耗能高排放项目盲目发展，严格控制能耗和二氧化碳排放强度。建议从以下方面着手打造清洁低碳安全高效能源体系：一方面，以《2030年前碳达峰行动方案》《关于完整准确全面贯彻新发展理念做好碳达峰碳中和工作的意见》等政策为导向，在有序淘汰煤电落后产能、加严控制新增煤电项目的同时，推动煤炭消费替代和转型升级。另一方面，全面实施可再生能源替代行动，积极发展包括地热能、太阳能和风能等在内的非化石能源，进一步优化能源消费结构，稳步提升非化石能源消费比重，开辟生态优先的中国式绿色现代化新道路，以如期实现碳达峰、碳中和。

(3)以强化机制建设为核心，推进生态环境治理体系和治理能力现代化

人与自然和谐共生现代化作为中国式现代化的重要一环，它是追求人与自然"生命共同体"永续发展的现代化。在新的伟大征程上，强化机制建设是实现人与自然和谐共生的现代化、推动生态文明建设取得实质性进展的重要保障。但与发达国家相比，我国生态环境治理效能、治理效率仍有待进一步提升，在制度建设领域存在分散化、碎片化等现象，并且国内不同地区间生态环境治理体系、治理能力发展的不平衡矛盾较为突出。为此，高水平推进生态文明建设的逻辑主线在于坚持和完善生态文明制度体系，以制度建设推进生态环境领域治理体系和治理能力现代化，为助力人与自然和谐共生的现代化予以有力支撑。

①加强生态环境治理监管机制建设。现阶段，由于生态制度体系在运行有效性、科学规范性和系统完备性等方面存在结构性短板，我国生态环境领域发展不平衡不充分的局面尚未得到根本转变。譬如对于环境监管体系而言当前仍面临监管机构职责不够明确、对监管者的问责机制不完善等诸多问题。鉴于此，应深化生态环境监管体系改革，厘清多元治理主体职责分工，明晰地方党委、相关部门、行业企业等主体的权责，推进和落实环境污染第三方责任。在此基础上，加快完善多元治理主体生态责任的追究制度，督促各地方政府全面落实生态建设的"责任清单"，促使有关部门将生态效益、资源消耗和环境损害等关键指标纳入地方经济与社会发展规划中。同时，健全领导干部自然资源资产离任审计制度、中央生态环保督察制度等，对罔顾生态环境盲目决策、产生严重生态后果的治理主体进行严肃问责，使绿色发展成为生态文明建设的重要导向。总而言之，只有不断健全源头预防、过程控制、责任追究的生态环境治理监管机制，才能使制度成为高水平推进生态文明建设的刚性约束，推动生产方式、生活方式、价值理念发生革命性变革。

②加快生态环境保护协作机制建设。生态文明建设多元主体协同治理是适应行政民主化潮流和公共管理主体多元化发展趋势的必然产物，是推进生态环境治理体系和治理能力现代化的题中应有之义。毫无疑问，高水平推进生态文明建设、实现人与自然和谐共生的现代化是一项极其复杂的系统性工程，仅靠单一主体无法实现既定战略目标。而就现实情况而言，生态领域"公地悲剧"和"搭便车"现象、管理职能碎片化问题还不同程度地存在。例如，长期以来，流域内地方政府各自为政、环保部门条块分割是影响长江流域水污染治理的重要根源。对此，为提高生态环境治理整体效能，相关治理主体必须凝聚思想共识，牢固树立"一盘棋"思想，将整体性治理理念嵌入生态环境保护协作机制，

强化生态环境共治共享、联防联治、多重参与。具体来看，各级政府需充分认识到生态文明建设的系统性、长期性和艰巨性，准确把握整体与局部、长远与短期的平衡关系。立足于此，探索设置跨区域环保机构，聚焦跨地区和跨流域的资源共享、部门协作、环境管理等方面，建立健全高效灵活的议事协调机制、组织运行机制，以形成强大工作合力，提高生态文明建设的整体性。另外，应进一步优化中央与地方的协同机制，创新中央派驻机构与地方生态环境主管部门之间的联合执法模式，打造更具包容性的区域生态自然环境协同保护体系，解决生态系统性与治理碎片化间的矛盾，为筑牢中国式现代化的生态根基夯实基础。

③促进生态环境治理多元投入机制建设。在全面建设社会主义现代化国家的新征程中，高水平推进生态文明建设依赖于稳定持续的资金投入机制。首先，通过构建央地多级共同投入机制、建立健全中央专项资金使用管理办法、充分整合现有环保专项资金、完善生态保护补偿投入机制等方式，为加强生态文明建设和美丽中国建设提供资金支持。在生态环保整体资金投入持续增加的保障下，山西省生态环境得到有效改善。其次，各地区可根据实际情况，利用 PPP、基金设置以及股权投资等各类模式，进一步拓宽融资渠道，撬动更多社会资本广泛参与生态文明建设，构筑政府、企业及社会多元主体参与的生态环保投入新格局。最后，促进绿色金融高质量发展，鼓励和引导金融机构积极参与生态保护修复，大力丰富绿色金融产品与服务，提升金融资源绿色化配置效率，支持绿色保险、绿色信贷和绿色债券等为生态保护修复提供中长期资金支持。以此方式，充分发挥金融对生态文明建设和产业发展的引导、杠杆作用，促使资金更多流向绿色产业、环保产业，为推动实现人与自然和谐共生的现代化注入金融活水。

练习

参考文献

[1] 李洪远,孟伟庆,单春艳.环境生态学[M].2版.北京:化学工业出版社,2012.
[2] 车生泉,张凯旋.生态规划设计——原理、方法与应用[M].上海:上海交通大学出版社,2013.
[3] 周凤霞,杨彬然,杨保华.生态学[M].北京:化学工业出版社,2013.
[4] 章家恩.生态规划的方法与案例[M].北京:中国环境科学出版社,2012.
[5] 曲向荣,刘宝勇,王新,等.环境生态学[M].北京:清华大学出版社,2012.
[6] 刘康.生态规划理论、方法与应用[M].2版.北京:化学工业出版社,2011.
[7] 栾晓峰.自然保护区管理教程[M].北京:中国林业出版社,2011.
[8] 李振基,陈圣宾.群落生态学[M].北京:气象出版社,2011.
[9] 付必谦.生态学实验原理与方法[M].北京:科学出版社,2011.
[10] 孔繁德,冯雨峰,刘传才.生态学基础[M].2版.北京:中国环境科学出版社,2011.
[11] 周凤霞.环境生态学基础[M].北京:科学出版社,2011.
[12] 胡荣桂,刘康.环境生态学[M].2版.武汉:华中科技大学出版社,2018.
[13] 卢升高.环境生态学[M].杭州:浙江大学出版社,2010.
[14] 王百田.林业生态工程学[M].北京:中国林业出版社,2010.
[15] 李小云,左停,唐丽霞.中国自然保护区共管指南[M].北京:中国农业出版社,2009.
[16] 李季,许艇.生态工程[M].北京:化学工业出版社,2008.
[17] 骆天庆.现代生态规划设计的基本理论与方法[M].北京:中国建筑工业出版社,2008.
[18] 杨志峰,徐琳瑜.城市生态规划学[M].北京:北京师范大学出版社,2008.
[19] 白晓慧,施春红.生态工程——原理及应用[M].2版.北京:高等教育出版社,2017.
[20] 李素芹,苍大强,李宏,等.工业生态学[M].北京:冶金工业出版社,2007.